GWG Geographie Wirtschaft 2

Gymnasium Baden-Württemberg

TERRA

Klett-Perthes Verlag

Gotha und Stuttgart

Inhalt

GWG Geographie Wirtschaft 2

• Ergänzungsseiten für ein Schulcurriculum

Jedes Experiment ist mit einem karierten Grund unterlegt.

Experiment: Flussbegradigung und ihre Wirkung
Material: *Holzplatte, 2 durchsichtige Schläuche, 2 Trichter, 2 Auffangbecher, Klebeband, 2 Flaschen mit Wasser, Uhr*
Durchführung: *Baut das Experiment nach der Skizze auf.*

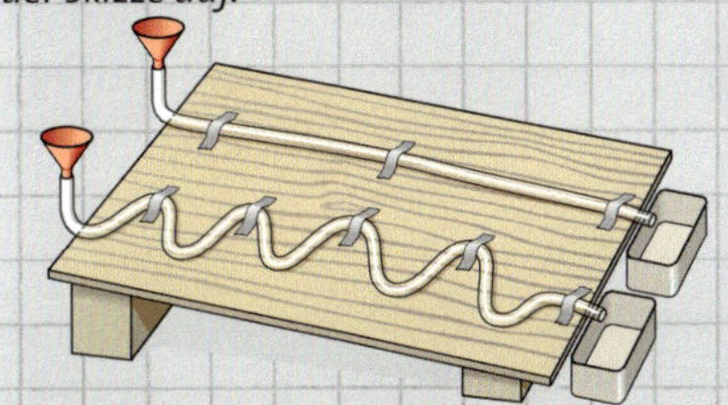

Füllt gleiche Mengen Wasser in die Trichter und stoppt die Zeit, bis Wasser an den jeweiligen Schlauchenden erscheint.
Auswertung: *Findet Erklärungen für den experimentellen Befund.*

→ Dieser Pfeil ist der Hinweis auf andere Seiten, wo du weitere wichtige Informationen zum Thema findest.

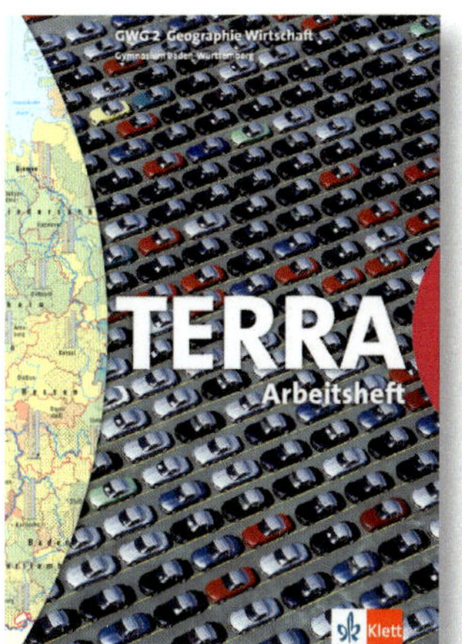

Neu im Medienverbund: „TERRA Arbeitsheft"

Was diese Piktogramme bedeuten:

Leseseiten
Hier kannst du interessante Texte lesen, die dir Zusatzinformationen über ein Thema vermitteln.

Teste dich selbst
Dieses Piktogramm findest du auf den Abschlussseiten. Lösungen zu den hier genannten Aufgaben stehen im Anhang.

Kaum zu glauben
Hier stehen außergewöhnliche Angaben zum jeweiligen Thema.

Mehr rund um TERRA im Internet unter:
www.klett.de/extra

Und nun viel Spaß und gute Lernerfolge bei der Arbeit mit diesem Buch!

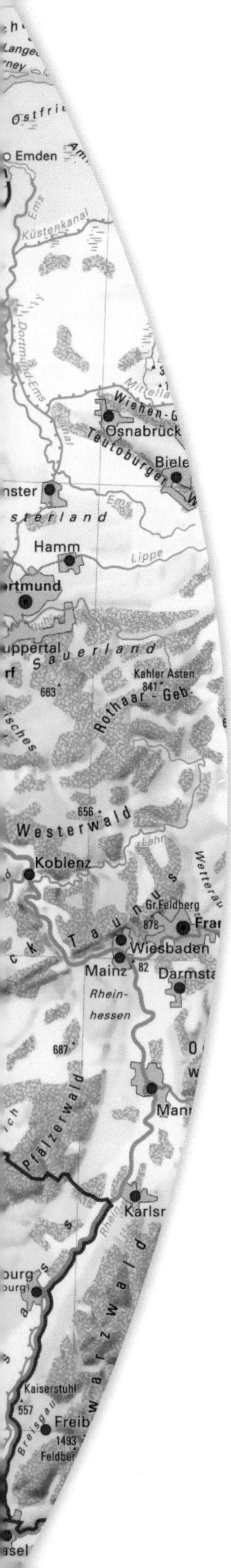

Impressum

GWG Geographie Wirtschaft 2

Herausgeber
Helmut Obermann, Ettlingen

Autoren
Thomas Ehrensberger, Weinsberg
Lore Heinrich-Exner, München
Prof. Dr. Friedhelm Frank, Dresden
Gabriele Kussmaul, Bodnegg
Helmut Obermann, Ettlingen
Kathleen Renz, Reutlingen
Prof. Dr. Andreas Schwab, Weingarten
Jochen Schwab, Buchen
Katja Wachholtz, Herrenberg

Mit Beiträgen von
Dr. Egbert Brodengeier, Dresden
Roland Bullinger, Gaildorf
Dr. Michael Geiger, Landau
Bodo Lehnig, Großdubrau
Herbert Paul, Asperg
Paul Palmen, Alsdorf
Meike Rahner, Bochum
Prof. Dr. Lothar Rother, Schwäbisch-Gmünd
Hans Joachim Salmen, Bochum

1. Auflage
1 9 8 7 | 2014 2013 2012
Alle Drucke dieser Auflage können im Unterricht nebeneinander benutzt werden, sie sind untereinander unverändert. Die letzte Zahl bezeichnet das Jahr dieses Druckes.

ISBN-10 3-623-27821-1
ISBN-13 978-3-623-27821-6

Redaktion und Produktion
Christoph Rausch, Christiane Berndt, Michael Hebestreit
Einband-Design und Layoutkonzept
pandesign, Büro für visuelle Kommunikation, Karlsruhe
Karten
Klett-Perthes Gotha,
Dr. Henry Waldenburger
Zeichnungen
Steffen Butz, Karlsruhe
Feske & Frank GbR, Rottenburg
Ulf S. Graupner, Berlin
Rudolf Hungreder, Leinfelden-Echterdingen
Wolfgang Schaar, Stuttgart
Ursula Wedde, Waiblingen
Boris Zatko, Basel
Satz und Reproduktion
d|m|z
Druckmedienzentrum Gotha GmbH, Gotha
Druck
Aprinta, Wemding

9 783623 278216

A B C D E F G H I J

Kontinent Europa

Der Kontinent Europa und seine Menschen aus der Sicht des Zeichners Steffen Butz: Was erkennt ihr auf dem Bild? Was stimmt überein mit euren Vorstellungen von Europa? Was hättet ihr anders dargestellt? Was fehlt euch?

5
GUM
EUROPA
ASIEN
5642 m
H

Auf der Suche nach Europa

❶ ***Griechische 2-Euro-Münze***

Aus der Sprache der Phönizier:
„aszu“ = hell
„ereb“ = dunkel

Aus der lateinischen Sprache:
„oriens sol“ = aufgehende Sonne
„occidens sol“ = untergehende Sonne

❷ **Eine sagenhafte Geschichte**

Wo heute Israel, Libanon und Syrien ans Mittelmeer grenzen, lag im Altertum das Reich der Phönizier. Dort herrschte einst König Agenor. Seine Tochter Europa war eine umworbene Schönheit. Zeus, der Göttervater, verliebte sich in sie.

Als Europa mit ihren Gefährtinnen am Mittelmeer spielte, näherte sich Zeus ihr in Gestalt eines Stieres. Er verhielt sich so zutraulich, dass Europa es wagte, sich auf seinen Rücken zu setzen. Darauf erhob sich der Stier und entführte die Königstochter in sein Reich auf der Insel Kreta. Dort gab er sich dann in seiner göttlichen Gestalt zu erkennen.

Europa gebar auf Kreta drei Söhne. Minos, einer der drei, wurde König von Kreta. Dort entwickelte sich die erste Hochkultur Europas, die auch nach Griechenland ausstrahlte. Die Griechen des Altertums benannten die beiden Kontinente östlich und westlich der Ägäis: Asien und Europa.

Europahymne, Europapokal, Eurovision Song Contest, Europameisterschaft, Europastraßen – vieles trägt bei uns den Namen Europa. Und tatsächlich begegnet uns Europäisches fast jeden Tag auch bei uns zu Hause.

Europa mitten unter uns

Mitschüler aus verschiedenen europäischen Ländern, deren Eltern in Deutschland leben und arbeiten, besuchen mit uns die Schule. Jugendliche aus europäischen Partnergemeinden und Partnerschulen, zum Beispiel in Frankreich, Italien oder Großbritannien, kommen im Rahmen des Schüleraustausches in unsere Schulen. Solche Kontakte helfen uns, fremde Kulturen und Lebensweisen besser zu verstehen.

Aber auch außerhalb des Schulalltags stoßen wir auf Spuren unserer europäischen Nachbarn: Pizza, Paella, Baguette oder Gyros bereichern – wie viele andere Gerichte aus europäischen Ländern auch – unseren Speiseplan. Bei Stadt- und Bürgerfesten machen uns unsere europäischen Nachbarn mit ihren Sitten und Gebräuchen bekannt. „Buenos dias“, „Buongiorno“, „Good morning“, „Bonjour“ – fremde Sprachen begegnen uns Tag für Tag vor allem in größeren Städten und zeigen uns die enorme Vielfalt Europas, seiner Länder und seiner Regionen.

Mit Europa ist heute zumeist nicht nur der Name unseres Heimatkontinentes gemeint. Viele verbinden mit Europa auch die Vorstellung von einem friedlichen Zusammenleben aller europäischen Nationen.

③ ***Spurensuche Europa aus Schülersicht***

Europäische Spuren in der Welt

Europäisches begegnet uns auch außerhalb Europas. Gleichgültig, ob wir nach New York oder nach Sydney, nach Shanghai oder Nairobi, nach Tokio oder nach Rio de Janeiro reisen – überall prägen europäische Baustile und Bauweisen die großen Städte dieser Länder. Europäische Erfindungen, europäische Lebens- und Denkweisen haben sich über die ganze Welt verbreitet. Dies geschah nicht immer friedlich. Europäische Eroberer teilten ganze Kontinente als Kolonien unter sich auf, brachten manchmal den einheimischen, alten Kulturen den Untergang. Siedler, freiwillige oder gezwungene Auswanderer, Forscher und Reisende aus Europa trugen aber auch ihre europäische Kultur in die Welt hinaus. Wie Staaten regiert oder verwaltet werden, wie Recht gesprochen wird, all das richtet sich in vielen Staaten der Welt nach Vorstellungen aus, die aus Europa stammen.

1 *Erkläre, wie Europa und Asien zu ihren Namen kamen.*

2 *Trage Beispiele zusammen, was in deinem persönlichen Lebensumfeld aus europäischen Ländern stammt (z.B. „Sport“, „Speisen und Getränke“, „Lieder“ usw.). Lege dazu eine Tabelle an.*

3 *Vielleicht hast du Freunde oder Bekannte aus anderen europäischen Ländern. Welche Gemeinsamkeiten und Unterschiede gibt es?*

4 *Die einzelnen Teile der Collage 3 weisen auf das Zusammenleben in Europa hin. Wähle fünf Beispiele aus und schreibe deine Meinung dazu auf.*

5 *„Auf der Suche nach Europa“ war das Motto einer Erkundung.*
   a) Führt mit der Klasse eine Erkundung im Schulort durch.
   b) Stellt eure „Fundsachen“ in einer eigenen Collage dar.

④ ***Richter in Afrika***

Nordeuropa
Westeuropa
Mitteleuropa
Osteuropa
Südosteuropa
Südeuropa

0 200 400 600 800 1000 km

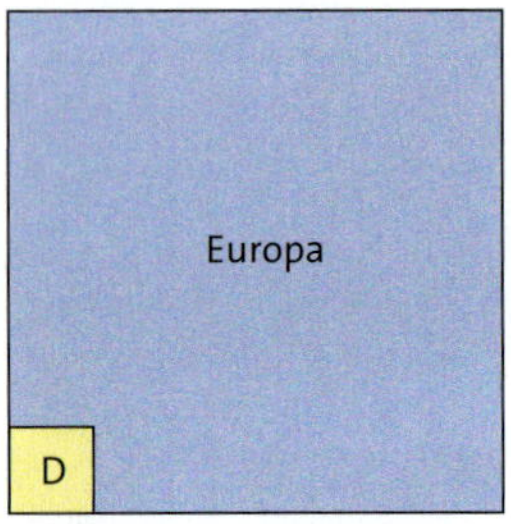

❶ ***Flächendiagramm Europa/ Deutschland***

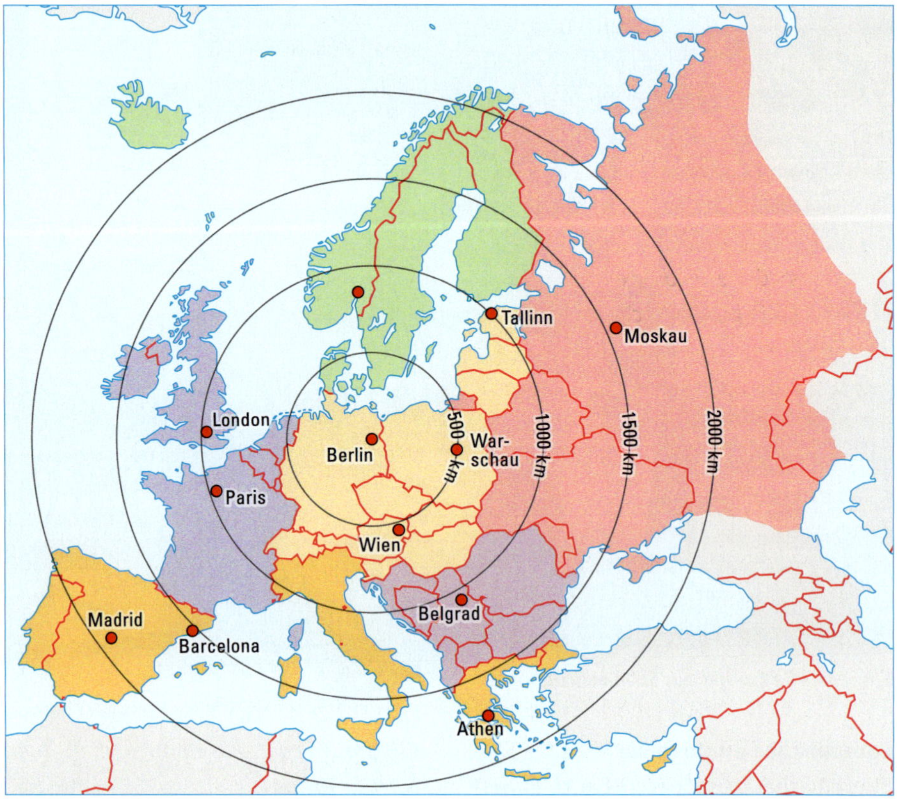

❷ ***Gliederung Europas***

Europa – ein Kontinent

Kontinent
stammt aus dem Lateinischen „terra continens“ = zusammenhängendes Land.

Halbinsel
nennt man ein Stück Land, das nur teilweise, meist von drei Seiten, vom Meer umgeben ist.

Kontinente wie Afrika, Amerika oder Australien sind anhand ihrer Umrisse und Grenzen sehr gut abgrenzbar. Schwierig ist das mit Europa.
Wegen seiner breiten Landverbindung im Osten zu Asien lässt sich Europa auch als Halbinsel eines Doppelkontinentes Eurasien ansehen. Die Abgrenzung zu Asien erfolgt durch naturräumliche Grenzlinien: mit dem Uralgebirge, dem Fluss Ural, der Nordküste des Kaspischen Meeres, der Manytsch-Niederung und dem Asowschen Meer.
Nach dieser Abgrenzung haben die Staaten Russland, Kasachstan und die Türkei Anteile an Europa und Asien.

Ein Kontinent mit vielen Gesichtern

Vom Nordkap bis nach Kreta, von Lissabon bis zum Uralgebirge – in beiden Richtungen erstreckt sich Europa über Tausende Kilometer. Von allen Kontinenten weist Europa die gegliedertste Gestalt auf: ein Drittel seiner Landfläche entfällt auf Inseln und Halbinseln. Der Atlantik reicht mit seinen **Nebenmeeren** weit nach Europa hinein. Mehr als die Hälfte aller Orte liegen küstennah, das heißt, nicht weiter als 300 Kilometer von einer Küste entfernt. Europas Küstenlänge beträgt etwa 40 000 Kilometer. Innerhalb des Kontinents Europa bestehen große Unterschiede hinsichtlich Relief, Klima und Vegetation. Nach diesen natürlichen Merkmalen und nach der Lage wird Europa in sechs Großregionen gegliedert.

Europa – ein Kontinent mit vielen Gemeinsamkeiten!
Die 730 Millionen Bewohner Europas haben Gemeinsamkeiten in Sprache, Geschichte, Kultur und Wirtschaft.
Die Völker Europas entstammen der hellhäutigen indo-europäischen Rasse. Deshalb sind die verbreitetsten Sprachfamilien – die germanische, die romanische und die slawische – miteinander verwandt. Obwohl die Sprachen in Europa unterschiedlich klingen, lassen sich Ähnlichkeiten innerhalb der Sprachfamilien leicht feststellen. Viele verschiedene Wörter gehen deswegen auf denselben Ursprung zurück. So findet man z.B. das lateinische Wort für Rose, rosa in vielen europäischen Sprachen.Auch wird in vielen Staaten Europas die lateinische Schrift verwendet. Die meisten Europäer gehören christlichen Religionen an. Und schließlich hat Europa die gesamte Menschheit beeinflusst.

1 *Bestimme die Ausdehnung Europas – Entfernung in Kilometer und Angabe der Längen- und Breitengrade (Atlas):*
   a) in nord-südlicher Richtung vom Nordkap nach Kreta,
   b) in südwest-nordöstlicher Richtung von Lissabon in Portugal zum Narodnaja im Uralgebirge.
2 *a) Beschreibe die Abgrenzung Europas im Osten, Südosten und Süden.*
   b) Nenne mithilfe von Karte 2 die Staaten, die über diese Abgrenzung auf einen anderen Kontinent reichen.
3 *Bestimme die Staaten in den einzelnen Teilregionen Europas.*
4 *Benenne in der Karte 3 die Nebenmeere des Atlantiks.*

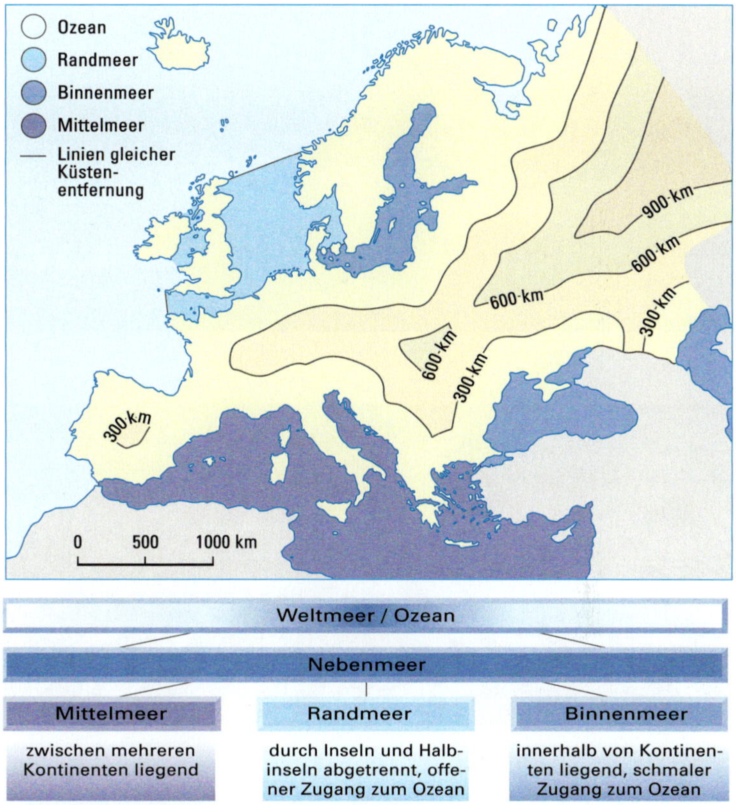

3 ***Meeresgliederung und Küstenentfernung***

4 ***Das Wort „Vater" in europäischen Sprachen***

1 *Ätna*

2 *Großglockner*

3 *An der Algarve*

4 *Elbdurchbruch bei Dresden*

Europas Landschaften

Wenn der Ätna „Feuer" spuckt die Alpen durch Erdbeben erschüttert werden, Sturmfluten die Nordseeküste zerstören, dann wird deutlich, dass der Kontinent Europa nicht so ruhig ist, wie es seinen Menschen normalerweise erscheint. Wer in geologisch langen Zeiträumen denkt, der findet die Erdgeschichte von Europa lebendig und spannend.

Die heutigen Oberflächenformen, das **Relief** Europas, sind in vielen Millionen von Jahren gebildet worden – und werden auch weiterhin geformt.

Drei große Gebirgsbildungsphasen schufen die Gebirge des Kontinents. Während der jüngsten Gebirgsbildung vor etwa 50 Millionen Jahren entstanden die Hochgebirge im Süden des Kontinents, wie zum Beispiel die Alpen oder auch die Pyrenäen. Älter dagegen sind die Gebirgskörper der Mittelgebirge in Europa. Beispiele hierfür sind der Ural oder das Skandinavische Gebirge.

Die Tiefländer des Kontinentes wurden von den Flüssen und im Norden auch vom Inlandeis geformt.

Die Küsten Europas entstanden sogar erst nach der letzten Eiszeit. Mit dem Abschmelzen des Inlandeises stieg der Meeresspiegel an, Europa erhielt seine heutigen Umrisse.

Fließendes Wasser schuf Flusstäler und Meeresbrandungen nagen unaufhörlich an den Küsten.

Die Reliefbildung des Kontinentes ist jedoch nicht abgeschlossen. Dies zeigt zum Beispiel der lebendige Vulkanismus in Italien oder auf Island.

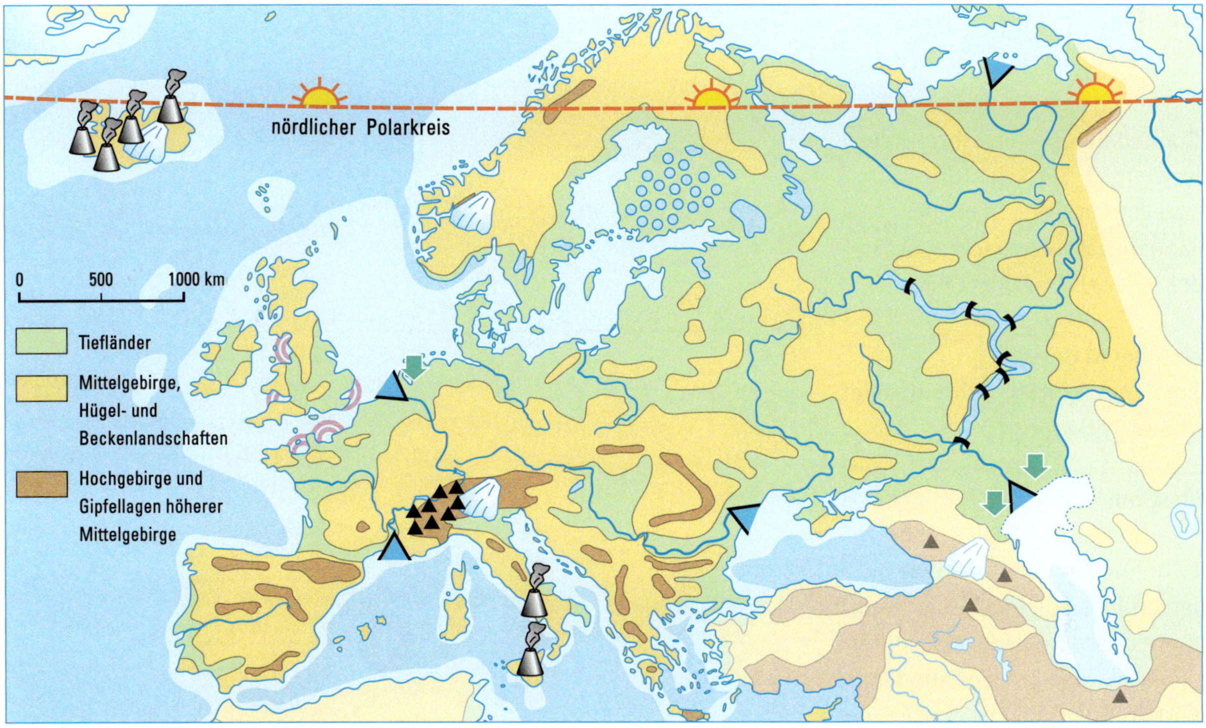

5 *Landschaften Europas*

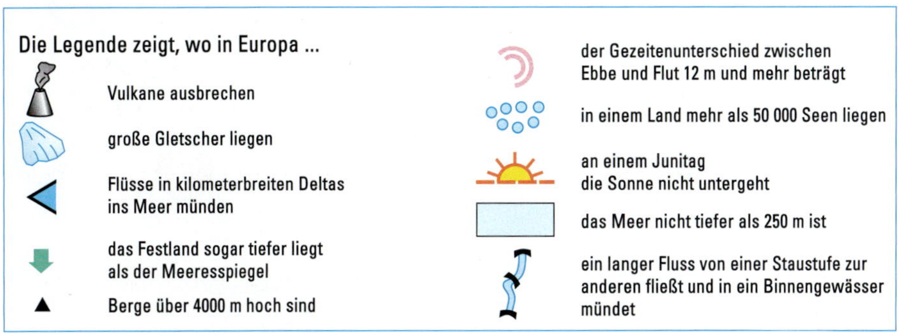

6 *Eine von Schülern gestaltete Legende*

→ *Delta, Seite 34*
→ *Gletscher, Seite 174*

1 Beschreibe die Fotos 1–4. Welche Naturkräfte haben das Relief geformt?

2 a) Im Süden Europas erstreckt sich ein Gürtel junger Hochgebirge. Nenne die wichtigsten.

b) Nenne je drei Mittelgebirge und Tiefländer in Europa.

3 Notiere mithilfe des Atlas zu den Symbolen in der Kartenlegende 5 jeweils ein Beispiel.

4 Wer ist älter? Begründe jeweils:

a) Poebene oder Alpen,

b) Pyrenäen oder Ural.

Das Europaspiel

Lernt spielend die Lage und die Namen der Staaten Europas und ihrer Hauptstädte kennen. Ein Spiel für maximal vier Spieler und einen Spielleiter. Gewonnen hat, wer nach 10 Würfelrunden die meisten Punkte hat.

Zusätzliches Material:
Spielmarken, Würfel, Schreibpapier, Schreibstift, Atlas

Spielbeginn:
Der Spielleiter erhält zur Kontrolle der Antworten den Atlas. Die Spieler setzen ihre Spielmarke auf einen der vier Eckpunkte. Jeder Spieler legt eine Tabelle (siehe Beispielliste) für die 10 Würfelrunden an. Der Spieler, der die höchste Zahl würfelt, beginnt.

Spielregeln:
1. Entsprechend der Würfelzahl rückt jeder Spieler von einer Hauptstadt zur Hauptstadt eines benachbarten Staates voran.
2. Jeder Spieler darf insgesamt nur einmal in einer Stadt ankommen.
3. Gesperrt sind Städte, die bereits von einer anderen Spielmarke besetzt sind.
4. Für den jeweiligen Zielort schreibt jeder Spieler den Namen der Hauptstadt und des Staates sowie zwei Nachbarstaaten auf.
5. Der Spielleiter überprüft je Runde die Eintragungen und vergibt die Punkte. Hauptstadt und Staat richtig: Punkte = Kreiszahl; die zwei Nachbarstaaten richtig: je zwei Zusatzpunkte.
6. Nach 10 Würfelrunden wird die Gesamtsumme der Punkte ermittelt.

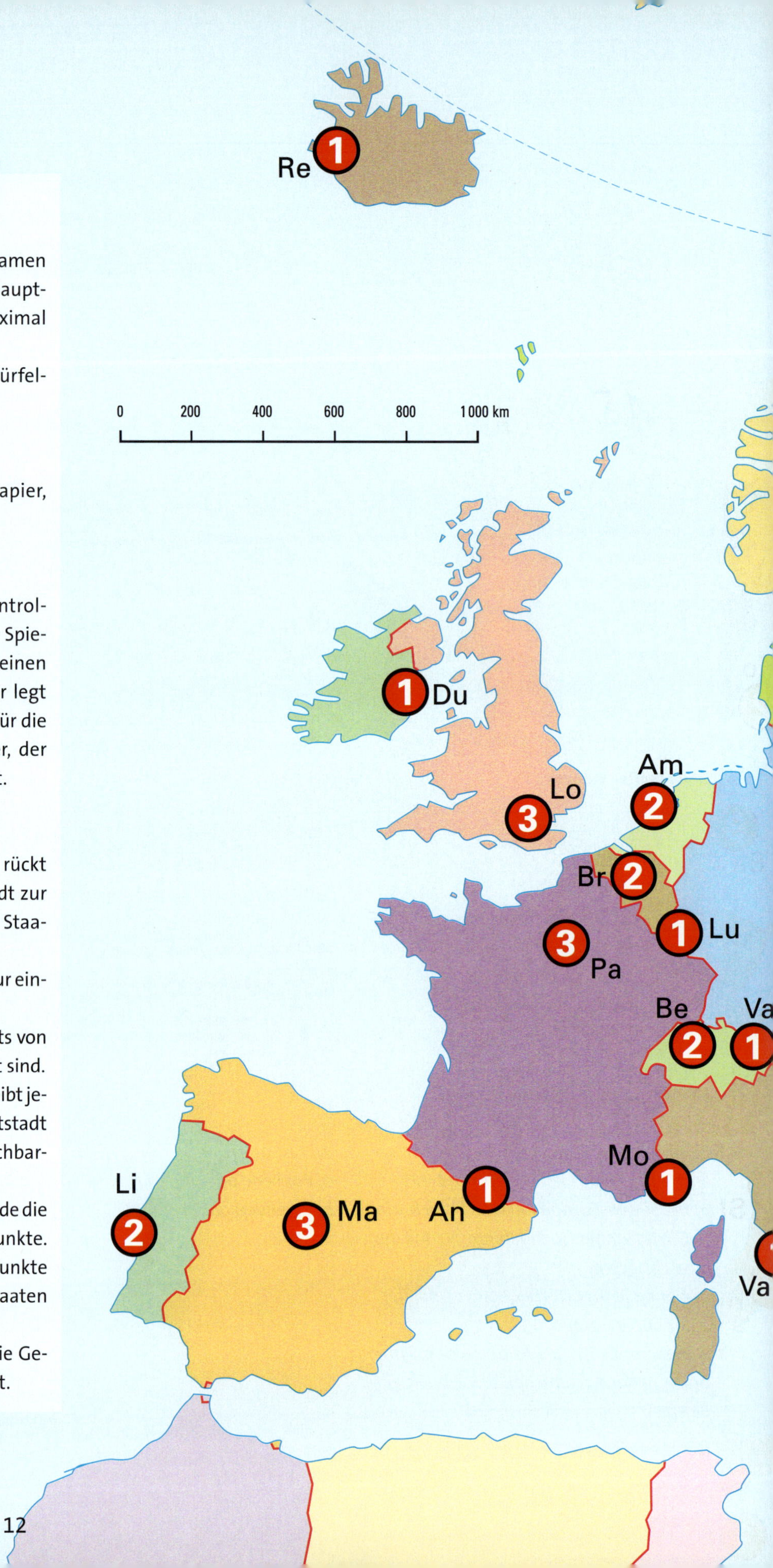

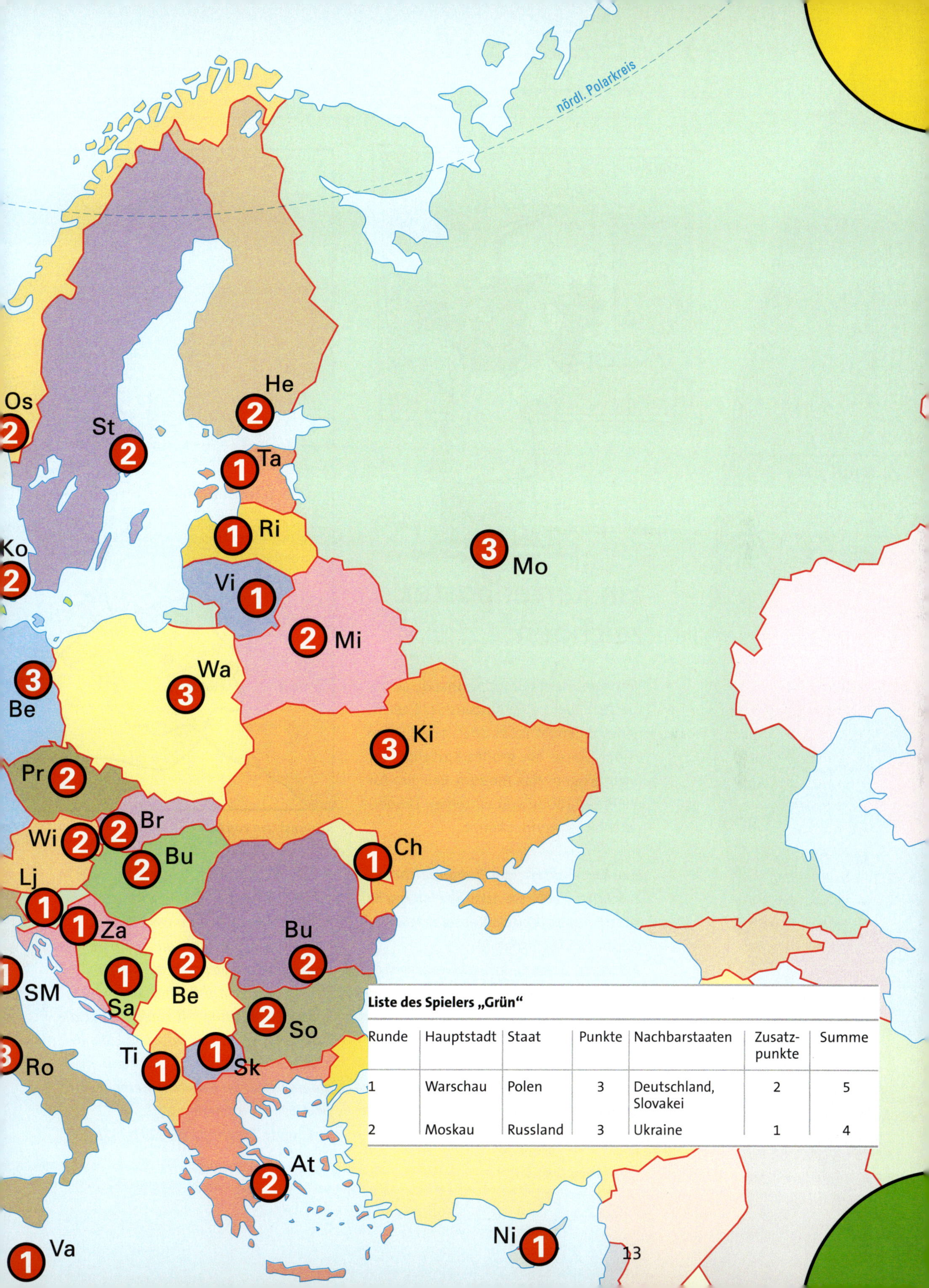

Liste des Spielers „Grün“

Runde	Hauptstadt	Staat	Punkte	Nachbarstaaten	Zusatzpunkte	Summe
1	Warschau	Polen	3	Deutschland, Slovakei	2	5
2	Moskau	Russland	3	Ukraine	1	4

Das Zeichnen von Kartenskizzen hilft, sich bestimmte Gebiete wie z. B. Baden-Württemberg, Deutschland, Europa oder einen anderen Raum im Gedächtnis einzuprägen. Dabei lernt man die wichtigsten topografischen Namen.

Ein Kartenposter zeichnen

Vom Kontinent Europa kannst du sicher für dich allein eine Kartenskizze zeichnen. Lohnender ist es aber, gemeinsam in der Klasse ein großes Kartenposter anzufertigen, das ihr zum Beispiel für die Präsentation von einzelnen Länderporträts verwendet könnt.

1 ***Kartenskizze von Europa***

Eine Kartenskizze von Europa zeichnen

1. Schritt: *Suche im Atlas eine physische Karte Europas. Lege ein Transparentpapier darüber und befestige es.*

2. Schritt: *Zeichne mit schwarzem Stift die Küstenlinie des Kontinents in groben Zügen nach. Beachte: Beim Küstenverlauf brauchst du nicht jede Bucht nachzuzeichnen. Die groben Umrisse des Kontinents und der Inseln genügen. Kleine Inseln lässt du weg.*

3. Schritt: *Folge mit blauem Farbstift in grober Linie dem Lauf wichtiger Flüsse. Kleinere Flüsse lässt du weg.*

4. Schritt: *Übertrage die Umrisse der größeren Gebirge und male diese mit einem braunem Stift flächig aus.*

5. Schritt: *Zeichne mit rotem Punkt die Hauptstädte. Wähle dabei nur diejenigen, die im Atlas als Städte mit mehr als einer Million Einwohner eingetragen sind. Es sind immerhin 17.*

6. Schritt: *Beschrifte die Kartenskizze.*

Gestaltungstipp:
Ein Kartenposter von Europa könnt ihr über das gesamte Jahr mit unterschiedlichen Inhalten anreichern z.B. aktuelle Meldungen zu Erdbeben.

Methode

Ein Kartenposter von Europa anfertigen

1. Schritt: *Stellt den Tageslichtprojektor in die Mitte des Raumes und legt eine Farbfolie mit einer physischen Karte Europas auf.*

2. Schritt: *Befestigt einen großen Zeichenkarton an der Wand. Auf diesen wird die Karte projiziert.*

3. Schritt: *Malt mit dickmalenden Farbstiften Schritt für Schritt das Kartenposter: Wie bei der Kartenskizze nehmt ihr den schwarzen Stift für die Küstenumrisse, den blauen für die Flüsse, den roten für die Hauptstädte.*

4. Schritt: *Beschriftet das Kartenposter.*

5. Schritt: *Schaltet den Projektor aus. Das Kartenposter ist für heute fertig. In den folgenden Stunden könnt ihr das Poster durch weitere Eintragungen ergänzen.*

1 Topografie-Merkwissen Europa

Benenne in der Karte 2
a) die Meere A–F,
b) die Inseln a–f,
c) die Flüsse a–p,
d) die Hauptstädte 1–40.

2 Der Hauptstadtbande auf der Spur

Elegant treten sie auf, rauben aber im günstigen Moment luxuriöse Schmuckgeschäfte aus. In neun Hauptstädten hat die Bande schon zugeschlagen. Beim letzten Raub blieb ihr Geheimcode liegen. Neun Hauptstädte sind in dem Code versteckt. Die Anfangsbuchstaben der waagerechten und die Endbuchstaben der senkrechten Namen ergeben den europäischen Kleinstaat, in dem der nächste Einbruch stattfindet.

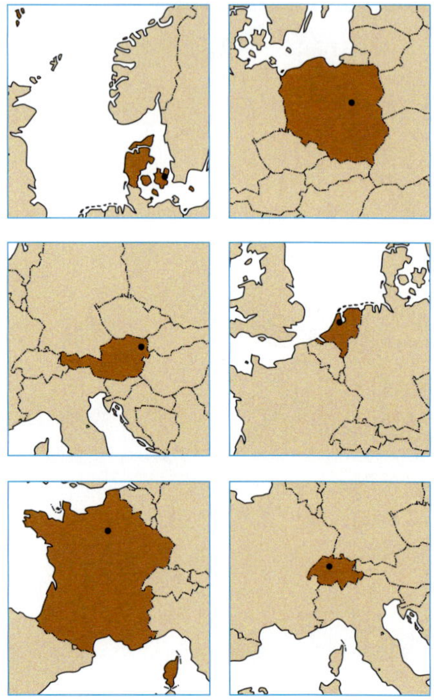

1

	1	2	3	4	5	6	7	8	9	10	11	12
a	D	A	S	T	U	H	S	S	R	I	P	O
b	A	S	T	O	C	K	H	O	L	M	A	P
c	S	I	L	B	E	N	K	F	B	E	H	M
d	O	B	E	N	L	A	K	I	P	R	E	U
e	B	E	R	M	O	S	K	A	U	L	L	I
f	R	E	K	I	N	F	O	A	L	T	S	O
g	M	A	R	G	D	O	L	T	I	P	I	M
h	R	S	T	R	O	M	I	H	M	E	N	G
i	S	T	U	L	N	E	N	E	I	M	K	I
j	O	S	L	O	S	N	A	N	E	L	I	M
k	K	A	M	S	T	E	R	D	A	M	E	R
l	H	E	U	L	I	G	A	D	I	S	R	E

3 Auf die Lage kommt es an

Welche Hauptstadt liegt am
nördlichsten: Helsinki – Oslo – Tallinn?
westlichsten: Dublin – Paris – Lissabon?
südlichsten: Athen – Madrid – Rom?
östlichsten: Kiew – Minsk – Moskau?

4 Nachbarstaaten Deutschlands

Benenne die Staaten mit ihren Hauptstädten in den Karten 1.

5 Suche und nenne

a) den Staat in Europa mit den meisten Nachbarstaaten;
b) den Fluss, an dem vier Hauptstädte liegen;
c) den Staat mit den meisten Bergen über 4000 Meter Höhe, nenne die drei höchsten;
d) das längste Gebirge Europas.

6 Außenseiter gesucht

a) Finnland – Estland – Norwegen – Schweden;
b) Polen – Weißrussland – Ukraine – Russland;
c) Erfinde selbst zwei weitere Außenseiter und prüfe deine Nachbarn.

Wichtige Begriffe

Binnenmeer
Halbinsel
Kontinent
Mittelmeer
Nebenmeer
Randmeer
Relief

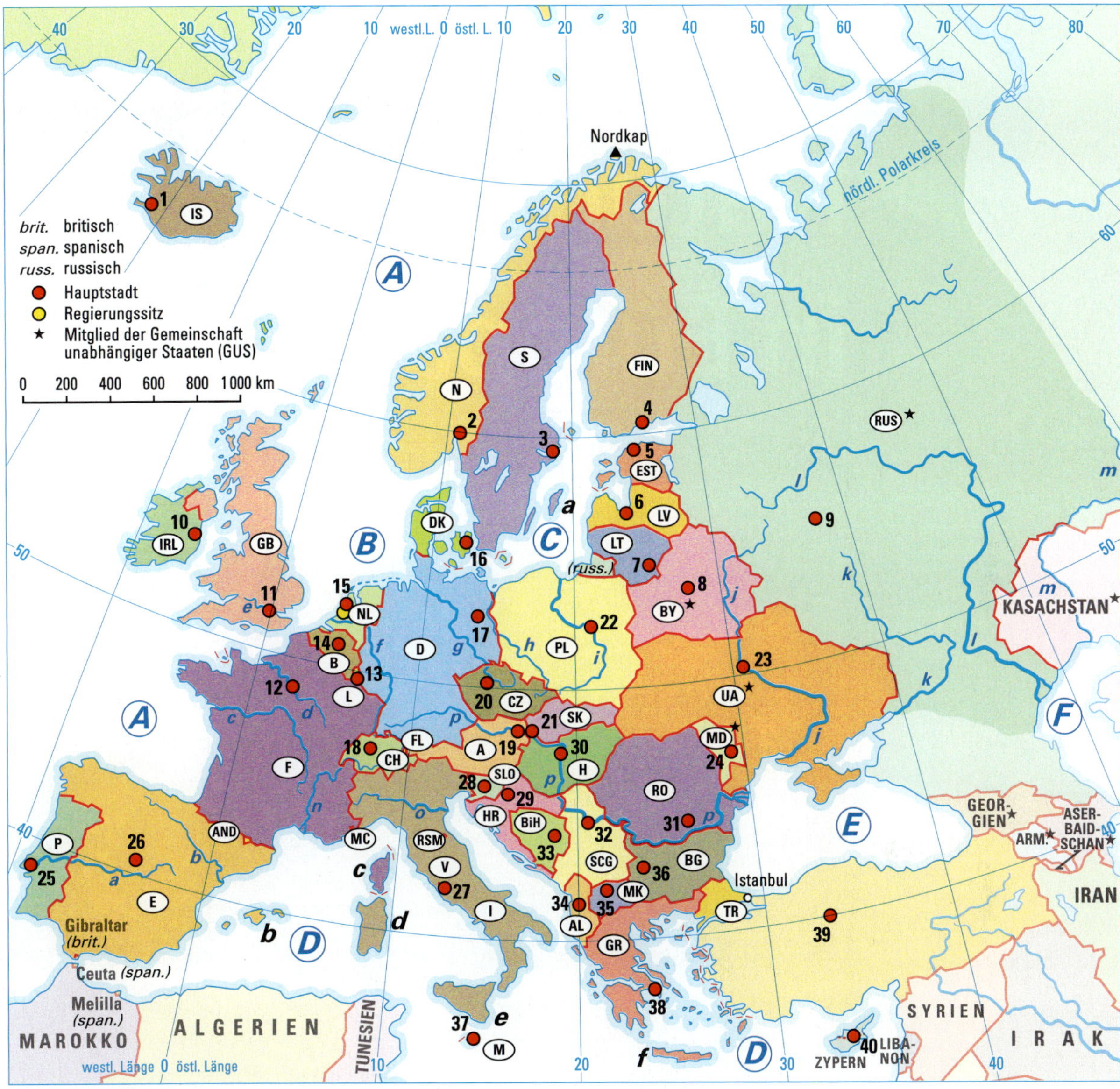

② **Europa – Politische Gliederung**

7 Kennst du die Begriffe ?

a) *So nennt man ein Stück Land, das nur teilweise von Wasser umgeben ist.*

b) *So bezeichnet man eine große zusammenhängende Landmasse.*

c) *So nennt man Meere, die zwischen mehreren Kontinenten liegen.*

8 Bilderrätsel

Finde und erkläre den Begriff.

1,4

4,3,2,1

Teste dich selbst

mit den Aufgaben 1b, 5b, 7a

Training

Klima und Naturräume in Europa

Das Satellitenbild zeigt Europa im Winter. Große Teile Nordeuropas und Osteuropas liegen unter einer geschlossenen Schneedecke, andere Gegenden sind aber schneefrei. Ist das jeden Winter so? Warum aber liegt in Spanien eigentlich nur an der Grenze zu Frankreich Schnee? Anworten auf diese Fragen erhältst du auf den nächsten Seiten.

❶

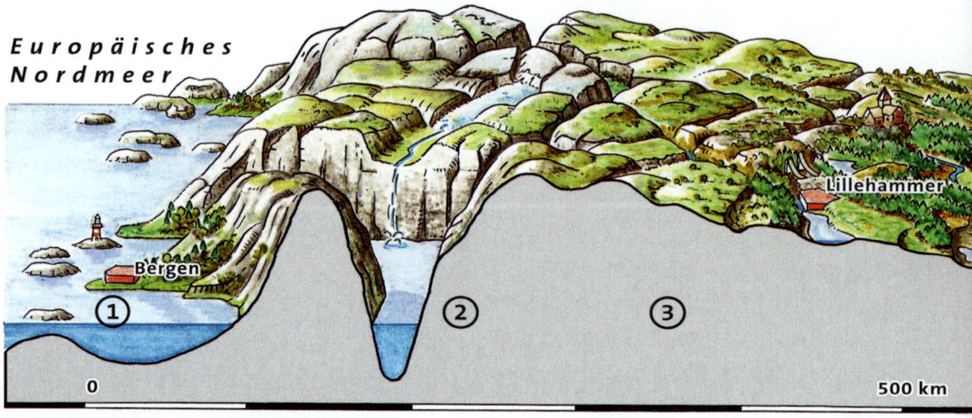

❸ ***West-Ost-Profil durch Nordeuropa***

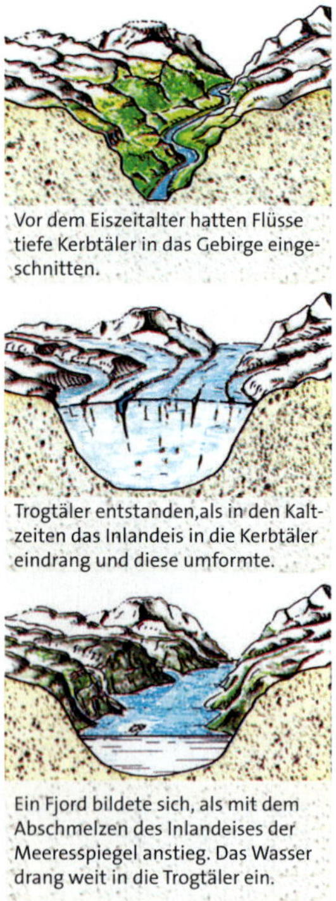

Vor dem Eiszeitalter hatten Flüsse tiefe Kerbtäler in das Gebirge eingeschnitten.

Trogtäler entstanden, als in den Kaltzeiten das Inlandeis in die Kerbtäler eindrang und diese umformte.

Ein Fjord bildete sich, als mit dem Abschmelzen des Inlandeises der Meeresspiegel anstieg. Das Wasser drang weit in die Trogtäler ein.

❷ ***Vom Kerbtal zum Fjord***

❹ ***Bei Geiranger in Norwegen***

Vom Eis geformt

Die Landschaften Nordeuropas sind von einer reizvollen Vielfalt. Entlang der Küsten liegen unzählige kleine, meist vegetationslose Inseln: die **Schären.** Beeindruckend sind insbesondere die **Fjorde,** jene steilwandigen, vom Meerwasser gefüllten Trogtäler, die weit ins Landesinnere hineinreichen. Beide Oberflächenformen verdanken ihre Gestalt den gewaltigen Schürfkräften des Eises.

In den Kaltzeiten des Eiszeitalters bildeten sich in Nordeuropa gewaltige Eismassen. Dieses Inlandeis war bis zu 3 000 Meter mächtig. Die Eismassen bewegten sich nach Süden, nahmen dabei viel Gesteinsschutt mit und schliffen die scharfkantigen Felsmassive zu Rundbuckeln ab. Solche glatt gehobelten Felsen finden wir im Bergland, dem **Fjell,** und vor den Küsten als Schären.

Kerbtäler wurden zu Trogtälern, den bis zu 1 200 Meter tiefen Fjorden, umge-

O

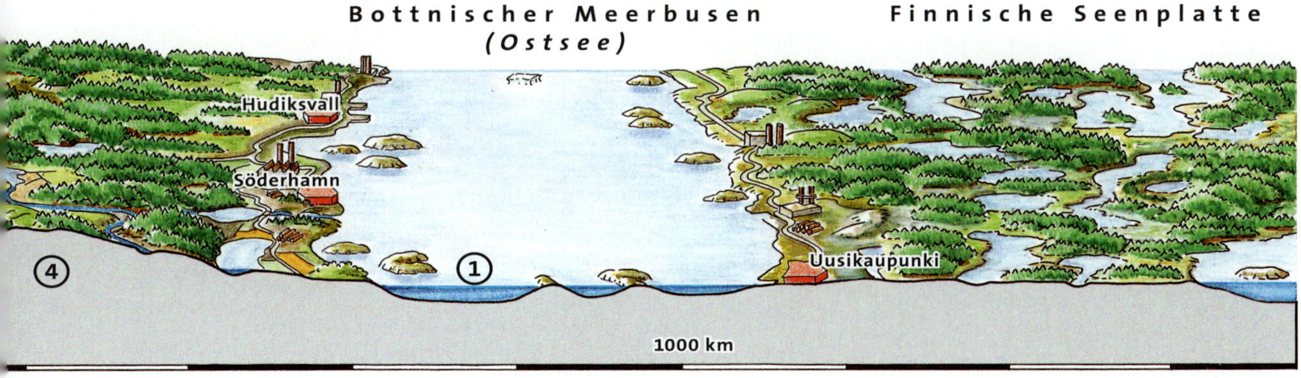

⑤ ***Bei Gävle in Schweden***

formt. Im Flachland schuf das Eis Vertiefungen, die heute mit Wasser gefüllt sind. Es sind die unzähligen Seen der **Seenplatten.**

Fjorde, Fjelle, Schären und Seenbecken gehören zu den Abtragungsformen des Eises. Als am Ende des Eiszeitalters das Inlandeis abschmolz, lagerte sich das mitgeführte Material vor allem im Süden Finnlands und Schwedens sowie in Dänemark und Norddeutschland ab. Dabei entstanden als Ablagerungsformen die Grund- und Endmoränen sowie Sanderflächen aus Kies und Sand.

1 Suche im Atlas eine Karte zur Eisbedeckung Nordeuropas im Eiszeitalter und werte diese aus.

→ *Vergletscherung, Seite 174*

2 Foto 4 und Zeichnungen 2: Beschreibe die Entstehung eines Fjords.

3 Arbeite mit Profil 3: Erstelle eine Übersicht wie folgt:

	Fjord	**Schäre**	**Fjell**	**Seenplatte**
Beschreibung der Form				
Entstehung der Form				

1 **Vegetation, Anbaugrenzen und Meeresvereisung in Nordeuropa**

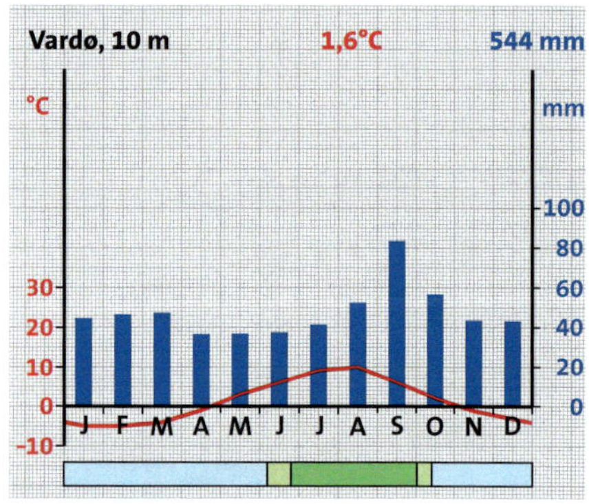

2 **Klimadiagramm von Vardø**

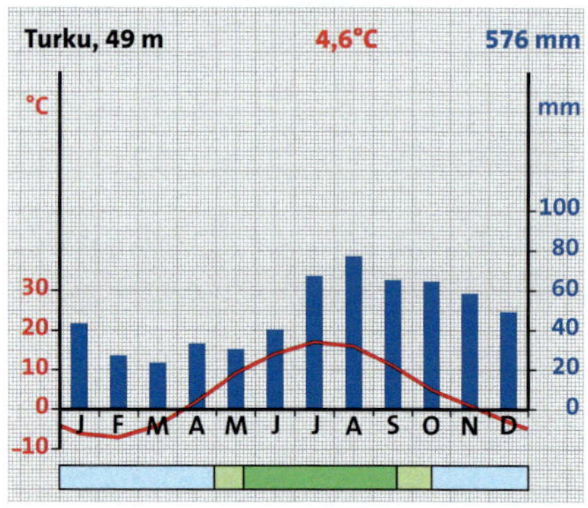

3 **Klimadiagramm von Turku**

Klima und Vegetation in Nordeuropa

Vegetationszonen
Dehnt sich eine vorherrschende Vegetation gürtelartig um die Erdkugel aus, spricht man von einer Vegetationszone.

Nördlichen Nadelwald,
wird häufig auch als ***Borealer Nadelwald*** *bezeichnet.*

→ *Anbaugrenze, Seite 94*

Große Teile Nordeuropas sind von Nadelwäldern bedeckt. Fichten, Kiefern und Lärchen herrschen vor. Die Birke ist der einzige Laubbaum. Alle Baumarten des **Nördlichen Nadelwaldes** überstehen die langen, kalten Winter. Ihre Zweige sind kurz und stehen weit auseinander. Im äußersten Norden und in den Hochlagen der Skanden reicht die Vegetationszeit selbst für Bäume nicht aus. Hier erstreckt sich die **Tundra.** Es gedeihen nur noch Flechten, Moose, Gräser, Sträucher und vereinzelt kümmerliche Bäume. **Laub- und Mischwälder** treten dort auf, wo Klimabedingungen wie in Deutschland herrschen.

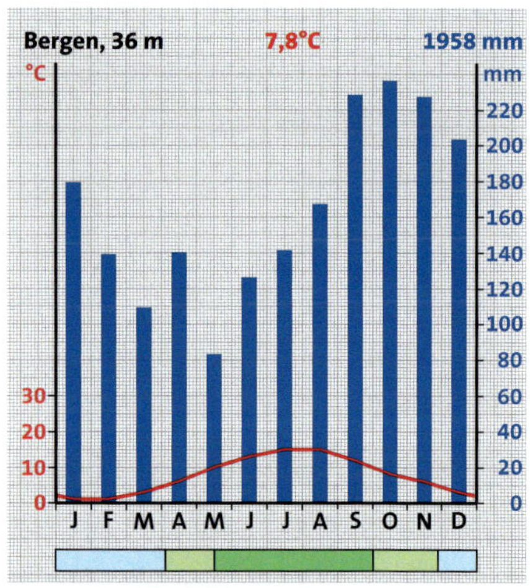

4 **Klimadiagramm von Bergen**

Wachstumszeit: Wachstum der Kulturpflanzen Monatsmittel über 10°C

Vegetationszeit: Wachstum der Naturpflanzen Monatsmittel über 5°C

Monatsmittel unter 5°C: fast kein Pflanzenwachstum

⑤ ***Tundra***

⑥ ***Nördlicher Nadelwald***

⑦ ***Laub- und Mischwaldgebiet***

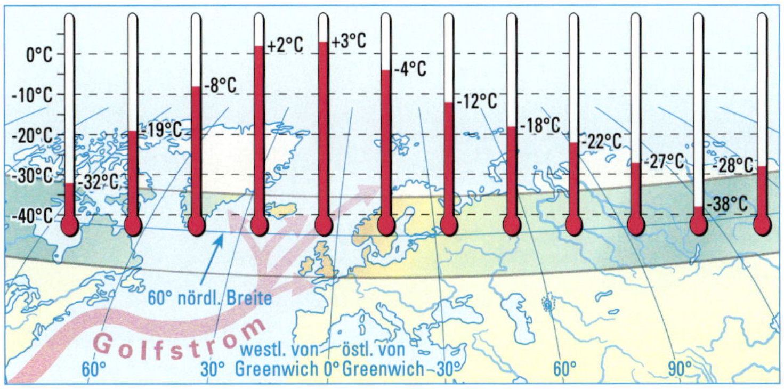

⑨ ***Januarmittel entlang 60° Nord***

Der **Golfstrom** ist Teil eines weltweiten Systems von Meeresströmen. Dieser transportiert Oberflächenwasser aus tropischen Meeresgebieten in den Nordatlantik. Da man früher glaubte, der Warmwasserstrom entstünde im Golf von Mexiko, gab man ihm den Namen Golfstrom. Dieser strömt mit einer Geschwindigkeit von 1 bis 2,5 Meter pro Sekunde, das heißt schneller als du gehst.

1 *Arbeite mit der Karte 1 und den Klimadiagrammen 2 bis 4:*
a) Beschreibe die Verbreitung der Vegetation.
b) Stelle Zusammenhänge zwischen Vegetation und Klima her. Formuliere Merksätze: „In Turku ist die Jahresmitteltemperatur um ... Grad höher als in Vardø. Es gedeiht hier ... .“
c) Der Golfstrom beeinflusst das Klima an der norwegischen Küste. Erkläre.

2 *Übertrage die Tabelle 8 in dein Heft und fülle sie aus.*

⑧

Station	Geogr. Breite	Temperatur	Vegetationszone	Pflanzen	Vegetationszeit	Wachstumszeit	Möglicher Anbau
Bergen	60 °N	7,8 °C	Nördlicher Nadelwald	Fichten, Kiefern	240 Tage	140 Tage	Obst, Gemüse, ...
Turku							
Vardø							

→ *Vegetationszeit, Seite 173*
→ *Wachstumszeit, Seite 173*

➊ ***Bei Limassol***

➋ ***Bei Piacenza***

➌ ***In der Toscana***

➍ ***In den Pyrenäen***

Landschaften in Südeuropa

Der Süden Europas wird bestimmt durch mehrere, zum Teil stark gegliederte Halbinseln, von denen jede ihr eigenes Aussehen hat. Sie werden im Norden durch markante Hochgebirge begrenzt und springen nach Süden weit ins Mittelmeer vor. Nirgendwo sonst in Europa sind Land und Meer so eng miteinander verwoben. In Mittel- und Südgriechenland gibt es zum Beispiel kaum einen Ort, der mehr als 60 Kilometer von der Küste entfernt ist. Die Küstenlinie des Landes mit seinen über 2 000 Inseln ist über 4 000 Kilometer lang.

Kennzeichnend für die Oberflächengestalt ist der Dreiklang von Küstenebenen, Hügelländern und Gebirgen. Dieses Nebeneinander unterschiedlicher Landschaftsformen ist auch auf den größeren und kleineren Inseln des Mittelmeeres anzutreffen.

Weitere Merkmale Südeuropas sind immer wieder auftretende Erdbeben und aktive Vulkane, die eine ständige Gefahr für die dort lebenden Menschen darstellen. Der aktivste Vulkan Südeuropas ist der Ätna auf Sizilien.

Flüsse formen Tieflandsebenen

Der wirtschaftliche Kernraum Italiens ist die Poebene mit den Metropolen Mailand und Turin. Diese Landschaft ist in vielen tausend Jahren durch Flüsse, die aus den Alpen kommen, geschaffen worden. Auf ihrem kurzen Weg ins Meer müssen die Flüsse ein großes Gefälle überwinden. Wegen der hohen Fließgeschwindigkeit und Wassermenge ist die Transportkraft sehr hoch. Lässt die Fließgeschwindigkeit nach, lagern die Flüsse

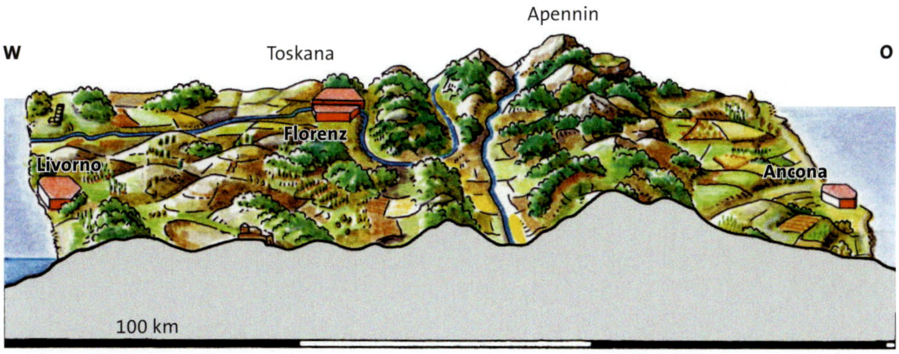

⑦

⑤ ***West-Ost-Profil durch Italien***

das mitgeführte Material ab. So haben sich seit dem Ende der letzten Kaltzeit mächtige Ablagerungen angehäuft, vor allem Sand und Geröll.

Solche Ebenen, die durch Ablagerungen von Flüssen entstanden sind, werden in der Regel als **Aufschüttungsebenen** bezeichnet. Diese Landschaften sind überwiegend eben.

Der Po verschiebt seine Mündung unaufhaltsam weiter ins Meer, etwa 30 km in den letzten 1000 Jahren. Die ehemaligen Hafenstädte Adria und Ravenna liegen heute im Landesinnern über 27 bzw. 8 km von der Küste entfernt.

Längsküsten und Querküsten

Küstenabschnitte wie die Ostküste Italiens, wo die Gebirgszüge parallel zur Küste verlaufen, heißen **Längsküsten.** Sie sind in der Regel wenig gegliedert, meist hafenarm und für den Schiffsverkehr feindlich. Wo Gebirge quer zur Küste verlaufen, z. B. an der Ostküste Griechenlands, lösen sich die Bergketten teilweise in Inseln auf. An diesen so genannten **Querküsten** dringt das Meer tief ins Land ein und bildet gut zugängliche Hafenbuchten. Querküsten sind insgesamt sehr stark gegliedert.

1 *a) Atlasarbeit: Beschreibe die Lage der Profile 5 und 6 innerhalb Südeuropas.*
b) Vergleiche die Oberflächengestalt beider Profile und formuliere Gemeinsamkeiten und Unterschiede.

2 *Ordne die Landschaften auf den Fotos 1–4 folgenden Begriffen zu: Tieflandsebene, Küstenebene, Hügelland, Gebirge.*

3 *Erkläre die Entstehung einer Aufschüttungsebene.*

⑧

⑥ ***West-Ost-Profil durch Griechenland***

1 ***Hochstämmiger Wald***

2 ***Macchie***

3 ***Olivenhaine auf dem Pelepones***

Klima und Vegetation am Mittelmeer

Warum verbringen Jahr für Jahr Millionen von Touristen den Urlaub im Süden Europas? Es lockt vor allem das angenehme und zuverlässige Klima.

Die Länder am Mittelmeer liegen im Sommer im Einflussbereich eines kräftig ausgebildeten Schönwettergebietes. Es erstreckt sich von Nordafrika bis zum Nordrand des Mittelmeers und ist verantwortlich für das von den Touristen ersehnte „Sahara-Wetter“: wolkenarm, heiß und trocken. Nur höchst selten bringen lokale Gewitter etwas Abkühlung. Ganz anders sind die Verhältnisse im Winter. Dann erreichen die regenbringenden Westwinde nicht nur Mittel- und Westeuropa, sondern auch das Mittelmeergebiet mit den uns bekannten Folgen: Der Himmel ist grau, es ist kühl und es regnet häufig in wolkenbruchartigen Güssen. Der **Winterregen** ist typisch für das Mittelmeergebiet.

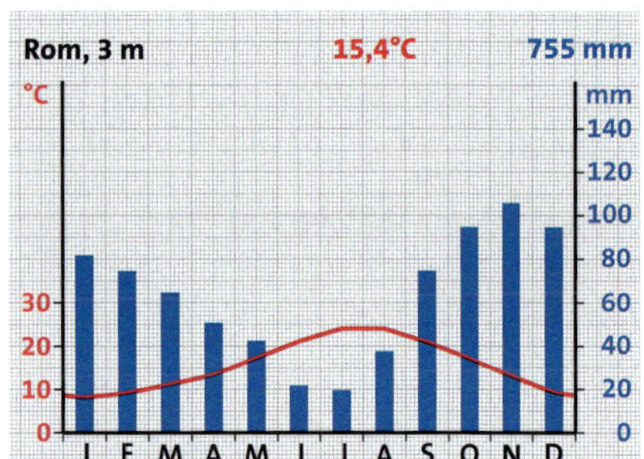

4 ***Klimadiagramm von Rom***

An den Küsten sind die Winter recht mild. Das Wasser des Mittelmeeres wirkt hier als Wärmespeicher. So sprießt auch im Winter frisches Grün und schon Ende Januar beginnt die Blütezeit. Dagegen kann es im Landesinneren von Spanien oder der Türkei sehr kalt werden. Ver-

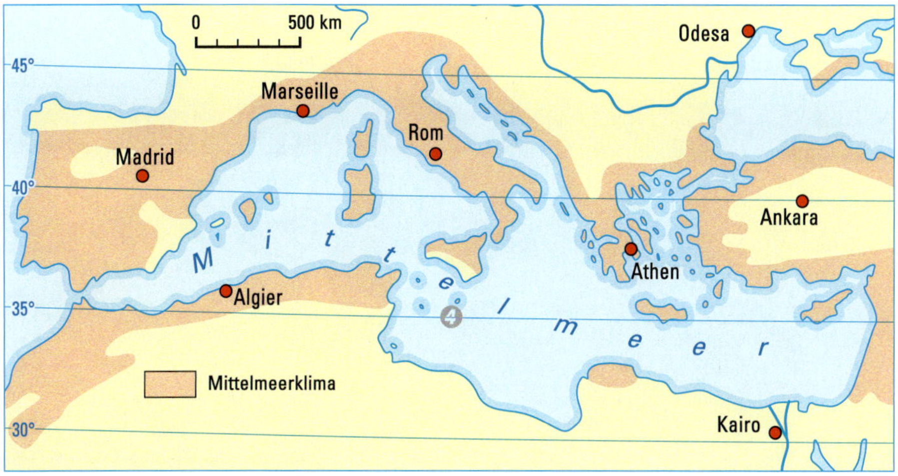

5 *Verbreitung des Mittelmeerklimas*

6 ***Aloe***

7 ***Olive***

einzelt treten sogar Fröste oder Schneefall auf. Deutliche Gegensätze zwischen Sommer und Winter kennzeichnen das **Mittelmeerklima**. Das Frühjahr und der Herbst sind im Süden Europas nur recht kurze Übergangszeiten und viel weniger ausgeprägt als in der gemäßigten Zone. Die natürliche Vegetation ist an dieses Klima gut angepasst. Die Pflanzen müssen hier vor allem die trockenen und heißen Sommer überdauern. Immergrüne Bäume und Sträucher haben meist kleine Blätter mit harter, lederartiger Oberfläche. Man nennt sie daher **Hartlaubgewächse.** Andere Anpassungen an die Trockenheit sind behaarte Blätter, Dornen oder Stacheln. Wieder andere speichern Feuchtigkeit in ihren fleischigen Blättern und Stängeln oder überbrücken die Trockenheit mit Zwiebeln und Knollen oder als Samen.
Da der Ölbaum nur wenig Frost verträgt, die Trockenheit aber gut meistert, gilt er als typische Pflanze und Abgrenzungskriterium des Mittelmeerraumes.

Entwaldung und ihre Folgen

Ursprünglich waren weite Teile der Mittelmeerländer mit dichten immergrünen Eichen- und Kiefernwäldern bedeckt. Der Mensch hat diese Wälder seit Jahrhunderten durch Abholzen und Abbrennen, durch Umwandlung in Ackerland oder durch zu starke Beweidung mit Schafen, Ziegen und Schweinen geschädigt oder ganz beseitigt. Daraufhin haben heftige Regengüsse den Boden abgespült und der Wald konnte nicht mehr nachwachsen. Es bildeten sich Kümmerformen: die Macchie und die Garigue. Oft blieb nur der blanke Fels.

1 *Beschreibe die Verbreitung des Mittelmeerklimas (Karte 5 und Atlas).*

2 *Werte das Klimadiagramm von Rom aus:*
a) Bestimme den wärmsten und kältesten Monat und berechne den Unterschied.
b) Beschreibe die Niederschlagsverteilung.
c) Formuliere die Merkmale des Mittelmeerklimas.

3 *Vergleiche das Klima von Rom mit jenem von Stuttgart (Anhang) und notiere die Unterschiede.*

4 *Erkläre, wie sich die Pflanzen an das Mittelmeerklima angepasst haben.*

5 *Stelle die Ursachen und Folgen der Entwaldung in einem Schema dar.*

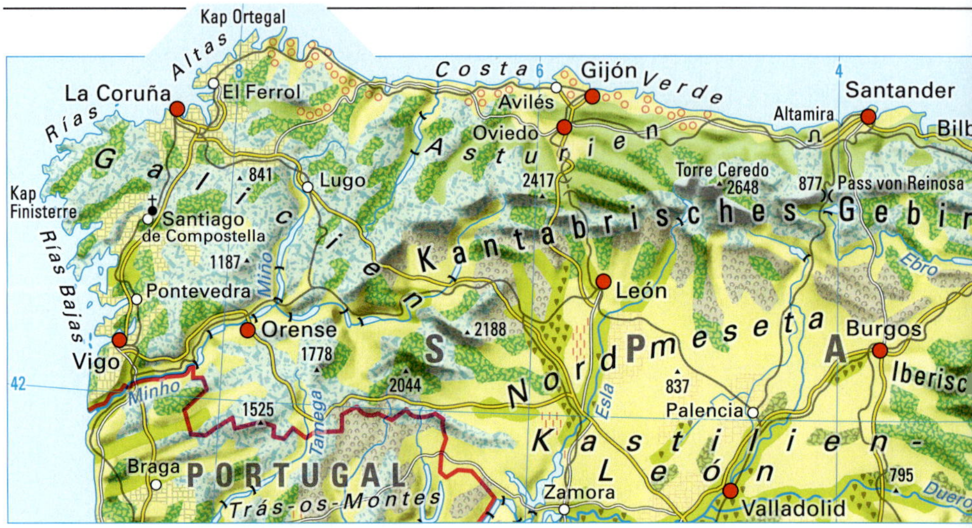

❶

❷

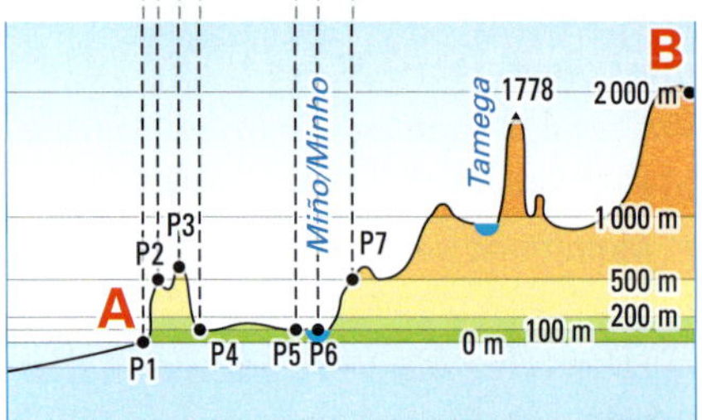

Landschaft	Küstenhügelland	Flusstal des Miño	Vorland des Kantabrischen Gebirges	Kantabrisches Gebirge
Vegetation			Heide	dichter Hochwald
Landnutzung	Maisanbau	Bewässerungslandwirtschaft	keine Landnutzung	keine Landnutzung

❸

Ein Landschaftsprofil geleitet dich durch Täler und Ebenen, zeigt dir Berge mit steilen oder sanften Anstiegen und lässt dich Höhenunterschiede erkennen.
Mit zusätzlichen Informationen werden Charakter, Gestaltung und Nutzung der einzelnen Landschaftsteile deutlich.

Ein Landschaftsprofil erstellen

Schritt 1: Karte auswählen

Suche gemäß der Aufgabenstellung die entsprechenden Karten aus: z. B. eine Landschaftskarte mit Angaben zum Naturraum und zur landwirtschaftlichen Nutzung, Siedlungen und Straßen sowie eine Höhenschichtenkarte.
Achte darauf, dass die Karten den gleichen Maßstab aufweisen.

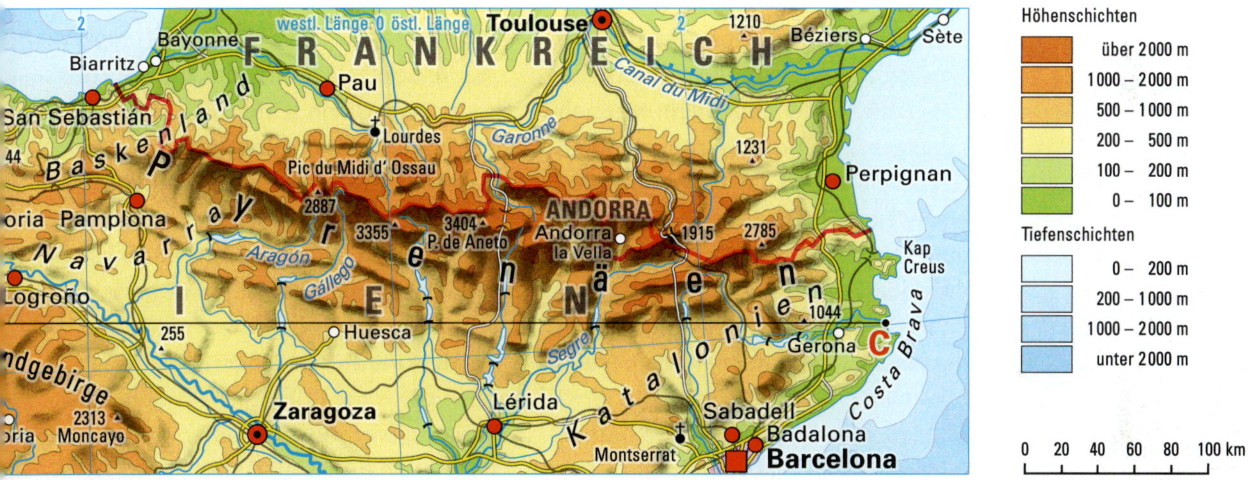

Schritt 2: Profillinie festlegen
Entscheide, welches Gebiet genauer betrachtet werden soll, und bestimme den Anfangspunkt A und den Endpunkt B deiner Untersuchungsstrecke.

Schritt 3: Profilschema anfertigen
- *Lege die Angaben für die Tabelle fest z.B. Höhenprofil, Oberfläche, Landschaft, Landnutzung, Vegetation, Siedlung.*
- *Zeichne die Tabelle auf ein Blatt Papier und beschrifte es.*

Schritt 4: Profil zeichnen
Übertrage die Höhenangaben der Karte punktweise und verbinde die Höhenpunkte zu einem Höhenprofil.

Schritt 5: Landschaftsräume ausweisen
Stelle in der Karte und im Profil einheitliche Landschaften wie z.B. Gebirge, Ebenen, Flusstäler oder Küstenebenen fest und übertrage sie in die Tabelle.

Schritt 6: Angaben aus der Karte auswerten und übertragen
Übertrage die weiteren Angaben für die einzelnen Landschaftsräume aus den Karten in die Tabelle.

1 *Übertrage die begonnene Tabelle 3 des Landschaftsprofils für Nordspanien auf ein Blatt Papier und führe es zu Ende.*

→ *Methode „Ein Höhenprofil zeichnen“: TERRA GWG 1, Seite 34 oder www.klett-verlag.de/geographie/terra-extra*

1

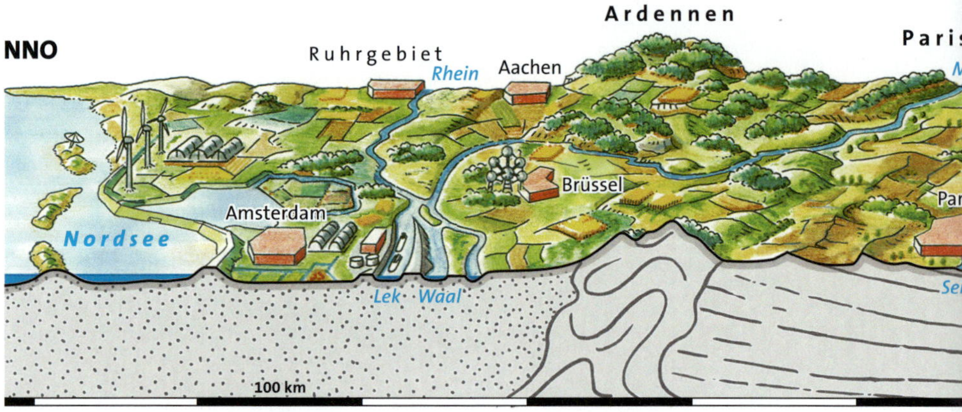

3 Nord-Süd-Profil durch Westeuropa

Von der Nordsee zu den Pyrenäen

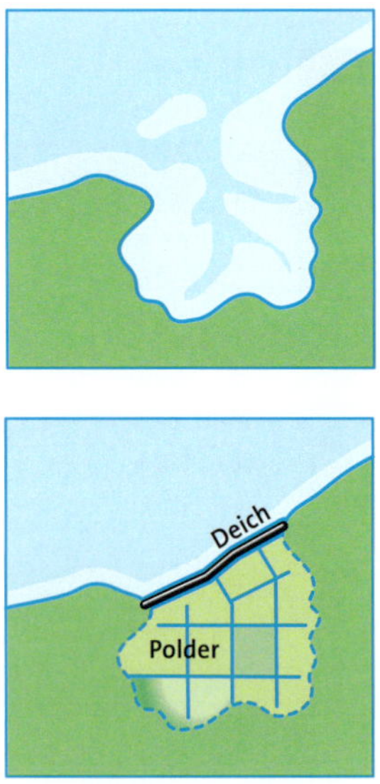

2 **Entstehung eines Polders**

Unsere Flugreise beginnt westlich von Amsterdam! Weite Teile ihres Landes haben die Niederländer dem Meer abgerungen. Sie bauten Deiche und pumpten anschließend das Wasser aus dem eingedeichten Gebieten heraus. Das dadurch gewonnene Land nennen die Niederländer Polder. Da das Neuland unter dem Meeresspiegel liegt, muss ständig Wasser abgepumpt werden. Früher übernahmen diese Aufgabe die Windmühlen. Gewächshäuser und Tulpenfelder zeigen an, dass dort intensiv Gartenbau betrieben wird.

Wir überfliegen nun eine der Hauptstädte der EU. Hier hat der Rat der Europäischen Union seinen Sitz. Am Horizont taucht ein Mittelgebirge auf. Tief haben sich Flüsse in seine runden Formen eingeschnitten. Kurz danach überqueren wir das Pariser **Becken.** Diese große Schichtstufenlandschaft besteht im Untergrund aus übereinander liegenden und an den Rändern leicht nach oben gewölbten Gesteinsschichten. Im Pariser Becken werden unter anderem dank der natürlichen Gunst die höchsten Weizenerträge Europas erzielt.

4 **Tulpenfelder**

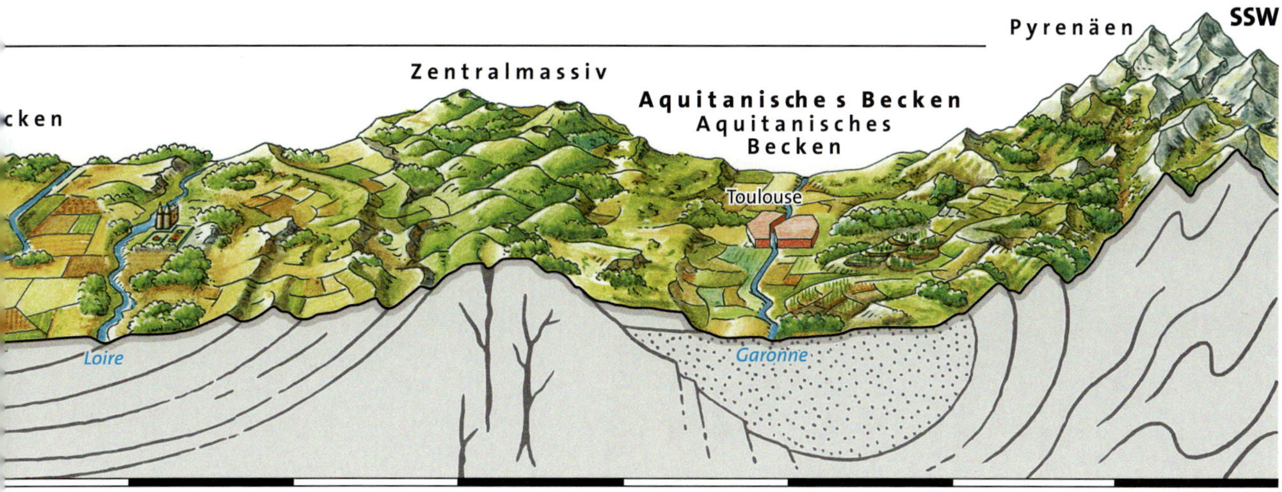

Im Zentralmassiv ändert sich das Landschaftsbild. Kühles, feuchtes Klima und Böden, in denen sich häufig Wasser staut, erschweren die Landbewirtschaftung. Vor einigen Millionen Jahren brachen in diesem Gebiet Vulkane aus. Da die erstarrte Lava sehr hart ist, tragen Wind und Wasser nur das weiche Gestein der Umgebung ab. Die Vulkankegel, sind dagegen geologisch so jung, dass sie ihre ursprüngliche Form kaum verändert haben. Noch einmal weitet sich das Land zu einer Ebene. Dahinter tauchen die Gipfel der Pyrenäen auf.

1 *Atlasarbeit: Welche Staaten, Städte, Flüsse, Landschaften und Gebirge überfliegt ein Flugzeug auf dem Flug von Amsterdam nach Spanien?*

2 *Welche Nutzungen kannst du für einzelne Regionen feststellen? Lege dazu eine Tabelle an.*

3 *Ordne die Fotos 4 und 5 in das Profil ein. Begründe deine Entscheidung mithilfe des Textes.*

4 *Stellt die Flugroute auf einer Wandkarte vor. Verwendet dabei möglichst viele der Begriffe aus dem Text und dem Profil.*

Kaum zu glauben

Im Nordosten von Rotterdam reicht erst das dritte Stockwerk der Wohnhäuser über den Meeresspiegel. Der Polderboden ist auf –6,60 m NN.

5 ***Der vulkanische Burgfelsen von Polignac***

1

3
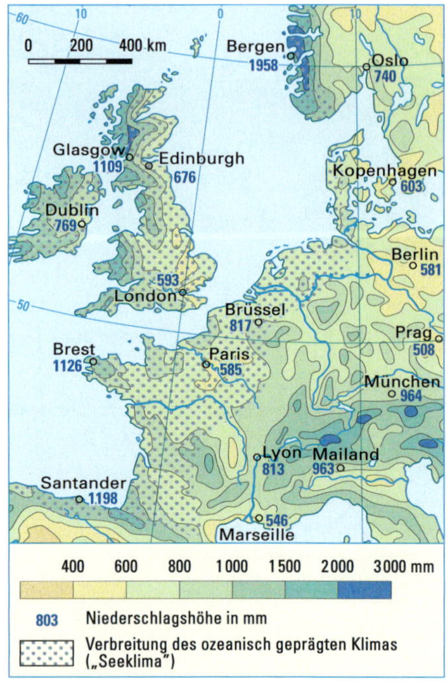

Sommerkühl – wintermild

2 ***Mittlerer Jahresniederschlag in mm auf 52,5 °N***

Station	
Shannon	*929*
Aberystwyth	*1 051*
Cambridge	*558*
Utrecht	*757*
Berlin	*587*

Der Einfluss des Meeres auf das Klima

Warum sind die Winter an der Atlantikküste mild und die Sommer kühl? Die Luft über den Wasserflächen des Atlantiks erwärmt sich langsamer als über dem angrenzenden Festland. Das liegt daran, dass zur Erwärmung von Wasser eine größere Wärmemenge erforderlich ist. Außerdem sorgt die Bewegung des Wassers für eine ständige Durchmischung des erwärmten Wassers an der Oberfläche mit dem kalten Wasser darunter.

Wasser ist aber auch ein guter Wärmespeicher. Im Winter gibt das Meer langsam Wärme an die Luft ab. Die Landmassen kühlen dagegen viel schneller aus. Deshalb sind die Winter an der Atlantikküste mild und die Sommer kühl.

Über den Meeresflächen können große Wassermengen verdunsten, so dass es ganzjährig zu relativ hohen Niederschlägen kommt. Durchschnittlich ist an jedem zweiten oder dritten Tag mit Niederschlag zu rechnen. Kein Wunder, dass der „englische Rasen“ so gut wächst. Der Meereseinfluss wird durch den Golfstrom verstärkt. Das relativ warme Wasser aus äquatornahen Bereichen sorgt vor allem im Winter für milde Lufttemperaturen in Küstennähe bis in den hohen Norden. An den südlichen Küsten gibt es kaum Schnee und Fröste. Hier gedeihen sogar Lorbeerbäume und Palmen. Ein solches, vom Meer beeinflusstes Klima, nennt man deshalb **Seeklima** oder **ozeanisches Klima**. Durch vorherrschende Westwinde werden auch große Teile des Festlandes von diesem Klima geprägt. Je weiter man jedoch ins Landesinnere fährt, desto geringer wird der Einfluss des Meeres auf das Klima.

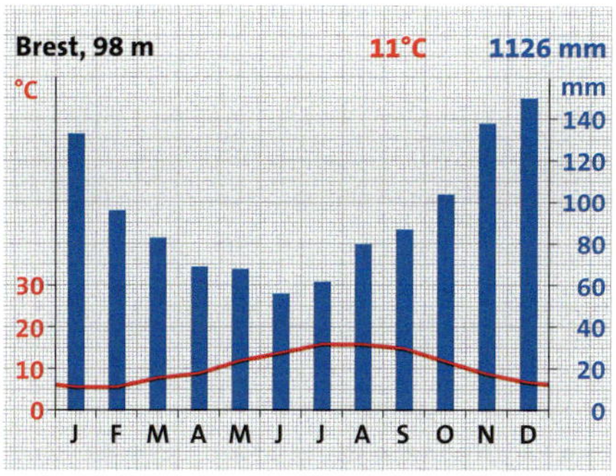

4

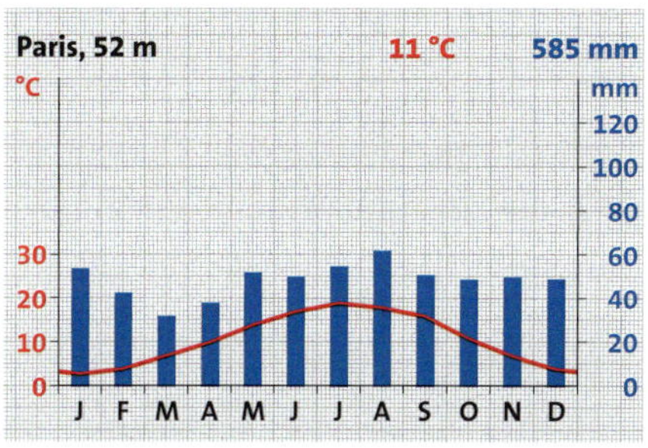

5

6 ***Experiment:***

Einfluss von Wasser auf die Temperatur

Material: *zwei große Gläser, Wasser, trockener Sand, Folie, (Digital-)Thermometer*

Durchführung: *Eines der beiden Gläser zur Hälfte mit kaltem Wasser füllen, das andere zur Hälfte mit Sand; beide mit Folie möglichst luftdicht abdecken, nebeneinander in die Sonne stellen, nach 30 Minuten vorsichtig die Folie an einer Stelle anheben und mit dem Thermometer die Lufttemperatur in beiden Gläsern messen.*

Auswertung:

Vergleiche die Messwerte. Was hast du damit nachgewiesen?

7 ***In Westirland***

1 *Benenne Merkmale des ozeanischen Klimas und begründe diese.*

2 *Erkläre die Bedeutung des Golfstromes für das Klima in Großbritannien.*

3 *Obwohl das Klima der gesamten Britischen Inseln vom Atlantik beeinflusst wird, gibt es Gebiete mit sehr hohen und mit geringen Niederschlägen (Karte 3). Begründe die regionalen Unterschiede.*

4 *Suche die Klimastationen 2 und 8 in einer Atlaskarte auf und erkläre die Temperatur- und Niederschlagsunterschiede.*

5 *Vergleiche die Klimadiagramme 4 und 5. Erkläre die Unterschiede von Temperatur und Niederschlag im Jahresverlauf.*

8 ***Mittlere Januar- und Julitemperaturen auf 52,5°N***

Station	*Januar*	*Juli*
Shannon	*4,9 °*	*15,5 °*
Aberystwyth	*4,5 °*	*14,9 °*
Cambridge	*3,5 °*	*17,0 °*
Utrecht	*1,7 °*	*17,0 °*
Berlin	*−0,2 °*	*18,7 °*

Von der Adria zum Ural

1

Osteuropäisches Tiefland

Das Osteuropäische Tiefland besteht aus weiten Niederungen, die von schwach gegliederten Höhenrücken unterbrochen werden. Die nördlichen Bereiche wurden während der Kaltzeiten des Eiszeitalters mehrmals von Inlandeis bedeckt. Es entstanden die typischen Oberflächenformen der glazialen Serie. Im Unterschied zu Mitteleuropa fehlen hier jedoch die Urstromtäler. Die Schmelzwasser konnten sehr schnell mit dem Gefälle nach Süden in den großen Flüssen abfließen.

Nur beim schnellen Rückzug des Inlandeises erreichten die Schmelzwasser nicht mehr diese Abflussbahnen. Im Gebiet der heutigen Pripjatsümpfe entstand ein riesengroßer Gletschersee. Hier befindet sich heute das europaweit größte zusammenhängende Sumpf- und Moorgebiet.

Die südlichen Teile des Tieflandes werden von fruchtbaren Grasländern auf einer drei bis fünf Meter mächtigen Lössdecke geprägt.

Flussmündungen

Die großen Flüsse Wolga und Don haben an ihren Mündungen ein **Delta** geschaffen. Wegen des geringen Gefälles im Mündungsgebiet ist die Fließgeschwindigkeit sehr gering. Deshalb lagern sich die mitgeführten Materialien ab. Dadurch verbauen sich die Flüsse ihren eigenen Weg. Sie treten über die Ufer und suchen sich einen neuen Lauf. So entstand ein weit verzweigtes, fächerförmiges Netz von Flussarmen mit vielen Seen. Die Deltas wachsen durch ständige Ablagerungen immer weiter ins Meer hinaus.

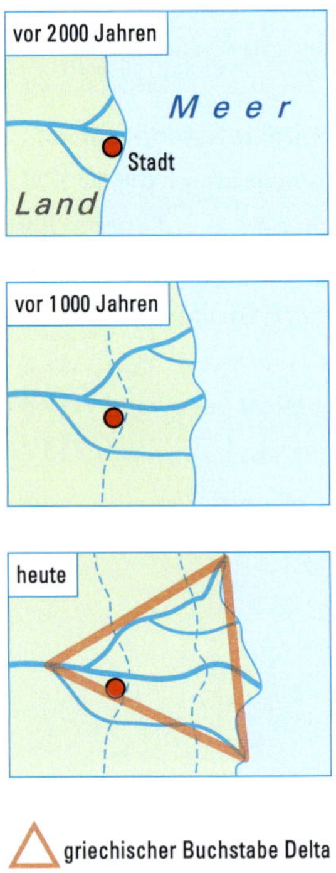

2 *Entstehung eines Deltas*

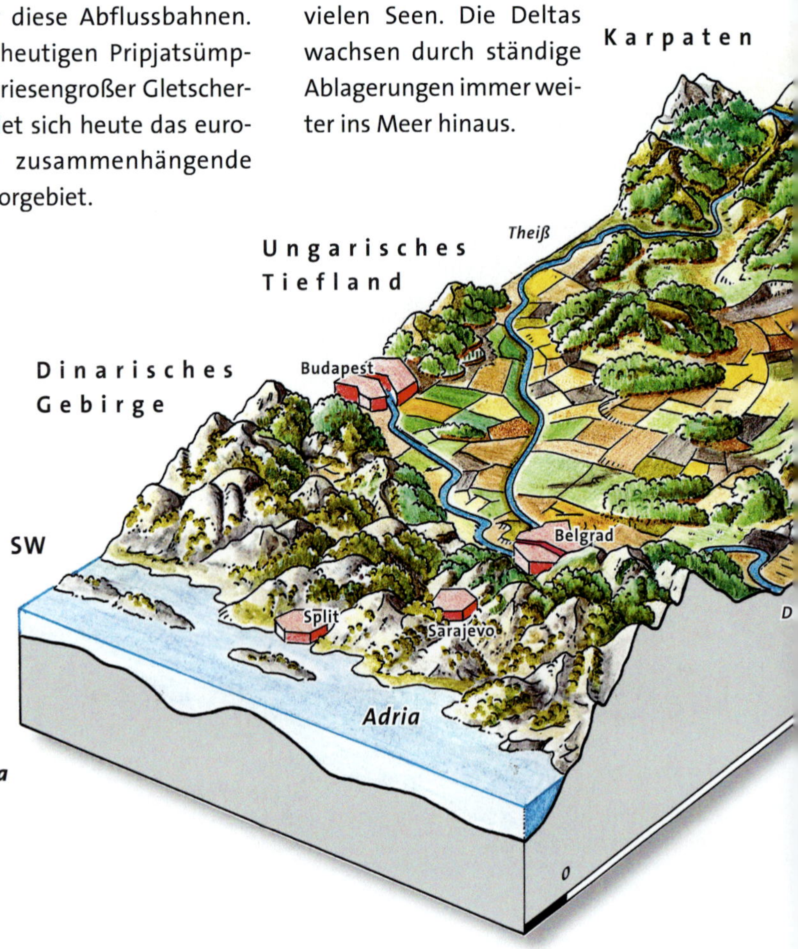

3 ***Profil durch Ost- und Südosteuropa***

1 *Bestimme mithilfe einer Atlaskarte die Nord-Süd- und West-Ost-Ausdehnung des osteuropäischen Tieflandes.*

2 *Beschreibe mithilfe des Fotos 4, des Profils 3 und geeigneter Atlaskarten Merkmale der Oberflächengestalt in Ost- und Südosteuropa.*

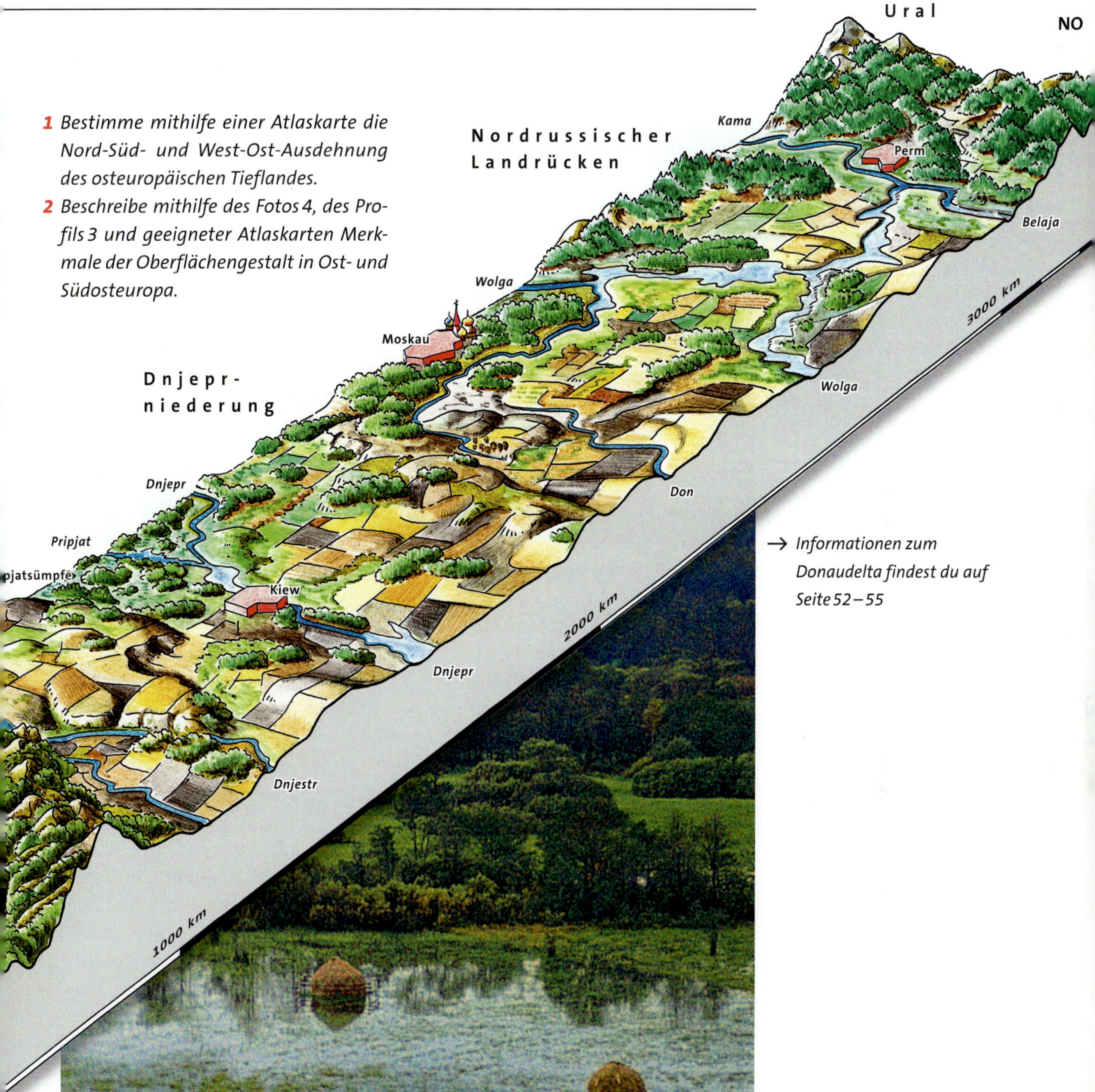

4 ***Pripjatsümpfe***

→ *Informationen zum Donaudelta findest du auf Seite 52–55*

1 ***Die Ukraine***
seit 1991 das zweitgrößte Land Europas. Die Farben Blau und Gelb in der Flagge versinnbildlichen den blauen Himmel über goldenen Weizenfeldern.

2 ***Großflächiger Getreideanbau in der Ukraine***

Heiß und kalt und trocken

Im Osten Europas wird das Klima durch das Festland geprägt. Wegen der großen Entfernung vom Meer und der Lage im Kontinent bezeichnet man es als **Landklima** oder **Kontinentalklima**.

Im Frühjahr und Sommer werden die Sonnenstrahlen von den Landflächen aufgenommen, in Wärme umgewandelt und die Wärme an die Luft weiter geleitet. So erreichen die Temperaturen nach einem sehr kurzen Frühjahr rasch hochsommerliche Werte. Die Sommer sind viel wärmer als in Mittel- und Westeuropa. Allerdings kühlt das Festland nach dem Ende des Sommers ungemein schnell aus, sodass der Herbst sehr kurz ausfällt. Die Winter sind sehr kalt. Der große Temperaturunterschied zwischen Sommer und Winter ist ein Kennzeichen des kontinentalen Klimas. Diese jährliche Temperaturschwankung wird mit zunehmender Entfernung vom Meer immer größer.

Ein weiteres Kennzeichen des kontinentalen Klimas sind die insgesamt geringen Jahresniederschläge, die überwiegend im Sommer fallen. Zudem nehmen sie mit zunehmender Entfernung zum Meer immer mehr ab. Denn feuchte Luftmassen vom Atlantischen Ozean haben sich auf dem weiten Weg ins Landesinnere bereits vorher abgeregnet.

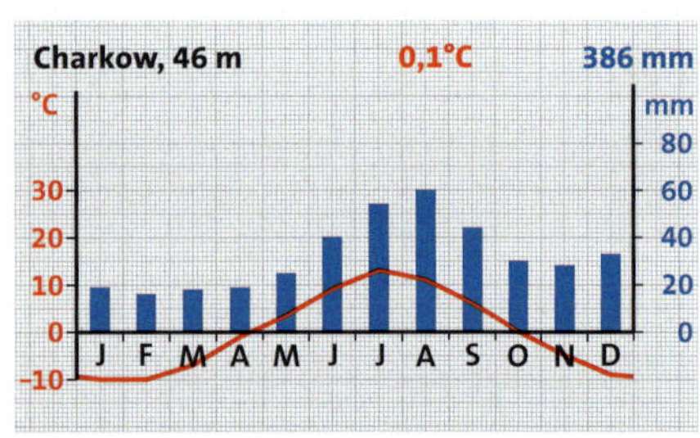

3 ***Klimadiagramm von Charkow (Ukraine)***

Schwarzerde – ein Geschenk der Natur

Schwarzerde ist ein lockerer, steinloser und humusreicher Boden. Er ist gut durchwurzelt und kann hervorragend Wasser speichern und Luft aufnehmen. Der Name geht auf die obere, bis zu 150 cm tiefe, schwarze Bodenschicht zurück. Die Schwarzerde entwickelte sich auf mächtigen Lössablagerungen. Durch die Trockenheit im Sommer verwelken Gräser und Kräuter. Das schnelle Absinken der Temperaturen im Herbst verzögert aber die weitere Zersetzung der Pflanzendecke. Diese vertrockneten Pflanzenteile liefern einen nährstoffreichen, schwarzgefärbten Humus, der sich im Verlaufe mehrerer Jahrhunderte immer mehr anreichern konnte.

④ *Schwarzerde*

⑤ *Schwarzerde, ein Steppenboden*

Steppe

Der Begriff ist aus dem russischen Wort „stepj" abgeleitet und bedeutet ebenes Grasland.

→ *Ozeanisches Klima oder Seeklima, Seite 32*

Felder, so weit das Auge reicht

Auf den weiten Ebenen im Osten Europas wird intensiver Ackerbau betrieben. Wo heute hauptsächlich Weizen angebaut wird, dehnten sich früher endlose Grasländer, die **Steppen**, aus.

Diese bieten gute Vorausetzungen für den Getreideanbau, denn Getreide ist den klimatischen Bedingungen in den Steppen angepasst. Alle unsere Getreidesorten sind eigentlich veredelte Gräser, deren Körner der Mensch durch Züchtung vergrößert und vermehrt hat. Gräser sind das natürliche Pflanzenkleid der Steppe.

Auch die Steppenböden, die sich unter dem kontinentalen Klima gebildet haben, bieten gute Ackerbaubedingungen. So ist es nicht verwunderlich, dass weltweit die Grasländer oftmals zu Ackerland umgewandelt wurden.

Lange Zeit galten die Steppen der Ukraine als Kornkammer Europas. Diese scheint gefährdet, da die Anbauflächen zu stark beansprucht werden. Mit der Zeit werden die Böden dann unfruchtbar und ohne schützende Pflanzendecke wirbeln heftige Stürme feinste Bodenteilchen auf und tragen diese fort.

1 *Charakterisiere das kontinentale Klima. Nutze auch das Klimadiagramm 3 von Charkow.*

2 *Erläutere, warum sich die fruchtbare Schwarzerde besonders gut unter kontinentalen Klimabedingungen bildet.*

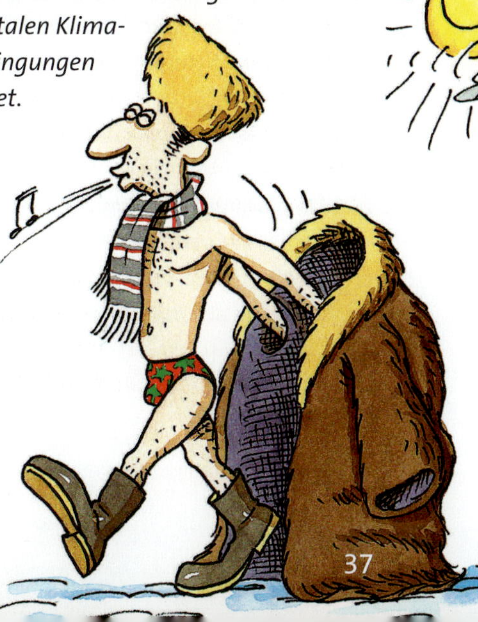

1

2

Wichtige Begriffe

Aufschüttungsebene
Becken
Delta
Fjell
Fjord
Golfstrom
Hartlaubgewächs
Längsküste
Landklima (Kontinentalklima)
Laub- und Mischwald
Mittelmeerklima
Nördlicher Nadelwald
Querküste
Schäre
Schwarzerde
Seeklima (ozeanisches Klima)
Seenplatte
Steppe
Tundra
Vegetationszeit
Vegetationszone
Wachstumszeit
Winterregen

1 Landschaften gesucht

Bestimme für jedes Foto die typische Vegetation und die Klimaregion.

2 Prima Klima?

Erläutere die Vorzüge und Nachteile des Seeklimas.

3 Kennst du die Begriffe?

a) Dreiecksförmiger Mündungsbereich eines Flusses.
b) Trockene, heiße Sommer und milde regenreiche Winter.
c) Typischer Boden im Osten Europas
d) Klimaregion, in der Nadelwälder vorherrschen.
e) Klimaregion zwischen Seeklima und Landklima.

4 Pflanzenexperte für das Mittelmeer?

Bei uns müssen die Pflanzen „überwintern“ im Mittelmeerraum dagegen „übersommern“:
a) Beschreibe Merkmale des Mittelmeerklimas.
b) Erkläre, wie sich die Pflanzen an dieses Klima angepasst haben.
c) Welche Pflanze markiert die natürliche Grenze des Mittelmeerklimas?

5 Außenseiter gesucht

a) kontinental – äquatorial – boreal – mediterran
b) Apfel – Zitrone – Feige – Olive
c) Olivenhain – Regenwald – Steppe – Nadelwald

6 Klimaexperten gesucht

Ordne die Klimadiagramme 3 bis 5 den Orten Shannon, Berlin und Orenburg zu und begründe die Zuordnung.

7 Wo wohne ich?

Egal ob ich nach Norden, Westen oder Süden fliege, nach 1 000 Kilometern erreiche ich jeweils ein Meer.

8 Bilderrätsel

a) Welche Begriffe sind dargestellt?
b) Erkläre Begriff b.

a

b

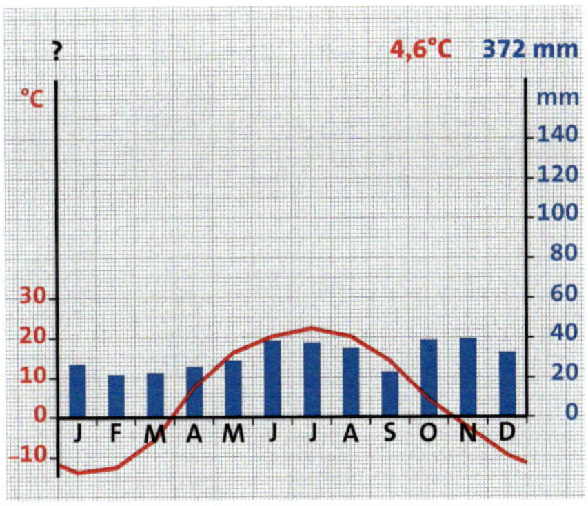

3

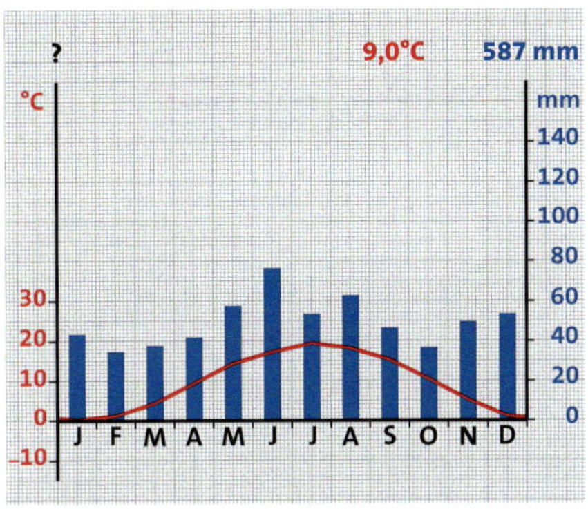

4

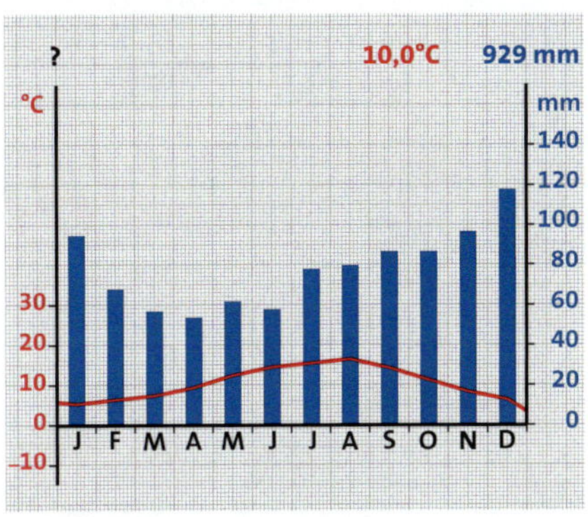

5

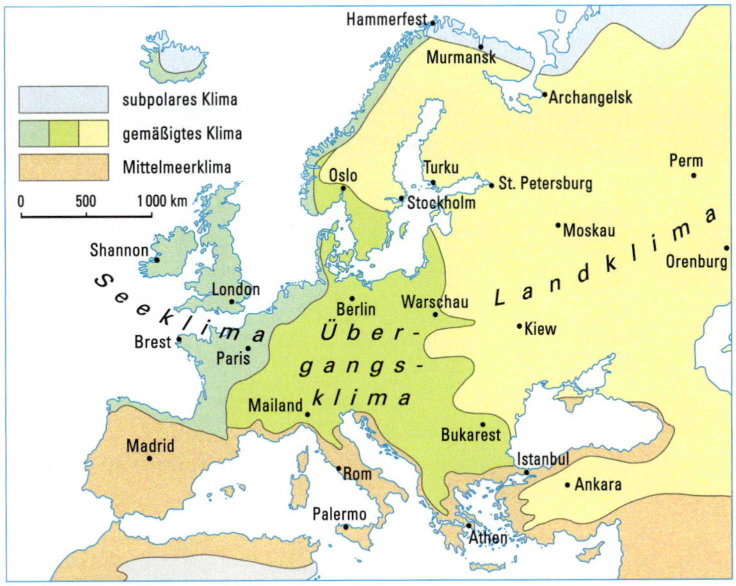

6 **Klimazonen in Europa**

10 Richtig oder falsch?

Verbessere die falschen Aussagen und schreibe sie richtig auf:

a) Steppenböden im Osten Europas sind für die landwirtschaftliche Nutzung ungeeignet.

b) An den Westküsten Irlands und Großbritanniens sind die Sommer überwiegend trocken und heiss.

c) Die boreale Klimaregion zeichnet sich durch lange, sehr kalte Winter und ganzjährige Niederschläge aus.

d) Das Übergangsklima ist vor allem in Südeuropa zu finden.

e) Innerhalb der atlantischen Klimaregion können sogar Palmen wachsen.

f) Klimastationen des Hochgebirges und Tieflandes haben ähnliche Werte, wenn sie der gleichen Region angehören.

Teste dich selbst

mit den Aufgaben 3b, 4a, 9c, 10d

9 Fachbegriffe gesucht!

Finde die Begriffe und schreibe sie in dein Heft. Jeder angegebene Buchstabe des Begriffs trägt zum Lösungswort bei.

a) Problem für die Pflanzen des Mittelmeerraums im Sommer (5.)

b) Land in der Region Mittelmeerklima (4.)

c) Begriff für feuchtes Klima (4.)

d) Bringt warmes Wasser in den Nordatlantik (8.)

e) Dort gibt es Dauerfrostboden (6.)

11 Zum Knobeln

An der norwegischen Küste fand man in 100 Meter Höhe die Reste von Fischerbooten. Die Archäologen rätselten, wie ein Fischerdorf in eine solche Höhe kommen konnte. Löse das Rätsel auf.

Urlaubsgebiete in Europa

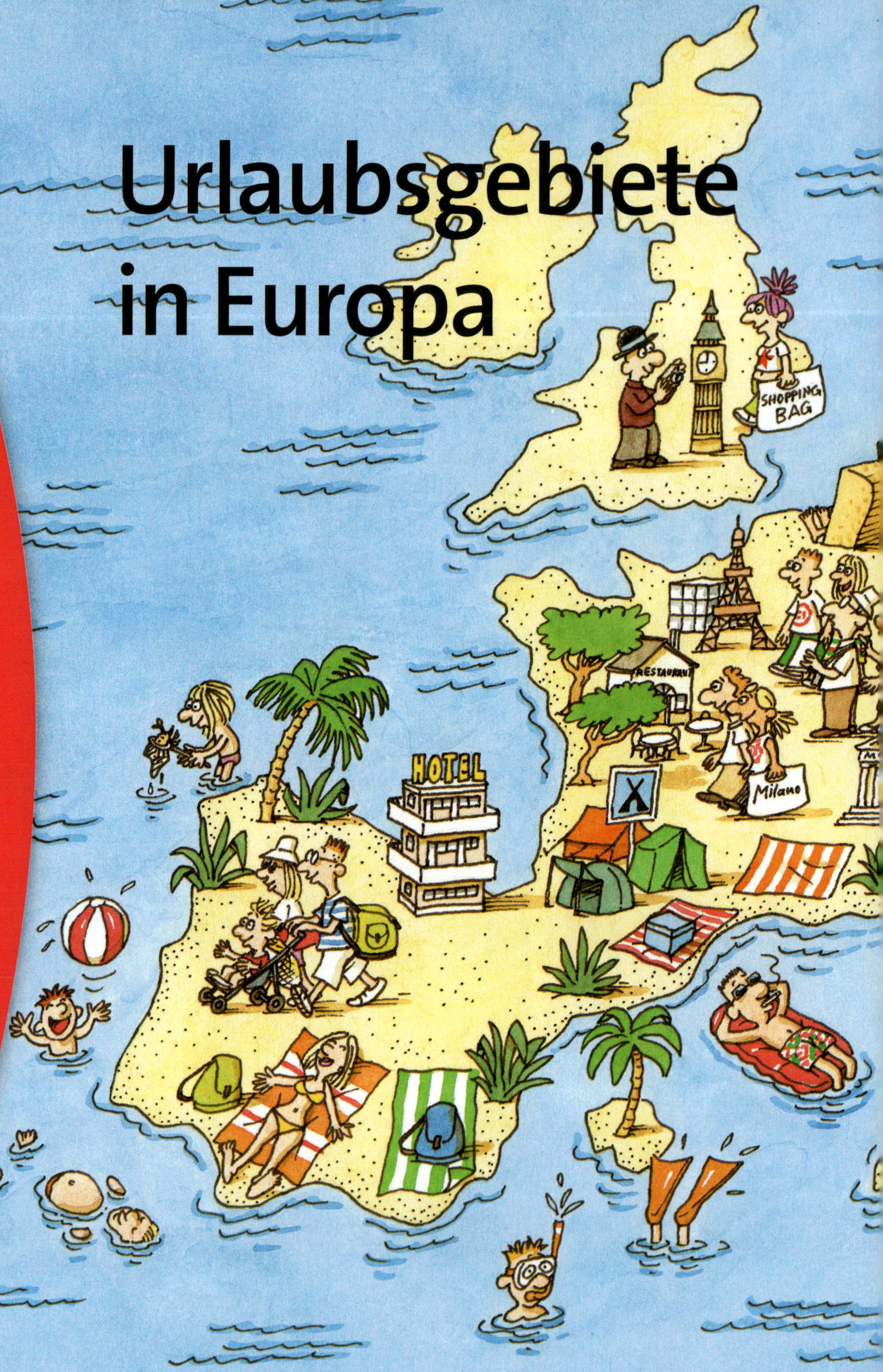

Bist du auch schon einmal als Tourist in Europa gereist oder hast dort Urlaub gemacht?
An welchen Orten warst du schon?
Welche Art von Reise oder Urlaub hast du unternommen?
Welche Reiseaktivität oder welches Urlaubsgebiet würdest du in dem Cartoon ergänzen?

MUSICAL
KONGRESS
MESSE
STADTRUNDFAHR

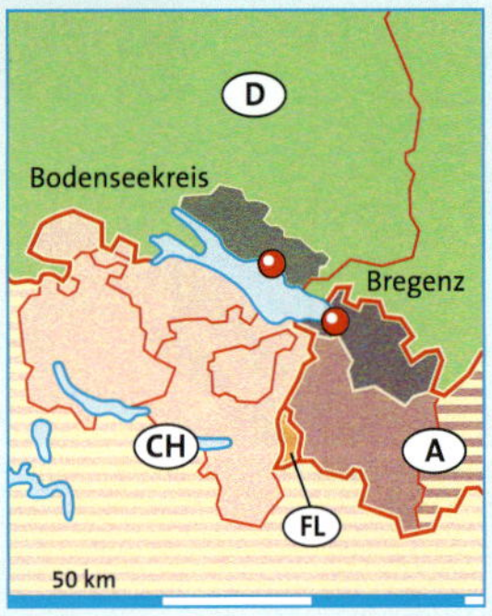

1

Der Bodensee - Eine Ferienregion mitten in Europa

„Mit dem Schiff nach Österreich!?", Lisa kann es kaum glauben, als das Schiff den Konstanzer Hafen mit Kurs auf Bregenz verlässt. Lisa und ihre Eltern verbringen ihren Urlaub am Bodensee. Sie haben sich für eine Ferienwohnung in Konstanz entschieden, da die Stadt mit ihren mittelalterlichen Gassen der ganzen Familie gefällt. Ein Ausflug mit dem Schiff zur Blumeninsel Mainau und in die faszinierende Unterwasserwelt des Sea Life Centres in Konstanz gehörten bis jetzt zu den Höhepunkten ihres Urlaubs. Natürlich verbringt Lisa auch viel Zeit im Strandbad und kühlt sich im 23° C warmen Wasser des Bodensees ab.

Entlang des Nordufers nähert sich das Schiff der Stadt Bregenz. Eine Stadtführung mit einem Besuch der berühmten Bregenzer Festspiele ist heute angesagt. Auf der größten Seebühne der Welt werden bekannte Opern aufgeführt. Lisa hofft, dass noch genug Zeit bleibt, um auf dem 1 064 m hohen Pfänder die Aussicht auf den See, auf Österreich, Schweiz und Deutschland zu genießen.

Wirtschaftsfaktor Tourismus

Wie Lisa und ihre Familie kommen jedes Jahr vor allem in der Sommersaison, in den Monaten April bis Ende Oktober, viele tausend Touristen in die Bodenseeregion. Der Tourismus ist folglich ein bedeutender Wirtschaftsfaktor. Berücksichtigt man alle wirtschaftlichen Aktivitäten, die durch den Tourismus rund um den See ausgelöst werden, dann wird ein Gesamtumsatz von rund 10 Mrd. € erzielt. Dieser Umsatz entsteht zum einen direkt bei den touristischen Betrieben und durch Ausgaben der Touristen selbst, zum anderen über nachgeordnete Effekte. So werden indirekt weitere Umsätze dadurch erwirtschaftet, dass beispielsweise ein Hotelier beim örtlichen Bäcker die Brötchen backen oder beim Bauunternehmer das Schwimmbad bauen lässt. Auf diese Art und Weise kommen zu den direkt im Tourismus Beschäftigten weitere Beschäftigte hinzu, die Arbeiten für die Tourismusbetriebe erbringen sowie die dort Beschäftigten versorgen.

Kaum zu glauben

Der Campingplatz Gohren, bei Langenargen gehört mit einer Gesamtfläche von 38 ha und 2 000 Stellplätzen zu den fünf größten in Europa.

Umsatz

ist der Wert aller abgesetzten Güter und erbrachten Dienstleistungen.

2 ***Ferienregion Bodensee***

Vier Länder, ein See, eine europäische Urlaubsregion

In der Grenzregion war die gemeinsame Förderung und Organisation des Tourismus vor einigen Jahren noch ein Problem. Heute ist das anders. Die Bodenseeanrainer und das Fürstentum Lichtenstein arbeiten in der „Internationalen Bodenseekonferenz“ (IBK) grenzüberschreitend zusammen und zeigen im Kleinen, wie ein vereintes Europa funktioniert. Grenzüberschreitend wird die gesamte Bodenseeregion heute von einem einzigen Tourismusverband vermarktet und den Besuchern so die Planung ihres Urlaubs erleichtert. Damit der Bodensee auch für spätere Generationen eine attraktive Ferienregion und der Torismus ein starker Wirtschaftsfaktor bleibt, arbeitet die „IBK“ an einer **nachhaltigen Entwicklung** des Tourismus in der Region. Dabei sollen wirtschaftliche, ökologische und soziale Belange in Einklang gebracht werden. Ein Beispiel ist die länderverbindende Tageskarte „Euregio Bodensee“, mit der Touristen problemlos jedes Ausflugsziel rund um den See mit umweltfreundlichen öffentlichen Verkehrsmitteln erreichen können. Oder auf dem Bodenseepfad werden interessierte Touristen auf Tafeln über die ökologischen Zusammenhänge und die natürliche Artenvielfalt der Region informiert. Bei dem Projekt „GEO REGIO“ wird den Besuchern und Bewohnern die Entstehung der Landschaft erklärt. Es wird zudem ein sozialverträglicher Tourismus angestrebt, der die Lebensverhältnisse der einheimischen Bevölkerung achtet, insbesondere dort, wo durch ein Missverhältnis zwischen der Anzahl der Einwohner und der Urlaubsgäste Spannungen entstehen und die Akzeptanz abnimmt.

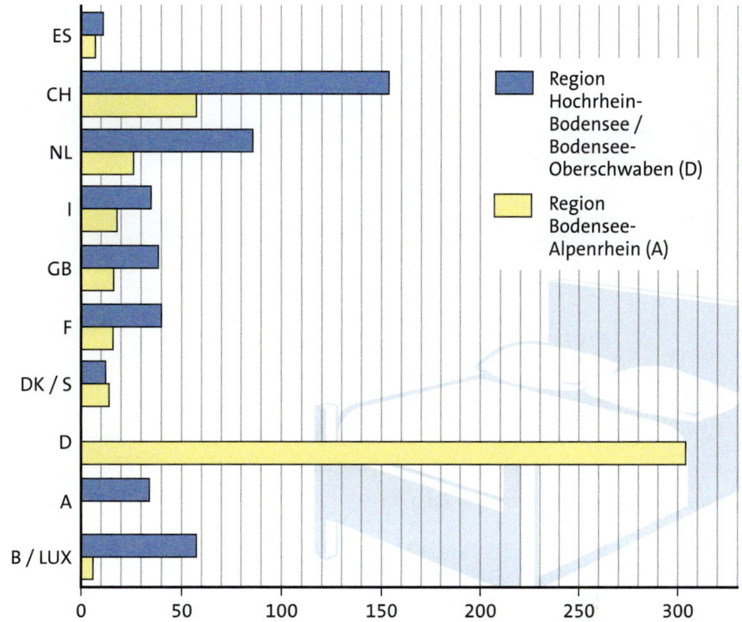

3 *Gästestruktur: Anzahl europäischer Übernachtungsgäste 2002 (in Tsd.)*

4 **Anzahl der Übernachtungen nach Beherbergungsart (in Tsd.)**

Jahr	Bodenseekreis (D)		Bezirk Bregenz (A)			Gesamt
	Hotel, Gasth., Pension	Fewo	Hotel, Gasth., Pension	Fewo	Privatzimmer	
1985			1902	393	815	3551
1990	1763	251	1991	614	675	3750
1995	1701	232	1918	755	473	3586
2000	1324	239	2023	788	385	3587
2002	1349	263	2057	800	346	3598

1 *Welche Attraktionen bietet die Bodenseeregion? Erstelle eine Tabelle und sortiere nach Sport, Kultur, Landschaft sowie Unterhaltungs- und Freizeitangeboten. Nutze dazu auch Informationen im Internet.*

2 *Erläutere die Entwicklung der Übernachtungen und die Gästestruktur.*

3 *Überlegt in der Gruppe, welche wirtschaftlichen Aktivitäten direkt oder indirekt durch die Touristen ausgelöst werden, und stellt sie in einer Mindmap dar.*

4 *Nenne Beispiele für eine nachhaltige touristische Entwicklung.*

Surftipp

www.bodensee-top-sites.de
www.bodensee-ferien.de

① *Strand von Cala Gran Beach in Cala d'Or*

② *Bucht mit Hotelbauten und Yachthafen in Palma de Mallorca*

③ *Hotelanlage auf Mallorca*

Mallorca eine Insel ...

Glasklares türkisfarbenes Wasser, ein strahlend blauer Himmel und Buchten mit weißem Sandstrand - dies ist der Urlaubstraum von Millionen Menschen, die es im Urlaub an die Strände des Mittelmeers zieht. Ein sehr beliebtes Reiseziel ist die Insel Mallorca.

Schon im 19. Jahrhundert kamen die ersten Touristen auf die Insel, doch der richtige Boom setzte zwischen 1950 und 1960 ein. Vor allem aus Großbritannien und Deutschland strömten die Sonnenhungrigen auf die Insel und lösten hier einen wahren Bauboom aus. Zahlreiche Hotels, Pensionen und Ferienwohnungen schossen in der Nähe der Küste aus dem Boden, viele Restaurants und Bars eröffneten, Boutiquen und Souvenirläden luden zum Bummeln ein.

Angelockt durch die niedrigen Preise kamen immer mehr Touristen, da die Insel per Flugzeug von den europäischen Ländern schnell zu erreichen war. So wuchsen die Orte und Dörfer immer mehr, neue Straßen erschlossen die Insel und viele Badebuchten, ein internationaler Flughafen wurde gebaut. Der **Massentourismus** hatte Mallorca erreicht, nachdem immer mehr Menschen sich dank steigender Einkommen und längerer Urlaubszeit eine organisierte Urlaubsreise mit pauschalen Angeboten leisten konnten.

Für die Mallorkiner brachte der Massentourismus grundlegende Veränderungen. Statt der Landwirtschaft entwickelte sich der Tourismus zum wichtigsten Wirtschaftszweig und zur Haupteinnahmequelle. Negative Auswirkungen auf Lebensweise und Kultur der Bewohner sowie auf Landschaftsbild und Umwelt erfordern ein Umdenken.

zwei Gesichter

Zerklüftete Felsen, tiefe Schluchten, einsame Buchten und gewundene Pfade - dies ist Mallorca abseits der großen Touristenzentren. Immer mehr Urlauber verbringen ihren Urlaub im Hinterland Mallorcas mit seiner beeindruckenden Natur oder aber sie wählen gezielt die einsamen Küstenabschnitte abseits von Massentrubel und Stranddiscos.

Sie wandern im Gebirge und besuchen eine der zahlreichen Tropfsteinhöhlen wie den Coves del Drac.

Beliebte Ziele sind auch die Naturschutzgebiete der Insel wie das Feuchtgebiet von S'Albufera. Diese feuchte Küstenzone ist die Heimat unzähliger Vogel- und Pflanzenarten. Andere besuchen die Dracheninsel - La Dragonera -, eine kleine unbewohnte Insel vor dem westlichsten Zipfel Mallorcas mit ihrer ursprünglichen Naturlandschaft.

Im Hinterland wohnt man auf den Landgütern, den Fincas. Urlauber, die hierher kommen, suchen Ruhe und Erholung in einer ursprünglichen Umgebung. Für diese **Individualtouristen**, die das typische Mallorca mit seinen Menschen auf ihre persönliche Art entdecken wollen, bietet die Insel abseits der großen Orte und dicht bebauten Küstenabschnitte viele interessante Möglichkeiten.

1 *Beschreibe die zwei Gesichter des Tourismus auf der Insel Mallorca und ordne sie den Begriffen Massentourismus und Individualtourismus zu.*

2 *Stelle Gründe für die Entwicklung des Massentourismus in einem Schema dar.*

④ ***Puig Major mit 1 445 m der höchste Berg Mallorcas***

⑤ ***Wanderer mit Blick auf Dragonera***

⑥ ***Am Pool in einer Finca in Dejà***

7

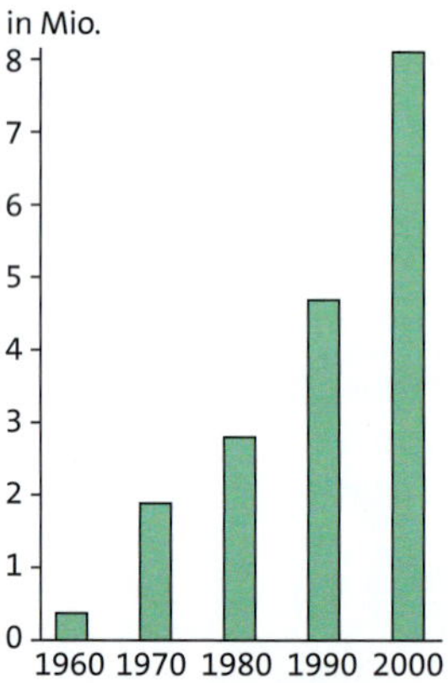

8 ***Einreisen von ausländischen Touristen 1960–2000***

(2004: 8,2 Mio.)

9 **Touristen im Jahresverlauf 2001/2002 auf den Balearen (in Tausend)**

Januar	190
Februar	210
März	420
April	490
Mai	1 100
Juni	1 350
Juli	1 460
August	1 680
September	1 300
Oktober	780
November	170
Dezember	190
Gesamt	9 340

10 ***Touristeninsel Mallorca***

11 **Schatten über der Urlaubsinsel**

Wirtschaftsexperte: Der Tourismus ist die wichtigste Einnahmequelle. Er hat viele Arbeitsplätze im Baugewerbe, im Handel, in Hotels und anderen Dienstleistungsbetrieben gebracht. Die Landwirtschaft und die Fischerei spielen nur noch eine geringe Rolle.

Bürgermeister: Touristen bringen Geld, sie verursachen aber auch Kosten. Man benötigt neue Straßen und Häfen, einen Ausbau des Flughafens und der Kläranlagen sowie eine Müllentsorgung. Der Tourismus verändert die Landschaft und unsere Kultur. Immer mehr stellt sich die Frage, wie die begrenzte Fläche zwischen Einheimischen und Touristen aufgeteilt werden soll.

Landwirt: Unser größtes Problem ist das Wasser. Ohne Bewässerung können wir zum Beispiel kein Gemüse anbauen. Doch auch die Swimmingpools, Golfplätze und die Hotels verbrauchen große Mengen. Doch das in Stauseen gesammelte Wasser und das Grundwasser reichen nicht aus.

Umweltexperte: So kann es auf unserer Insel nicht weiter gehen. Die Grenzen der Belastung sind erreicht. Es gibt zu viele Autos, darunter viele Mietwagen, und immer wieder kilometerlange Staus. Jetzt soll auch noch eine Autobahn gebaut werden. Unsere Müllberge sind gigantisch und die Müllmengen sind doppelt so hoch wie auf dem Festland. Weitere Küstenabschnitte werden zugebaut und neue Ferienhaussiedlungen entstehen.

Reisebüroinhaber: Wir erwarten in Zukunft deutliche Veränderungen im Tourismus. Natürlich wird der Urlaub am Mittelmeer vor allem Badeurlaub sein. Aber es gibt noch viele andere Möglichkeiten wie Wanderurlaub, Golfreisen, Reiter- und Tauchferien, Aufenthalte mit Segel-, Mal- oder Töpferkursen und nicht zu vergessen den Wellnessurlaub. So wollen wir nicht nur zur **Hauptsaison** im Sommer, sondern auch in der **Nebensaison** in den Wintermonaten attraktive Angebote bieten. Wir setzen auf Qualitätstourismus nicht auf Billig- und Massentourismus.

⑫ ***Uferabschnitt am Hotel Atlantic 1980***

⑬ ***Der gleiche Uferabschnitt 2004***

Calviá geht neue Wege

„Wir gehen andere, neue Wege! Unser ehrgeiziges Ziel ist unser Stadtbild zu sanieren und die Bausünden und Fehler aus dem Boom des Massentourismus in den 1980er Jahren zu beseitigen", sagt der Bürgermeister der Gemeinde.

„Hier in Calviá setzen wir auf einen **nachhaltigen Tourismus** im Rahmen der lokalen Agenda 21. Die Gemeinde hat seit 1993 mehr als 30 Projekte in Angriff genommen, wie z. B. den Kauf und Abriss von Hotels an der vordersten Küstenlinie. Ein Beispiel ist das Hotel Atlantik, das direkt am Sandstrand stand und 1996 gesprengt wurde. Die freie Fläche gehört heute zur Grünzone. Wir kaufen auch Grundstücke an, um eine Bebauung zu verhindern. Die Ziele, die wir als Gemeinde verfolgen, sind vor allem Maßnahmen zu Erholung und Bewahrung der Natur zu Land und im Meer sowie die Verbesserung der Lebensqualität für die Bewohner, z.B. durch das Anlegen von Fuß- und Radwegen und den Ausbau des öffentlichen Nahverkehrs. Unser neues Projekt ist der Schutz der Seegraswiesen vor der Küste, die durch das häufige Ankern der Privatboote aber auch durch Wasserverschmutzung zerstört werden.

Die Qualität der Strände und des Wassers konnten wir bereits verbessern unter anderem durch den Bau der neuen Kläranlage. So erhielt Calviá im Jahr 2003 acht blaue Fähnchen für die gute Qualität des Wassers und der Strände. Die Auszeichnung erhielten wir durch die FEE (Foundation of Environmental Education), die Europäische Stiftung für Umwelterziehung. Darauf sind wir besonders stolz."

3 *Stelle die Schattenseiten des Tourismus auf der Insel Mallorca dar.*

4 *Werte Diagramm 8 und Tabelle 9 aus. Begründe den Unterschied zwischen Haupt- und Nebensaison.*

5 *Die Gemeinde Calviá versucht neue Wege zu gehen.*

a) Benenne die Ziele der Gemeinde.

b) Erstelle eine Liste der Projekte.

Surftipp

www.calvia.com

⑭ ***Blaue Flagge der FEE***

Aus Reiseprospekten lassen sich viele Informationen für die Planung eines Urlaubs entnehmen. Doch muss man die Prospekte richtig lesen lernen. Besonders die Texte und Bilder sollten genau und kritisch betrachtet werden. Empfehlenswert ist auch, die Angaben durch weitere Informationen aus Reiseführern oder aus dem Internet zu ergänzen.

1 ***Türkische Riviera***

Einen Reiseprospekt auswerten

Dieses Jahr soll es zum Urlaub in die Türkei gehen, das steht für Familie Müller fest. Herr Müller möchte vor allem baden und ausspannen, seine Frau daneben auch etwas besichtigen und Souvenirs einkaufen. Der zwölfjährige Sohn ist begeisterter Wassersportler und will surfen und schnorcheln. Die achtjährige Tochter freut sich auf gleichaltrige Kinder im Kids-Club. Bei einer Beratung im Reisebüro fällt die Entscheidung für die türkische Riviera, das Feriengebiet an der Südküste bei Antalya. Sie nehmen Prospekte mit, um den Urlaubsort und die Unterkunft auszusuchen.

1 *Vergleiche Orte und Hotels miteinander.*

2 *Beschreibe die beiden Fotos 1 und 2: Welches Hotel und welchen Ort zeigen sie?*

3 *a) Was kostet der 14-tägige Urlaub bei Abflug am 29. Juli?*
b) Wieviel würde Familie Müller bei einem Abflug am 10. Juni bezahlen?

4 *Für welches Angebot wird sich die Familie entscheiden? Begründe die Antwort.*

Einen Reiseprospekt auswerten:

1. Schritt: Vorbereitung
- *Reisetermin und Urlaubsland sowie Urlaubsgebiet festlegen.*
- *Prospekte im Reisebüro besorgen und sich beraten lassen.*

2. Schritt: Urlaubsort auswählen und untersuchen
- *Lage, Umweltbedingungen,*
- *Sehenswertes am Ort und in der Umgebung,*
- *Unterhaltungsangebote, Freizeitaktivitäten, Einkaufsmöglichkeiten.*

3. Schritt: Informationen ergänzen
- *aus Reiseführern;*
- *im Internet oder bei Bekannten weitere Informationen besorgen und mit Prospektangaben vergleichen.*

4. Schritt: Entscheidung für die Unterkunft am Urlaubsort treffen
- *Lage zum Ort oder zum Meer,*
- *Art der Unterkunft: Standard oder Komfortausstattung,*
- *Freizeitaktivitäten im Hotel selbst,*
- *Preis zu verschiedenen Terminen.*

2

Türkische Riviera

TERRA TOURS

Belek

Der Ferienort Belek liegt in der Küstenebene etwa 45 km östlich des Flughafens Antalya. Er ist an einem kilometerlangen, früher unbebauten Strand mit ausgedehnten Pinienwäldern entstanden. Das kleine Dorf Kadriye ist 5 km entfernt und bietet Einkaufsmöglichkeiten. In der näheren Umgebung liegen antike Ruinenstädte und das römische Theater von Aspendos.

Hotel A

Lage: etwa 45 km östlich des Flughafens von Antalya, direkt am Meer

Ausstattung: Das elegante Hotel mit 254 Zimmern besticht durch seine anspruchsvolle Bauweise. Großzügige Lobby, mehrere Bars und Restaurants, Openair-Diskothek, Amphitheater, Miniclub (4–12 Jahre). Großer Swimmingpool mit Kinderbecken und Wasserrutsche.

Zimmer: Komfortabel ausgestattet, mit Dusche und WC, Fön, Telefon, Sat-TV, Minibar, Safe, Klimaanlage, mit Balkon und Meerblick.

Verpflegung: Halbpension in Buffetform.

Sport und Unterhaltung: Kostenlos: Tennis, Squash, Beachvolleyball, Aerobic, Animation. Gegen Gebühr: Minigolf, Billard, Sauna, Massage und viele Wassersportarten wie Surfen, Banane-Fahren, Wasserski, Tauchen.

Strand: Kilometerlanger, flacher Sandstrand; Sonnenschirme, Liegestühle kostenlos.

Hotelanlage

Kemer

Der moderne Badeort Kemer, ein ehemaliges Fischerdorf, liegt 60 km südwestlich des Flughafens Antalya inmitten von Pinienwäldern direkt am Fuß des Taurusgebirges. Hier gibt es viele Geschäfte, Restaurants und Cafés, einen Freizeitpark sowie einen Yachthafen mit Promenade, auf der wöchentlich ein Markt stattfindet.

Hotel B

Lage: etwa 15 km außerhalb von Kemer, inmitten eines Pinienwaldes an einer eigenen, großzügigen Badebucht.

Ausstattung: Das Hotel für den ungezwungenen Strandurlaub hat 123 Zimmer, Rezeption, TV-Raum, 2 Restaurants, Snackbar, Sonnenterrasse und Grünflächen mit Liegestühlen und Sonnenschirmen. Zwei Swimmingpools, separates Kinderbecken, Poolbar und Spielplatz.

Zimmer: Zweckmäßig eingerichtet mit Dusche/WC, Telefon, Radio, Klimaanlage und teilweise Balkon zur Meerseite oder mit Meerblick.

Verpflegung: Halbpension in Buffetform.

Sport und Unterhaltung: Kostenlos: Wasserball. In der Hauptsaison tagsüber Animation für alle. Gegen Gebühr: Billard, Tischtennis und Wasserski.

Strand: Schmaler, steil abfallender Kiesstrand mit Badesteg.

REISEPREISE — Preise pro Person in Euro ab

REISEZEIT	Verpflegung	Belegung	SPARWOCHEN			A			B			C			D			E		
HOTEL/ZIMMERART			1 Wo	2 Wo	Verl.Wo	1 Wo	2 Wo	Verl.Wo	1 Wo	2 Wo	Verl.Wo	1 Wo	2 Wo	Verl.Wo	1 Wo	2 Wo	Verl.Wo	1 Wo	2 Wo	Verl.Wo
HOTEL A																				
DZ/BA/AC/BK	H	2	829	1094	280	959	1297	371	1118	1577	483	1170	1695	546	1230	1793	588	1287	1851	609
Kinderfestpreis 02-12 Jahre	H	2+1	449	449	–	449	559	–	559	629	–	629	669	–	649	699	–	669	729	–
HOTEL B																				
DZ/DU/AC/BK	H	2	738	899	168	799	960	182	838	1015	182	924	1182	266	972	1278	315	1024	1330	343
Kinderfestpreis 02-12 Jahre	H	2+1	449	449	–	449	559	–	617	746	91	678	846	133	722	934	161	752	955	175

REISETERMINE — ANTALYA — Zielflughafen ANTALYA/AYT

ABFLUGHAFEN	APRIL	MAI	JUNI	JULI	AUGUST	SEPTEMBER	OKTOBER
STUTTGART	1, 8, 15, 22, 29	6, 13, 20, 27	3, 10, 17, 24	1, 8, 15, 22, 29	5, 12, 19, 26	2, 9, 16, 23, 30	7, 14, 21, 28

Hradschin – Der Präsidentenpalast

Astronomische Uhr

Karlsbrücke

Goldenes Gässchen

Häuserzeile am Wenzelsplatz

Goldene Stadt Prag

Wir fahren in die „Goldene Stadt".

„Natürlich war mir zunächst nicht klar, dass unser Ziel Prag sein sollte. Dort wohnten wir in einem schicken Hotel am Rande der Altstadt. So konnten wir viel zu Fuß unternehmen. Am ersten Tag war zunächst ein Besuch der Burg angesagt. Diese ist aber nicht eine einfache Burganlage. Auf dem Gelände stehen mehr als 80 Häuser, Paläste und Kirchen und es gibt drei Burghöfe! Zum Glück schauten wir nicht alle an, aber die berühmte St. Veitskathedrale, an der 600 Jahre gebaut wurde, gehörte dazu. Die Turmbesteigung war der Hit. Von dort oben hat man einen tollen Blick auf die ganze Stadt. Der nächste Höhepunkt folgte gleich: Wachablösung am Haupttor der Burg mit Fanfaren und dem Austausch der Standarte. Nahe der Burg liegt das Goldene Gässchen. Hier wohnten früher angeblich Alchemisten, die für den König Gold herstellen sollten! Durch die Altstadt unternahmen wir eine Rundfahrt in der Kutsche. Mich beeindruckte die astronomische Uhr mit ihren beweglichen Figuren, die zur vollen Stunde erscheinen. Nächste Station war die Karlsbrücke, auf der Straßenkünstler die verschiedensten Kunststücke zeigen. Wir sahen auch viele berühmte Gebäude und bummelten durch die Einkaufsstraßen. Meine Eltern kauften böhmisches Glas als Souvenir. Außerdem unternahmen wir eine Fahrt mit einem der weißen Touristenschiffe und waren im Spiegellabyrinth.

Mit der Zahnradbahn fuhren wir auf den Petrin, einen Berg in einer großen Parkanlage mitten in Prag, und bestiegen dort den kleinen Eiffelturm. Am Abend blieb ich freiwillig in unserem Hotelzimmer. Meine Eltern besuchten noch eines der vielen Konzerte, die in Prag angeboten werden."

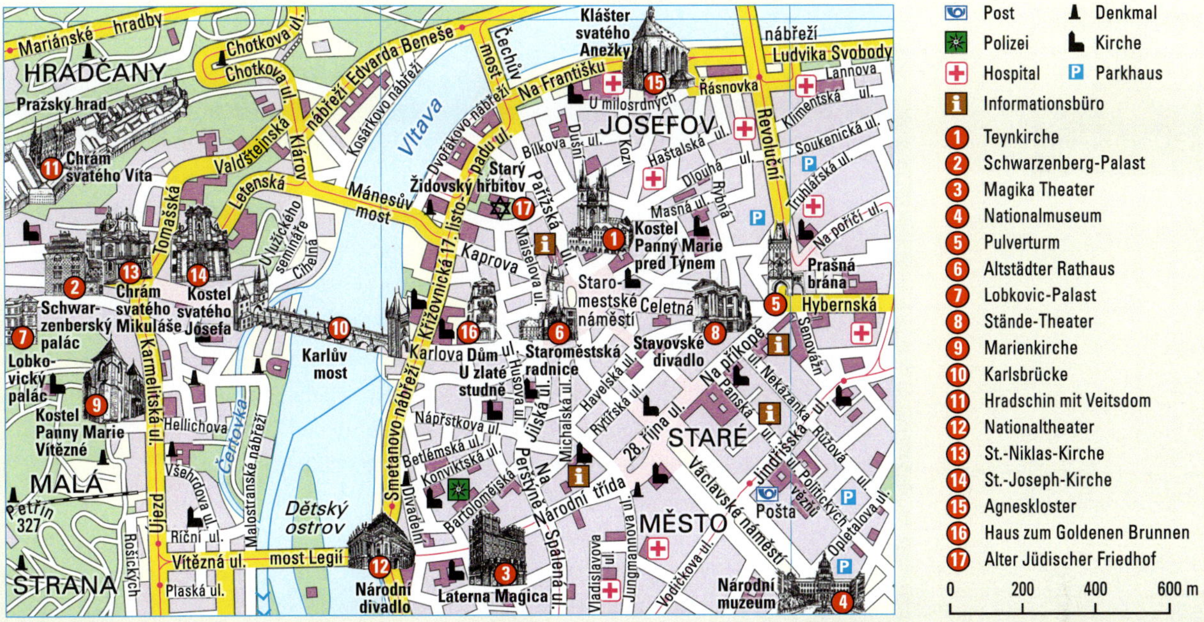

6 Ausschnitt aus dem Stadtplan von Prag

Städtetourismus

Die europäischen Städte wie Prag, Wien oder Amsterdam sind ein beliebtes Ziel für Touristen aus Europa und aus aller Welt. Besonders die unverwechselbaren Stadtansichten mit historischen Gebäude aus den verschiedensten Bauepochen ziehen die Besucher an, aber auch die kulturellen Einrichtungen wie Museen und Galerien oder Veranstaltungen wie Theater- und Opernaufführungen, Musicals oder Musikfestivals. Die Touristen machen meist eine Kurzreise und bleiben nur zwei bis drei Nächte in den Hotels und Pensionen.

Neben diesem Kulturtourismus wird der Tagungs- und Messetourismus für viele Städte immer wichtiger. Diese Besucher reisen aus beruflichen Gründen.

Der **Städtetourismus** hat sich zu einem bedeutenden Wirtschaftsfaktor für die Städte entwickelt, denn jeder Besucher gibt Geld aus, sei es für Stadtführungen, in den Restaurants oder beim Einkauf in den Geschäften.

7 Touristenzahlen in Tschechien von 2000–2002 (in Tsd.)

Jahr	2000	2001	2002
Touristen gesamt	10 850	11 280	9 610
Tschechen	6 180	5 880	5 030
ausländische Touristen	4 670	5 400	4 580
davon in Prag	2 480	2 920	2 500
Tschechen	640	450	300
ausländische Touristen	1 840	2 470	2 200

1 *a) Bestimme die Entfernung von deiner Schulstadt nach Prag.*
b) Beschreibe die Fahrt- oder Flugroute.

2 *Suche die abgebildeten Fotos 1 bis 5 und die beschriebenen Sehenswürdigkeiten auf dem Plan 6.*

3 *Tabelle 7: Beschreibe die Bedeutung des Tourismus für eine Stadt wie Prag. Beachte dabei die Anteile inländischer und ausländischer Touristen.*

4 *Eine Stadtbesichtigung erfordert Vorbereitung. Liste auf, wie du vorgehen kannst.*

Die historische Altstadt von Prag wurde 1992 von der UNESCO in die Liste der ***Weltkulturerbe*** *aufgenommen.*

Surftipp
www.pis.cz (Information über Prag)
www.unesco .de

94 von 100 Touristen reisen nach Prag mit dem Pkw.

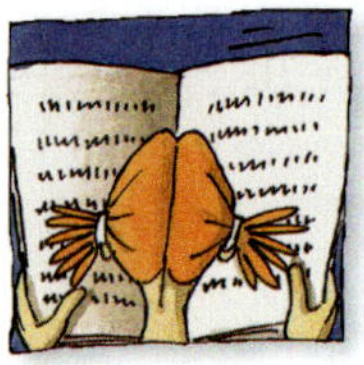

Im Donaudelta

Unser Boot gleitet vom Sulina Arm, einem der drei Hauptarme der Donau, in einen Seitenarm. Der Strom verzweigt sich immer mehr und wir kommen in eine Insellandschaft. Zuerst bestehen die Inseln noch aus festem Land, dann werden sie zunehmend sumpfiger. Weiden, Pappeln und andere Laubbäume stehen in einem wilden Durcheinander aus Gestrüpp und Riedgras. Kein Mensch könnte diese Inseln hier betreten – Dschungel im Sumpf.

Weiter gleitet unser Boot. Überall im Wasser erkennen wir üppige Schlingpflanzen aller möglichen Arten und Algen. Um uns herum springen immer wieder Fische aus dem Wasser. Der Fischreichtum ist faszinierend. Von Ukelei, Barsch, Donaukarpfen, Wels, Hecht und Zander bis hin zu Rüsselstör und Donauhering reichen die über 100 Arten. Das Delta ist erst 10 000 Jahre alt und umfasst 5 000 km². Ein Irrgarten von Wasserläufen durchzieht es. Einige davon werden immer wieder von Sand oder Schilfinseln verstopft und verlanden, andere werden neu geschaffen.

Vögel, Vögel überall. Pelikane, Reiher, aber auch Kormorane, Donaufalken und Seeadler sind hier heimisch. Mit über 300 Arten weist das Donaudelta die vielfältigste Vogelwelt unserer Erde auf. Auf den höher

① ***Karpfen***
silberglänzend, große Schuppen, hochrückig, Maul mit Barteln, 30 – 80 cm lang, 1 bis über 20 kg schwer, wohlschmeckender Speisefisch

② ***Rüsselstör***
langgestreckter Körper, Kopf mit langer, rüsselförmiger Schnauze, 2 bis 3 m lang, bis 200 kg schwer, die Fischeier sind als Kaviar eine Delikatesse

③ ***Wels***
runder flacher Körper mit sehr großem Kopf, lange Barteln am Oberkiefer, Einzelgänger, über 2 m lang, 5 bis 30 kg schwer

4 ***Schilfernte im Donaudelta***

gelegenen Stellen des Deltas leben Marder, Füchse und Wildkatzen.

Das Boot wendet, fährt in einem großen Bogen um andere schwimmende Inseln herum, ist aber doch auf dem Weg zum großen Donaukanal. Rechts sieht man Bäume im Wasser stehen. Ihre Wurzeln reichen bis über die Wasseroberfläche hinaus.

Wir fragen unseren Bootsführer nach den Menschen im Delta. Ein Großteil lebt vom Schilf, lautet die Antwort. Als wir ungläubig schauen, erklärt er uns, dass jährlich über zwei Millionen Tonnen Schilf geschnitten werden. Hierzu fahren die Erntemaschinen im Winter auf großen, ballonartigen Rädern über die dann leicht gefrorenen Schlammböden.

Aus dem Schilf stellt man zum Beispiel Zellwolle, Pappe oder Papier her. Das dabei anfallende Abwasser fließt leider teilweise ungeklärt in die Donau.

5 ***Schilf***

hohes Süßgras, wächst aus dem Wasser, 3 bis 6 m hoch, in dichten Beständen am Ufer als Röhricht

6 ***Reiher***

Schreitvogel mit langem Hals, langem kräftigen Schnabel und langen Beinen, bis 95 cm groß, Schilfbewohner, ernährt sich von Fischen

7 ***Pelikan***

flug- und schwimmgewandter Ruderfüßer mit geräumigem Kehlsack am langen, breiten Schnabel, ernährt sich von Fischen, 160 cm lang, bis 10 kg schwer

8

9 ***Donaudelta***

Surftipp
www.donaudelta.de/
www.ro-mania.de
www.wasser-macht-schule.de/pub/f19-donaudelta/f19.htm

10 **Mit dem Kanu durch das Donaudelta**

Reiseunternehmen, die sich auf Natururlaub spezialisiert haben, bieten diese Reise mit folgendem Programm an:

1. Tag: Flug nach Rumänien und Übernachtung bei Constanta.

2. Tag: Transfer nach Tulcea und Stadtbesichtigung, Übernahme der Kanus und erste Schnuppertour.

3. Tag – 4. Tag: Kanutour auf dem St.-Georgs-Arm bis nach Uzlina, danach Tour zum Cuibida See.

5. Tag: Tour über den Lebada-See und den Litcov-Kanal zum Fischerdorf Crisan.

7. – 8. Tag: Tagestouren zu Dörfern in der Umgebung von Crisan, Besichtung des Donaudelta-Informationszentrum.

9. – 10. Tag: Über den Küstenkanal mit Zwischenübernachtung im Feriendorf Rosulet nach Sulina.

11. – 12. Tag: Besichtigung Sulina, Tagestour zum Schwarzen Meer bei guten Wetterverhältnissen.

13. Tag: Rückfahrt nach Tulcea mit dem Schiff.

14. Tag: Rückfahrt nach Constanta und Rückflug.

Hinweise für Donaudelta-Reisende

Jeder Teilnehmer sollte über gute Schwimmkenntnisse verfügen und hinreichende Ausdauer für etwa 5 bis 6 Stunden Kanufahrt mitbringen.

Die Unterkünfte im Donaudelta sind sehr einfache Zeltcamps oder Fischerpensionen. Alle Teilnehmer sollten Bereitschaft zum Komfortverzicht mitbringen.

Für das Leben in der Gruppe sind Teamgeist und Flexibilität erforderlich.

Alle Teilnehmer werden dafür belohnt mit einer einzigartigen Landschaft aus schwimmenden Schilfinseln, der Beobachtung unzähliger Vogelarten, dem Besuch ursprünglicher Fischerdörfer und der abendlichen Lagerfeuerromantik.

11 **Donaudelta wohin?**

Biosphärenreservat Donaudelta
Frau Beuran, Mitarbeiterin der UNESCO, ist im Fischerdorf Crisan mit einer Kanugruppe zum Interview verabredet:

Was ist ein Biosphärenreservat?
Biosphärenreservate sind Schutzgebiete für einzigartige Ökosysteme. Die Biosphäre ist die belebte Zone der Erde von den Tiefen der Meere bis zu den höchsten Gipfeln der Erde. Je nach den Standortbedingungen siedeln sich in den verschiedenen Teilen der Biosphäre natürliche Lebensgemeinschaften von Tieren und Pflanzen an. Ein solches Zusammenspiel nennt man Ökosystem.

Wie viele Reservate gibt es?
Weltweit zählen wir 300 Reservate und seit 1990 gehört das Donaudelta dazu.

Wie schützt man die Natur ?
Das Delta ist in unterschiedliche Schutzzonen eingeteilt. Die wertvollsten Teile des Reservats sind die Kernzonen, in denen das Ökosystem noch vollständig intakt ist. Diese Zonen dürfen vom Menschen nicht betreten werden. In Pufferzonen dürfen die Menschen die Landschaft mit Einschränkung nutzen. In einigen Bereichen des Donaudeltas müssen z.B. die Fischer während der Vogelbrut ihre Arbeit einstellen. In den sogenannten Wirtschaftszonen dürfen die Menschen die Natur nutzen.

Kann man geschädigte Bereiche des Deltas noch retten?
Man versucht in den Renaturierungszonen die Eingriffe des Menschen rückgängig zu machen.

1 *Bearbeitet die Themen in Gruppen und präsentiert euer Ergebnis:*
a) Entstehung des Deltas und die Merkmale der Landschaft.
b) Tierwelt des Deltas und die Lebensweise der Menschen.
c) Bedeutung eines Biosphärenreservats.
d) Naturreisen im Delta, die andere Form Urlaub zu machen.
e) Die Zukunft des Deltas.

*Das Donaudelta wurde von der UNESCO in die Liste der **Weltnaturerbe** aufgenommen.*

Mit dem Postschiff durch Norwegens Fjorde, Abenteuerurlaub auf Island, Snowboarden oder Skilaufen in der Schweiz, Kulturreise durch Polen oder Badeurlaub am Mittelmeer, Wandern auf Mallorca, als Pauschalreise mit all inklusive oder individuell:
Die Urlaubsmöglichkeiten in Europa sind so vielseitig wie die kulturelle und natürliche Vielfalt der Urlaubsgebiete.

❶ ***Urlaubsgebiete in Europa***

Tourismus

Europa bietet seinen Besuchern unzählige kulturelle Sehenswürdigkeiten und verschiedene Landschaften. Die Vielseitigkeit und die Möglichkeit den Kontinent sicher und bequem bereisen zu können haben Europa 2003 zum meist besuchten Kontinent gemacht. Von den weltweit 694 Millionen Auslandstouristen entfielen mit 58% mehr als die Hälfte auf Europa. Hoteliers, Zimmermädchen, Kellner, Reiseleiter und viele mehr sind im Dienst der Urlauber tätig, so dass z.B. allein in der Europäischen Union insgesamt etwa 10,5 Millionen Menschen vom Tourismus leben.

Traditionell gehört der Mittelmeerraum zu den beliebtesten Reisezielen in Europa. So überrascht es nicht, dass die Europäer auf die Frage, nach welchen Kriterien sie sich für ein Urlaubsgebiet entscheiden, mit am häufigsten das „Klima" nennen. Aber auch andere Faktoren wie die „Landschaft" oder das „Interesse an der Geschichte", sind für die

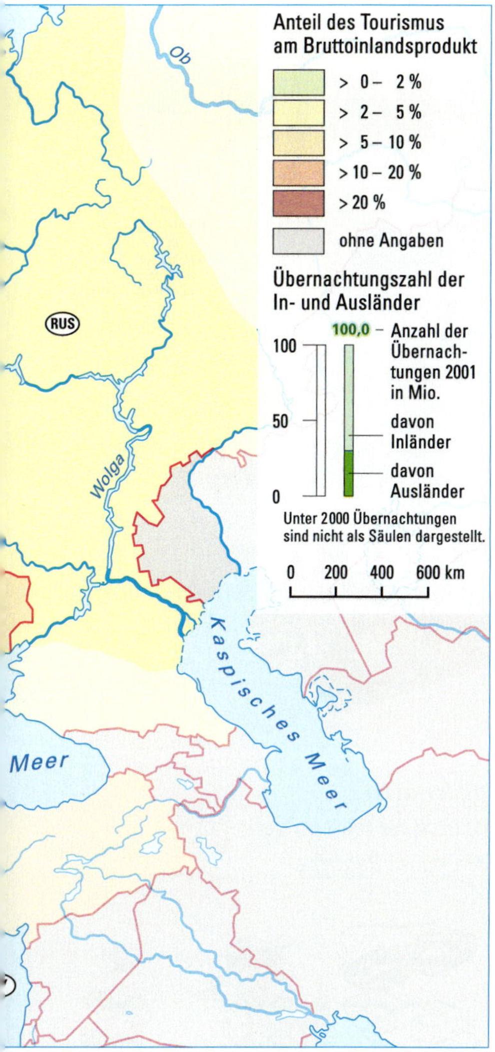

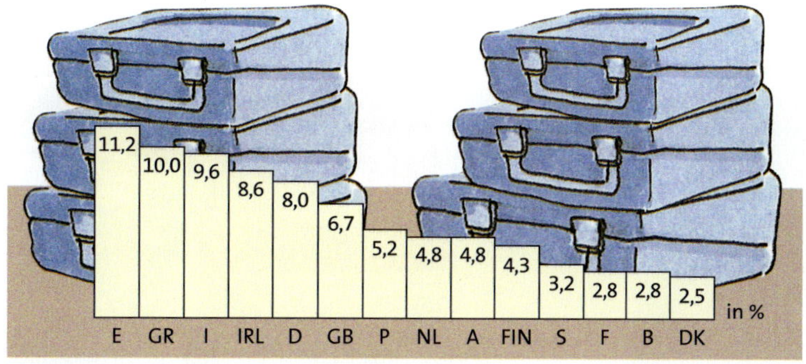

2 ***Anteil der Beschäftigten im Tourismus an allen Beschäftigten 2002***

Wahl des Urlaubsgebiets genauso entscheidend, wie die Kosten für den Urlaub.

Obwohl bei den Touristen gut organisierte Pauschalreisen in die Urlaubsgebiete Südeuropas sehr beliebt sind, bereisen viele den Kontinent auch eigenständig. Seit der Öffnung Osteuropas ist individuelles Reisen in Europa sehr viel einfacher geworden. In fast alle Länder sind heute spontane Reisen ohne Visum problemlos möglich und das große Angebot an günstigen Flügen macht jedes Urlaubsgebiet in Europa in kurzer Zeit erreichbar. Die europäischen Verkehrsnetze werden immer weiter ausgebaut und Hochgeschwindigkeitsnetze miteinander verbunden, damit auch die entlegenen Gebiete Europas sicher und schnell erreicht werden können. Innerhalb der Europäischen Union können Touristen heute so ungehindert reisen wie nie zuvor, in einigen Staaten wird auf Grenzkontrollen sogar völlig verzichtet.

Doch je beliebter ein Urlaubsgebiet ist, desto stärker werden Natur- und Kulturgüter beansprucht. Touristen und Bewohner müssen daher mit diesen Gütern so umgehen, dass die Vielseitigkeit Europas auch für die nachfolgenden Generationen erhalten bleibt.

1 *Europa ist ideal für eigenständiges Reisen. Erläutere den Sachverhalt.*

2 *Was begünstigt den Tourismus in Europa? Erstelle eine Mindmap.*

3 *Werte die thematische Karte aus:*

a) Bestimme die beliebtesten Urlaubsländer in Europa.

b) Liste die Länder mit vergleichbaren Einnahmen aus dem Tourismus in einer Tabelle auf.

c) Berichte mithilfe von Karte 1 und Grafik 2 über die wirtschaftliche Bedeutung des Tourismus in den Ländern Europas.

→ Einnahmen aus dem Tourismus: www.klett-verlag.de/geographie/terra-extra

TERRATraining

Urlaubsgebiete in Europa

1 **Angebote von Reiseveranstaltern**

Wichtige Begriffe
Biosphärenreservat
Individualtourismus
Hauptsaison
Kurzreise
Massentourismus
Nachhaltige Entwicklung
Nachhaltiger Tourismus
Natururlaub
Nebensaison
Städtetourismus
Weltkulturerbe
Weltnaturerbe

1 Findest du den Begriff?

a) Der Geldwert aller erbrachten Waren oder Dienstleistungen.

b) Name der grenzüberschreitenden Arbeitsgemeinschaft der Bodenseeregion.

c) Eine schützenswerte Landschaft, die von der UNESCO in die Liste des Welterbes aufgenommen wird.

d) Reise von wenigen Tagen

e) Durchdachter sinnvoller Fortschritt, der den Erhalt einer Landschaft für spätere Generationen zum Ziel hat.

2 Aufgabe für Tourismusexperten

a) Erkläre den Begriff Massentourismus.

b) Stelle in einer Tabelle Vorteile und Nachteile des Massentourismus dar.

3 Reiseangebote

Welcher Reisetyp (Erholungstyp, Bildungstyp, Abenteuertyp) wird durch die Prospekte 1 angesprochen?

4 Bilderrätsel

a) Löse die Bilderrätsel.

b) Erkläre Begriff c.

a

b

c

5 Urlaubsgebiete in Europa

Arbeite mit dem Atlas

a) Beschreibe die Lage der Urlaubsgebiete, die vorwiegend im Winter Gäste haben.

b) Nenne Regionen mit besonders hohen Fremdenverkehrsaufkommen im Sommer.

c) Erstelle eine Liste der wichtigen Abflughäfen in Deutschland.

6 „Sanfter" oder „harter" Tourismus?

Erstelle eine Tabelle und ordne zu:

a) nimmt auf die Tierwelt Rücksicht;

b) stark bebaute Landschaft;

c) alle Einrichtungen sind mit dem Auto erreichbar;

d) beachtet die Bedürfnisse der einheimischen Bevölkerung;

e) betrachtet ausschließlich den wirtschaftlichen Nutzen;

f) interessiert sich für die Landeskultur;

g) baut in landesüblicher Architektur;

h) richtet die Übernachtungs- und Freizeitanlagen jeweils auf den Spitzenbedarf aus;

i) setzt ortsansässige Arbeitskräfte ein.

7 Buchstabensalat

Finde die sechs Begriffe zum Städtetourismus.

	1	2	3	4	5	6	7	8	9	10	11	12
a	A	S	F	B	J	M	T	E	R	H	S	Q
b	I	Q	U	I	C	K	T	F	G	V	T	P
c	N	M	L	U	E	S	W	N	M	T	A	E
d	K	U	Y	K	O	N	Z	E	R	T	D	A
e	O	S	X	C	U	R	T	H	I	N	T	S
f	E	E	C	H	E	R	U	I	J	M	F	A
g	L	U	L	K	J	N	T	Z	D	U	U	R
h	N	M	M	I	M	E	S	S	E	Q	E	W
i	J	Y	T	I	R	A	N	U	P	I	H	O
j	K	U	R	T	G	B	I	M	N	K	R	L
k	E	I	N	K	A	U	F	A	C	X	U	K
l	V	T	Z	U	I	O	P	V	O	R	N	E
m	B	A	S	I	U	T	A	G	U	N	G	Y

2

3

8 Karikatur

a) Auf welches Problem macht die Karikatur aufmerksam?

b) Entwirf einen Text zur Karikatur, der eine entgegengesetzte Position vertritt.

9 Wann in Urlaub gehen?

a) Lufttemperatur von Benidorm und Sylt: Erstelle ein Diagramm mit zwei Temperaturkurven.

b) Erstelle ebenfalls ein Diagramm zu den Wassertemperaturen der Orte.

c) Auswertung: Mindesttemperatur zum Baden im Meer: 16°C. Wie lange ist in Benidorm und in Sylt Badesaison?

4 **Benidorm und Sylt im Vergleich**

	J	F	M	A	M	J	J	A	S	O	N	D
Lufttemperatur												
Benidorm	10	12	13	16	18	22	24	25	23	18	15	12
Sylt	1	1	2	6	11	14	16	17	14	10	6	3
Wassertemperatur												
Benidorm	14	13	14	15	17	21	24	25	24	21	18	15
Sylt	4	3	4	6	10	13	17	18	15	13	9	6
Regentage												
Benidorm	8	6	8	5	5	3	1	3	6	9	8	9
Sylt	17	13	12	12	10	11	13	15	16	17	18	18

Teste dich selbst

mit den Aufgaben 2a, 6b, und 9c.

Naturereignisse in Europa

Vulkane gießen siedendheiße Ströme von Lava über Wälder und Siedlungen, so wie der Ätna hier im Foto oder decken das Land mit einer dicken und dunklen Ascheschicht zu.
Wenn die Erde bebt, stürzen Brücken und Häuser ein. Menschen und Tiere fliehen, um sich zu retten.
Wie entstehen diese Naturkatastrophen? Müssen wir bei uns zu Hause auch damit rechnen?
Lassen sich Erdbeben vorhersagen?

4

1

2 *Ausbruch des Ätna 2001*

Gefahr am Ätna

3 **Der Ätna ist wieder aktiv (Rhein-Neckar-Zeitung 19./20. Juli 2001)**

Alfio Mazzaglia aus Nicolosi berichtet: „Meine Familie hat große Angst vor einer Katastrophe. Seit Tagen schon stößt der Ätna bis zu 100 m hohe Lavafontänen aus. Der Lavastrom ist nur noch 4 km von unserem Dorf entfernt. Die Lava kommt! Tag und Nacht arbeiten Bautrupps daran, mit Baggern Erdwälle aufzuschichten, um die Lava zu stoppen. Ein Wettlauf gegen die Zeit! Die Behörden haben schon einen Katastrophenplan für die Evakuierung ausgearbeitet. Soll ich Haus und Hof, unser ganzes Hab und Gut, einfach verlassen und den Feuerfluten preisgeben? Wo sollen wir dann leben? Und wo arbeiten?“

Wo die Erdkruste von tiefen Rissen durchzogen ist, entstehen Vulkane. Aufgeschmolzenes Gesteinsmaterial, das glutflüssige **Magma,** quillt dort aus größeren Tiefen empor. Wenn es durch eine Erdspalte, den Schlot, an die Erdoberfläche tritt, spricht man von **Lava.**
Bei Vulkanausbrüchen werden meist explosionsartig Asche, Gesteins- und Lavabrocken herausgeschleudert. Lavaströme ergießen sich talwärts. Bevor sie erkalten und erstarren, walzen sie oft ganze Ortschaften nieder. Häufig geht dichter Ascheregen in der Umgebung nieder und behindert den Verkehr.
Trotz der Gefahren haben die Menschen die Vulkanhänge dicht besiedelt. Auf verwittertem Lavagestein und vulkanischer Asche entstanden nährstoffreiche Böden, die auch gut Wasser speichern können. Ein **Vulkan**, der abwechselnd Asche und Lava auswirft und an seinen Seiten ablagert, heißt **Schichtvulkan.**

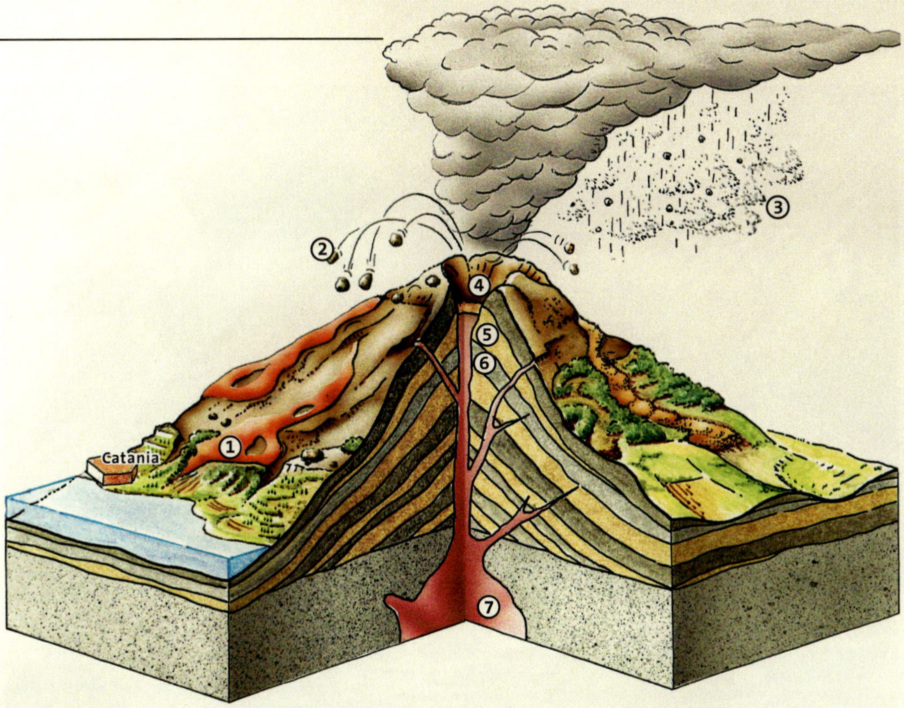

④ ***Schnitt durch einen Schichtvulkan***

Surftipp

Hast du Lust, einmal einen Vulkan zu besteigen, einen Rundblick vom Krater zu genießen oder sogar einen Ausbruch aus nächster Nähe zu beobachten? Dann schau im Internet nach unter:
www.stromboli.net
Dort findest du auch topaktuelle Bilder des Ätna.
www.volcanoworld.org
www.educeth.ch

⑤ ***Experiment: Der brodelnde Vulkan***

Material: *Tintenglas oder Filmdose. Kunststoffwanne, feuchter Sand, ein Päckchen Backpulver oder Natron, ein Gläschen Essig, Esslöffel, ein großer Stein (möglichst Basalt), rote Lebensmittelfarbe.*

Durchführung: *Erkaltet Magma im Schlot eines Vulkans, so entsteht Basalt. Lege das Gesteinsstück in die Wanne und stelle das Tintenglas darauf. Fülle in diesen „Krater“ das Backpulver (oder Natron) und ein paar Tropfen rote Lebensmittelfarbe. Modelliere nun aus feuchtem Sand deinen Vulkan. Gib nun esslöffelweise den Essig in den Krater.*

Auswertung: *Wenn Essig und Backpulver zusammentreffen, entweichen Gase, die den Vulkan brodeln lassen.*

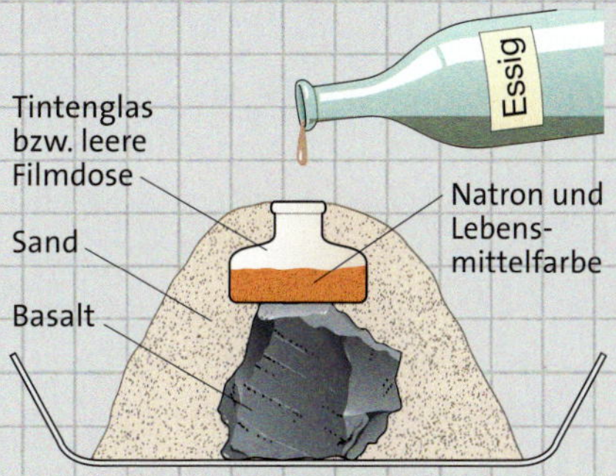

1 Ordne den Ziffern des Blockbildes 4 die richtigen Begriffe zu.
2 Erkläre die Entstehung eines Schichtvulkans.
3 Beschreibe die Nutzung eines Vulkangebietes in Südeuropa. Nimm auch den Atlas zu Hilfe.

1

2 ***Erdbeben in Mariano (Friaul)***

Richter-Skala

Die Stärke von Erdbeben wird mit der nach oben offenen Richter-Skala angegeben. Dabei misst man die Höhe des größten Ausschlages auf dem Seismographen und die Entfernung zum Erdbebenherd. Aus diesen Angaben wird der Wert auf der Richterskala ermittelt. Dabei verzehnfacht sich die Stärke von Zahl zu Zahl. Ein Beben der Stärke 7,0 ist demnach 10 mal stärker als ein Beben von 6,0.

Erdbeben in Norditalien

3 Freitag 11. April 2003, 13:03 Uhr

Erdbeben in Norditalien - Schulen wurden evakuiert

Ein Erdbeben in Norditalien hat am Freitag zwischen Mailand und Turin Häuser erschüttert und dabei große Schäden verursacht. Das Beben wurde um 13:30 Uhr MESZ in der Nähe von Alessandria im Herzen der Weingegend Piemont registriert. Verängstigte Bewohner strömten auf die Straßen der kleinen Stadt, während Behörden in Mailand sofort einige Schulen evakuierten.

Im Oktober vergangenen Jahres, als ein Erdbeben Mittelitalien erschüttert hatte, waren 27 Kinder und ein Lehrer beim Einsturz einer schule getötet worden.

Wie entstehen Erdbeben?

Wissenschaftler erklären Erdbeben so: Die Erdkruste ist wie ein Puzzle aus einzelnen Erdplatten zusammengesetzt. Diese werden durch Strömungen des zähplastischen Erdmantels in verschiedenen Richtungen bewegt. Wenn nun zwei Platten aneinander vorbeigleiten und sich dabei ineinander „verhaken“, bauen sich große Spannungen auf. Diese lösen sich dann in ruckartigen Bewegungen, den **Erdbeben**. Die dabei ausgelösten Erschütterungen dauern oft nur wenige Sekunden, richten aber verheerende Schäden an. Die Schwingungen des erschütterten Gesteins laufen als Erdbebenwellen um die ganze Welt und können überall durch Seismographen aufgezeichnet werden. Dabei zeigt sich, dass sich die meisten Erdbeben an den Rändern der einzelnen Platten ereignen. Zuverlässig vorhersagen, wann dort wieder die Erde beben wird, kann man aber bis heute nicht.

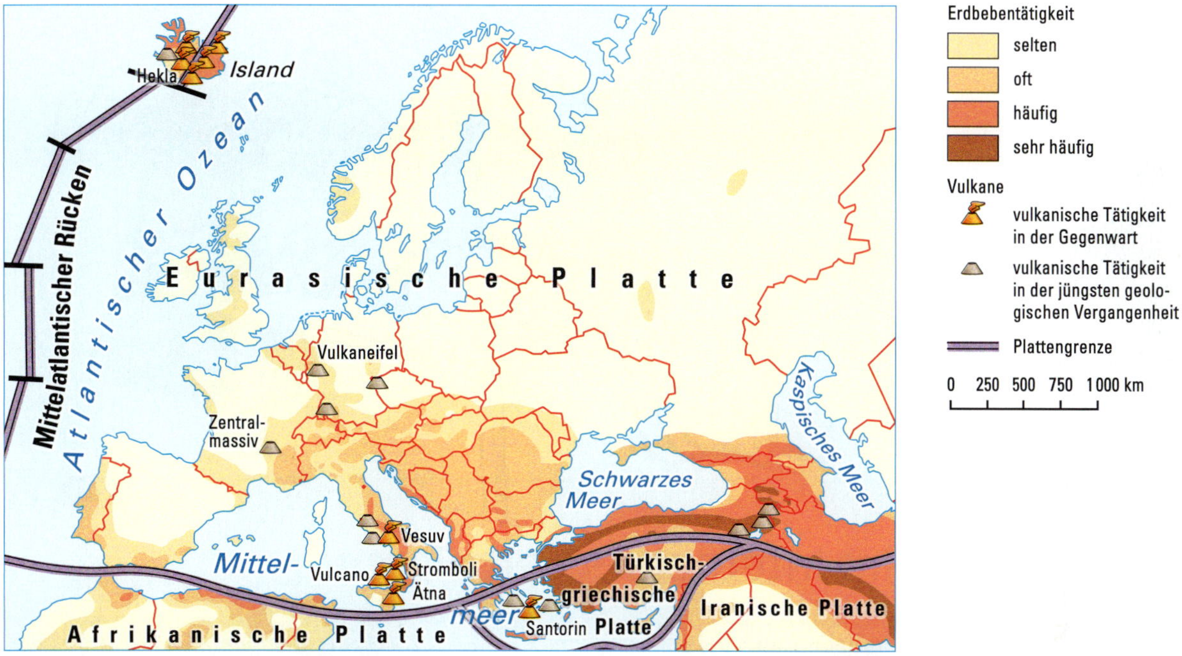

4 ***Erdbebengebiete und Vulkane in Europa***

5
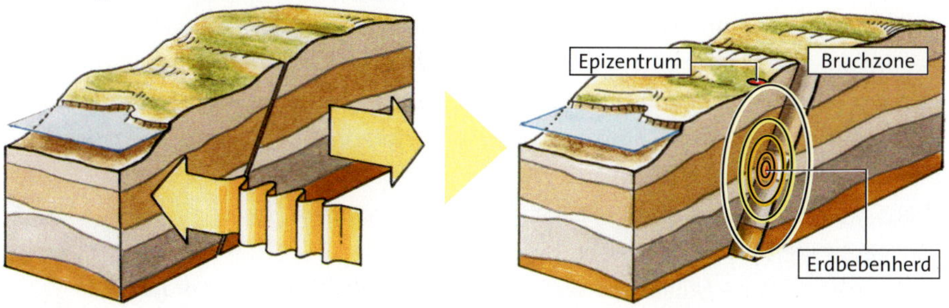

6
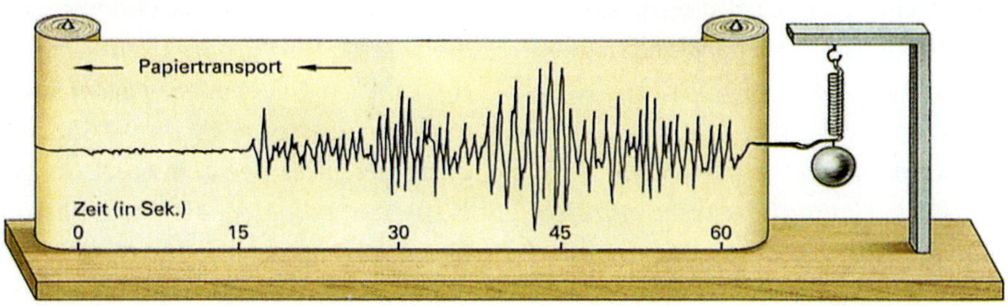

Epizentrum

Der Punkt an der Erdoberfläche, an dem die stärksten Erschütterungen verzeichnet werden.

So funktioniert ein Seismograph

Wenn sich der Boden auf und ab bewegt, folgt die schwere Kugel mit dem Zeichenstift dieser Bewegung um etwa 15 Sekunden zeitverzögert. Auf einem Papierstreifen, der über Rollen am Zeichenstift vorbeigeführt wird, kann so das Beben aufgezeichnet werden.

1 *Beschreibe Folgen eines Erdbebens.*

2 *Erkläre die Entstehung von Erdbeben.*

3 *a) Atlasarbeit: Nenne Gebiete, in denen Erdbeben und Vulkanausbrüche besonders häufig vorkommen.*

b) Warum ist Italien häufig von Erdbeben betroffen?

Surftipp

www.iaag.geo.uni-muenchen.de/sammlung/Italien2.html

Wer mit dem Internet richtig umgehen kann, findet schnell und sicher Informationen.
Bei der Recherche ist vor allem die sachkundige Bewertung der gefundenen Informationen wichtig.
Bei einer gezielten Recherche im Internet gilt aber vor allem: trotz lohnender Irrwege nie das eigentliche Ziel der Recherche aus den Augen verlieren.

Im Internet recherchieren

Erdbeben auch bei uns?
Diese Frage ist dir im Laufe dieses Buchkapitels sicher einmal durch den Kopf gegangen. Das Internet ist ein idealer Ort, um schnell und unkompliziert eine Antwort zu bekommen. Das Fahren auf den Datenautobahnen des World Wide Webs muss aber, wie richtiges Autofahren, geübt werden. Immerhin befinden sich zur Zeit über 3 Milliarden Webseiten im Netz. Welche sollst du da ansteuern, um eine Antwort auf deine Frage zu finden?

Im Internet gezielt recherchieren
1. Schritt: Eine Suchmaschine aufrufen
Es gibt viele, sehr spezielle Suchmaschinen. Im Normalfall reicht aber eine Suchmaschine wie www.google.de. Achte darauf, dass du den Suchbereich unter „erweiterter Suche" so weit wie möglich eingrenzt. Für deine Suche ist es z. B. wichtig das Ergebnis auf „deutschsprachige Seiten" oder „Seiten aus Deutschland" zu begrenzen.

2. Schritt: Geeignete Suchbegriffe überlegen und eingeben
Möchtest du deine Frage, ob es Erdbeben auch bei uns gibt, beantwortet haben, musst du selbstverständlich den Suchbegriff „Erdbeben" eingeben. Als zweiter Suchbegriff bietet sich „Baden-Württemberg" an.

3. Schritt: Ergebnisse prüfen
Dieser Schritt ist der wichtigste und gleichzeitig die größte Herausforderung an dich. Unabhängig von der Suchmaschine und egal, ob du die Suchbegriffe geschickt gewählt hast: Ob die Webseiten, die von der Suchmaschine ausgewählt wurden, weiterhelfen, musst allein du entscheiden!

4. Schritt: Ergebnisse deiner Recherche bewerten.
- *Welche Webseiten sind für die Beantwortung deiner Frage hilfreich?*
- *Reicht das Suchergebnis aus?*

Der Text unter dem Titel der Website zeigt, in welchem Zusammenhang deine Suchwörter auf der Seite auftauchen.

So musst du keine unwichtigen Seiten laden und verlierst keine Zeit. Im Beispiel sind nur drei der ersten neun Ergebnisse auf den ersten Blick zur Beantwortung der Frage nützlich. Diese drei Ergebnisse reichen zunächst aus, dennoch kann ein Blick auf die unmittelbar folgenden Seiten durchaus sinnvoll sein.

5. Schritt: Die Suche ausweiten

Bist du mit dem Ergebnis deiner Suche nicht zufrieden, ist es sinnvoll deine Suche auf einen größeren Raum auszuweiten und beispielsweise die Suchbegriffe „Erdbeben" und „Deutschland" einzugeben. In diesem Fall müsstest du bei der Ergebnisauswertung mithilfe des Atlas Eingrenzungen vornehmen.

1 *Beantworte mit einer Internetrecherche die Frage: Gibt es Vulkanismus in Baden-Württemberg?*

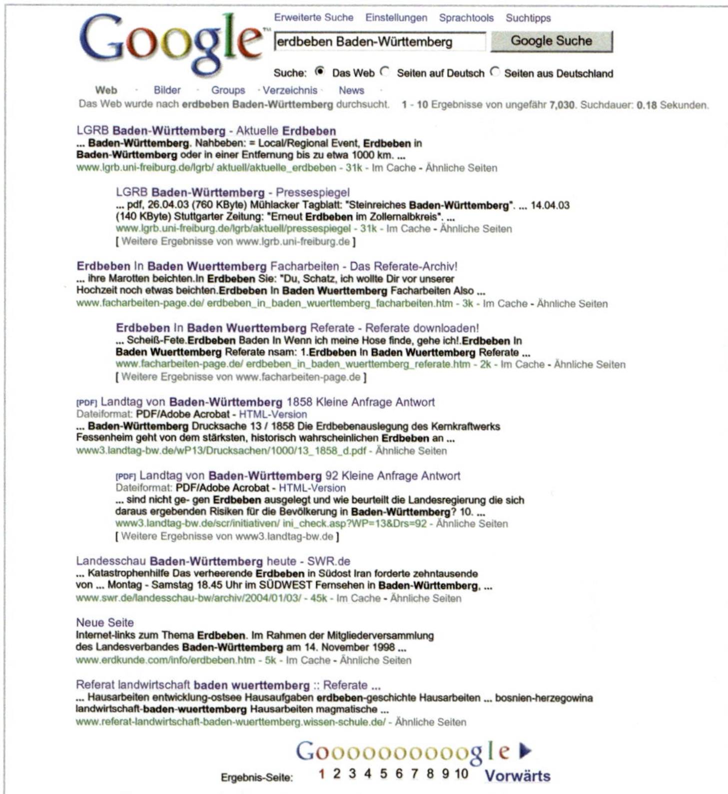

Google
Erweiterte Suche Einstellungen Sprachtools Suchtipps
erdbeben Baden-Württemberg [Google Suche]
Suche: (•) Das Web ( ) Seiten auf Deutsch ( ) Seiten aus Deutschland
Web · Bilder · Groups · Verzeichnis · News ·
Das Web wurde nach **erdbeben Baden-Württemberg** durchsucht. **1** - **10** Ergebnisse von ungefähr **7,030**. Suchdauer: **0.18** Sekunden.

LGRB **Baden-Württemberg** - Aktuelle **Erdbeben**
... **Baden-Württemberg**. Nahbeben: = Local/Regional Event, **Erdbeben** in **Baden-Württemberg** oder in einer Entfernung bis zu etwa 1000 km. ...
www.lgrb.uni-freiburg.de/lgrb/ aktuell/aktuelle_erdbeben - 31k - Im Cache - Ähnliche Seiten

LGRB **Baden-Württemberg** - Pressespiegel
... pdf, 26.04.03 (760 KByte) Mühlacker Tagblatt: "Steinreiches **Baden-Württemberg**". ... 14.04.03 (140 KByte) Stuttgarter Zeitung: "Erneut **Erdbeben** im Zollernalbkreis". ...
www.lgrb.uni-freiburg.de/lgrb/aktuell/pressespiegel - 31k - Im Cache - Ähnliche Seiten
[Weitere Ergebnisse von www.lgrb.uni-freiburg.de]

Erdbeben In **Baden Wuerttemberg** Facharbeiten - Das Referate-Archiv!
... ihre Marotten beichten.In **Erdbeben** Sie: "Du, Schatz, ich wollte Dir vor unserer Hochzeit noch etwas beichten.**Erdbeben** In **Baden Wuerttemberg** Facharbeiten Also ...
www.facharbeiten-page.de/ erdbeben_in_baden_wuerttemberg_facharbeiten.htm - 3k - Im Cache - Ähnliche Seiten

Erdbeben In **Baden Wuerttemberg** Referate - Referate downloaden!
... Scheiß-Fete.**Erdbeben** Baden In Wenn ich meine Hose finde, gehe ich!.**Erdbeben** In **Baden Wuerttemberg** Referate nsam: 1.**Erdbeben** In **Baden Wuerttemberg** Referate ...
www.facharbeiten-page.de/ erdbeben_in_baden_wuerttemberg_referate.htm - 2k - Im Cache - Ähnliche Seiten
[Weitere Ergebnisse von www.facharbeiten-page.de]

[PDF] Landtag von **Baden-Württemberg** 1858 Kleine Anfrage Antwort
Dateiformat: PDF/Adobe Acrobat - HTML-Version
... **Baden-Württemberg** Drucksache 13 / 1858 Die Erdbebenauslegung des Kernkraftwerks Fessenheim geht von dem stärksten, historisch wahrscheinlichen **Erdbeben** an ...
www3.landtag-bw.de/wP13/Drucksachen/1000/13_1858_d.pdf - Ähnliche Seiten

[PDF] Landtag von **Baden-Württemberg** 92 Kleine Anfrage Antwort
Dateiformat: PDF/Adobe Acrobat - HTML-Version
... sind nicht ge- gen **Erdbeben** ausgelegt und wie beurteilt die Landesregierung die sich daraus ergebenden Risiken für die Bevölkerung in **Baden-Württemberg**? 10. ...
www3.landtag-bw.de/scr/initiativen/ ini_check.asp?WP=13&Drs=92 - Ähnliche Seiten
[Weitere Ergebnisse von www3.landtag-bw.de]

Landesschau **Baden-Württemberg** heute - SWR.de
... Katastrophenhilfe Das verheerende **Erdbeben** in Südost Iran forderte zehntausende von ... Montag - Samstag 18.45 Uhr im SÜDWEST Fernsehen in **Baden-Württemberg**. ...
www.swr.de/landesschau-bw/archiv/2004/01/03/ - 45k - Im Cache - Ähnliche Seiten

Neue Seite
Internet-links zum Thema **Erdbeben**. Im Rahmen der Mitgliederversammlung des Landesverbandes **Baden-Württemberg** am 14. November 1998 ...
www.erdkunde.com/info/erdbeben.htm - 5k - Im Cache - Ähnliche Seiten

Referat landwirtschaft **baden wuerttemberg** :: Referate ...
... Hausarbeiten entwicklung-ostsee Hausaufgaben **erdbeben**-geschichte Hausarbeiten ... bosnien-herzegowina landwirtschaft-**baden-wuerttemberg** Hausarbeiten magmatische ...
www.referat-landwirtschaft-baden-wuerttemberg.wissen-schule.de/ - Ähnliche Seiten

Gooooooooooogle ▶
Ergebnis-Seite: 1 2 3 4 5 6 7 8 9 10 Vorwärts

2 ***Seite von der Suchmaschine Google (12. Mai 2003)***

1 **Das Suchergebnis „Erdbeben", „Baden-Württemberg"**

www.lgrb.uni-freiburg.de
Bereits der Text unter dem Seitentitel zeigt, dass diese Seite direkt mit deiner Frage zu tun hat. Das Anklicken hält, was der Kurztext verspricht. Du gelangst auf die Seite des „Landesamtes für Geologie, Rohstoffe und Bergbau in Baden-Württemberg". Neben allgemeinen Informationen zum Thema Erdbeben, bekommst du auch einen Überblick über aktuellste Erdbebenmeldungen und Pressemitteilungen zu aktuellen Beben in der Region. Ein Treffer – ausdrucken.

www.facharbeiten-page.de
Auf dieser Seite werden Hausarbeiten und Referate zu verschiedenen Themen veröffentlicht. Achtung, hier verlässt du dich auf die Recherche anderer und du musst zudem einen „Login Assistenten" installieren – besser nicht!

www3.landtag-bw.de
Auf der Seite des baden-württembergischen Landtags werden Fragen zum Thema Erdbebenrisiken am Oberrhein beantwortet. Sehr speziell – zurückstellen.

www.swr3.de
Hier geht es um Erdbeben im Iran – aussortieren.

www.erdkunde.com
Links zum Thema Erdbeben für weitere Recherche zurückstellen.

www.referat-landwirtschaft-baden-wuerttemberg.wissen-schule.de
Der Begriff „Erdbeben" taucht hier in anderem Zusammenhang auf – aussortieren.

Surftipp
www.discovery.de
www.vulkane.net
www.quarks.de
www.abenteuerwissen.zdf.de
www.iaag.geo.uni-muenchen.de/sammlung/Bebenallg.html

❶ ***Lothar hat gewütet***

❷ **Ausgewählte historische Sturmereignisse in Europa**

Staat	Datum	Ereignis, Gebiet	Tote	Schäden in Mio. €
Belgien	1990, Januar bis März	Winterstürme	15	870
Dänemark	1999, 3.–4. Dezember	Wintersturm „Anatol“	7	2600
Deutschland	1362, Januar	Sturmflut „Große Manndränke“	100000	
Deutschland	1717, Dezember	Sturmflut, Nordsee	11500	
Deutschland	1868, 10. Juli	Tornado, Pforzheim	2	60
Deutschland	1990, Januar bis März	Winterstürme	64	3800
Deutschland	1999, Dezember	Winterstürme	18	1800
Frankreich	1967, 25. Januar	Tornados, Norden		40
Frankreich	1990, Januar bis März	Winterstürme	66	1650
Frankreich	1999, Dezember	Winterstürme	92	12000
Großbritanien	1588, 21. September	Orkan	20000	
Großbritanien	1990, Januar–März	Winterstürme	85	4100
Italien	2001, 17.–18. Juli	Unwetter, Tornado		200
Niederlande	1421, November	Sturmflut	100000	
Niederlande	1953, Januar / Februar	Sturmflut	1932	6450
Niederlande	1990, Januar bis März	Winterstürme	21	1500

Unwetter, Hochwasser und Co.

Windstärken werden in zwölf Stufen (Beaufortgrade) angegeben. Sie reichen von Windstille (Stärke 0 mit 0–1km/h) über stürmischen Wind (Stärke 8 mit 62–74 km/h) bis zum Orkan (Stärke 12 mit >117 km/h).

Orkane und Stürme

Europa wird im Dezember 1999 von drei schweren Winterstürmen heimgesucht, die Windstärke 12 mit lokal sogar 180 km/h erreichen. Den Auftakt zu dieser Sturmserie bildet der **Orkan** „Anatol“, der am 3. Dezember allein in Dänemark Schäden von 2,9 Mrd. € verursacht. Kein stärkerer Orkan hat Dänemark im gesamten 20. Jahrhundert heimgesucht. An der dänischen und deutschen Nordseeküste führt der Orkan zu schweren Sturmfluten.
Gut drei Wochen später entwickelt sich über dem Atlantik vor der Nordwestküste von Frankreichs urplötzlich der Orkan „Lothar“, der vor allem in Frankreich und in Süddeutschland Schäden an Häusern und Stromleitungen hinterlässt und Wälder verwüstet. Mit etwa 14 Mrd. € wird ein neuer Schadensrekord erreicht. Einen Tag später, am 27. Dezember 1999, bildet sich Orkan „Martin“ auf ganz ähnliche Weise wie zuvor „Lothar“. Die Zugbahn von „Martin“ verläuft etwas weiter südlich und trifft diesmal vor allem Südfrankreich, aber auch Nordspanien und die Westschweiz.
Die rasche Aufeinanderfolge von Stürmen ist dann zu erwarten, wenn im Winter extreme Unterschiede zwischen kalter Luft im Norden und warmer Luft im Süden herrschen. Meist stellt sich dann eine Serie von Winterstürmen ein wie bereits im Jahr 1990, als die Orkane „Vivian“ und „Wiebke“ in kurzer zeitlicher Abfolge in Teilen Westeuropas Tod und Verwüstung brachten.

Hochwasser

Überflutete Städte, zerstörte Häuser, Evakuierungen von Menschen, verschlammte Wiesen, weggespülte Straßen und Schienen - immer häufiger hin-terlassen „Jahrhundertfluten" Spuren der Verwüstung und Zerstörung. Und die Kosten zur Behebung der Schäden bewegen sich in Milliardenhöhe.

Aber nicht nur außergewöhnliche hohe Niederschläge in kurzer Zeit, sondern auch Veränderungen der natürlichen Flusslandschaften tragen zu den Katastrophen bei.

Begünstigt werden Überschwemmungen meist durch **Flussregulierungen.** Häufig sind Flussläufe durch Eingriffe des Menschen begradigt, in Dämme gezwängt, umgeleitet oder ihrer natürlichen Auslaufzonen wie zum Beispiel den Auen beraubt worden.

Die Begradigungen wirken sich auch immer auf die Fließgeschwindigkeit aus. So benötigt eine Hochwasserwelle von Basel nach Karlsruhe statt der früher üblichen 64 Stunden nur noch 23 Stunden und trifft damit schneller auf die Hochwasserwellen der Nebenflüsse.

Hochwasser werden auch deshalb immer mehr zu Katastrophen, weil die Menschen allzu sorglos Siedlungen und Verkehrswege im Bereich der Uferzonen bauen. Dies geschieht in dem trügerischen Glauben, die Flüsse seien gebändigt. Zudem wird immer mehr Landfläche versiegelt und Ackerflächen werden drainiert, so dass der Regen auf schnellstem Weg zum nächsten Fluss gelangt. Um die Gefahren zu verringern, müssten wieder Überlaufflächen, die Polder, geschaffen, Teile der Auen renaturiert, Dämme zurückgesetzt und die Bebauung in Flussnähe verhindert werden.

3 ***Dresdener Hauptbahnhof***

4 ***Experiment: Flussbegradigung und ihre Wirkung***

Material: *Holzplatte, 2 durchsichtige Schläuche, 2 Trichter, 2 Auffangbecher, Klebeband, 2 Flaschen mit Wasser, Uhr*

Durchführung: *Baut das Experiment nach der Skizze auf.*

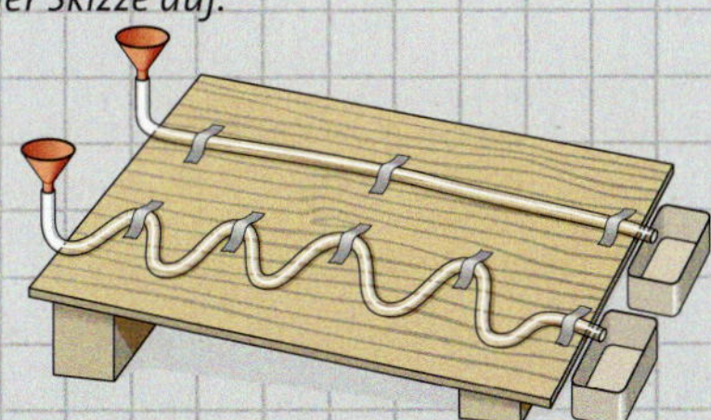

Füllt gleiche Mengen Wasser in die Trichter und stoppt die Zeit, bis Wasser an den jeweiligen Schlauchenden erscheint.

Auswertung: *Findet Erklärungen für den experimentellen Befund.*

Kaum zu glauben

Die Weißeritz, deren altes Flussbett einmal dort lag, wo heute der Hauptbahnhof von Desden steht, hat sich während des Hochwassers 2003 wieder ihr altes Flussbett gesucht und den gesamten Hauptbahnhof unter Wasser gesetzt.

1 *a) Bearbeitet in Arbeitsgruppen jeweils ein Naturkatastrophenthema. Nutzt dazu eventuell auch Informationen aus dem Internet.*

b) Fertigt in der Arbeitsgruppe ein Übersichtsplakat mit Stichworten und Skizzen an.

c) Präsentiert eure Ergebnisse vor den Mitschülern.

→ *Methode „Grafiken präsentieren", Seite 110*

❺ *Dürre in Spanien*

❻ **Dürren**

Andalusien wirkt braun und ausgedörrt. Eine katastrophale Dürre beherrscht das sonst grüne Land. Heiße und trockene Saharaluft treibt zusätzlich die Temperaturen in die Höhe. Bei dem mediterranen Klima ist Regen zur Sommerzeit schon immer Mangelware, aber noch nie enthielten die Stauseen so wenig Wasser.

Auch in vielen Teilen Italiens wie z.B. im Piemont hat es seit gut 100 Tagen nicht mehr geregnet. Bewässern können die Bauern nicht mehr, es ist kein Wasser da. Die Regierung in Rom erwägt, den Notstand auszurufen. Italiens wichtigstes Reisanbaugebiet, Heimat des Risotto-Reises, ist völlig ausgetrocknet, keine Ernte möglich. Die Preise für Obst und Gemüse auf den Märkten sind bereits drastisch gestiegen. Auf 2,9 Mrd. € werden die Schäden für die Landwirtschaft geschätzt. Italiens längster und breitester Fluss, der Po, ist kaum wieder zu erkennen. Überall schauen die Sandbänke heraus. Er hat den tiefsten Stand seit hundert Jahren erreicht. Am Fluss liegen mehrere große Kraftwerke, die für die Stromversorgung in Norditalien eine entscheidende Rolle spielen. Können die Kraftwerke dem Fluss kein Kühlwasser entnehmen, muss die Stromproduktion eingestellt werden. Es kommt bereits schon zu Stromabschaltungen für Industrie und Haushalte. Nun müssen die großen Trinkwasserspeicher in den italienischen Alpen herhalten. Aus den alpinen Stauseen werden täglich drei Millionen Kubikmeter Wasser abgelassen, damit der Pegel des Po wieder steigt. Bisher hat das nur wenige Zentimeter gebracht.

Endlich kommt der Regen, allerdings mit einer Heftigkeit, die sich so niemand gewünscht hat. In der Region um Turin und in Mailand werden nach heftigen Gewitterregen zahlreiche Straßen und Unterführungen überflutet. Felder in der Po-Ebene verwandeln sich in Seen, weil der Regen in den ausgetrockneten Boden nicht sofort einsickern kann. In Südtirol und in der Provinz Trient führen starke Regenfälle zu Erdrutschen, Straßen und Häuser werden verschüttet.

❼ **Folgen der Dürrekatastrophen in Europa 1980–2003**

Datum	Ereignis	Region	Todesopfer	Gesamtschäde (in Mio. US$)
Juli–August 2003	Hitzewelle, Dürre	gesamtes Europa	> 20 000	13 000
20.–31.7.1987	Hitzewelle, Dürre	Griechenland	2 000	
Juli 1983	Hitzewelle, Dürre	Frankreich	500	

8 Waldbrände

Wie Fackeln im Wind brennen sie, die Wälder im Süden Frankreichs. Nach wochenlanger Trockenheit haben die Laub- und Nadelhölzer rund ums Mittelmeer einem Funken oder einer brennenden Zigarette nichts mehr entgegen zu setzen. Täglich kämpfen tausende von Feuerwehrleuten gegen die Flammen an. Pausenlos sind die Löschflugzeuge im Einsatz. So geht das schon seit mehr als einer Woche. Stündlich wird das ganze Ausmaß der Feuersbrunst größer. Mehr als zehntausend Hektar Kiefernwald fielen hier an der Mittelmeerküste den Flammen zum Opfer. Wie ein Wunder kommt es den Feuerwehrleuten vor, dass eine Ortschaft von den Flammen verschont blieb. Ein Campingplatz ganz in der Nähe ist ein Raub der Flammen geworden. Wo vor einer Woche noch Wohnwagen standen, liegen heute nur noch Stahlskelette. Tausende von Urlaubern mussten evakuiert werden. Nicht alle nehmen es so gelassen wie der Besitzer eines Autowracks. Er konnte seine eigene Haut retten, aber nicht die seines Golfs. So wurde aus dem grünen Urlaubsparadies über Nacht eine unwirtliche Landschaft mit Brandgeruch und rußgeschwärztem Boden.

Dabei ist das alles erst der Auftakt. Denn noch nie, sagen Experten, haben Hitze, Waldbrände und Unwetter so früh begonnen wie in diesem Jahr. Der heiße August hat noch nicht angefangen. Da wirken die Vorsichtsmaßnahmen vor weiteren Feuersbrünsten wie der buchstäbliche Tropfen auf dem heißen Stein. Selbst der High-tech-Feuermelder im All, der Satellit BIRD, kann hier nur begrenzt helfen.

10 Waldbrände in Südfrankreich

9 Wie Waldbrände bekämpft werden

❶ ***Naturereignisse in Europa***

Ob Winterstürme, Lawinen, Hochwasser, oder Erdbeben, immer wieder entwickelten sich in Europa Naturereignisse zu Katastrophen. Die Karte zeigt dir die Gebiete Europas, die besonders oder kaum gefährdet sind. Da es in den letzten hundert Jahren sehr viele Naturereignisse gab, kann nur eine Auswahl dargestellt werden.

Naturereignisse

Eine Naturkatastrophe jagt die andere, ein „Jahrhundertereignis" übertrifft das nächste. Europa kommt nicht zur Ruhe. Allein im Jahr 2002 führten sintflutartige Regenfälle zu einer „Jahrtausendflut", wie man sie seit vielen hundert Jahren in Europa nicht mehr erlebt hat. Beträchtlich sind die volkswirtschaftlichen Schäden, die zum Beispiel an Gebäuden, Verkehrswegen, durch Ernteausfälle und Betriebsschließungen infolge der Überschwemmungen und Wasserschäden entstanden sind. Nur ein Viertel der Schäden waren versichert, für den überwiegenden Teil müssen die privaten Besitzer und die öffentliche Hand selbst aufkommen. Um die Notlage der Geschädigten zu mildern, waren staatliche Hilfen und Spendengelder für den Wiederaufbau und zum Ausgleich von finanziellen Verlusten notwendig.

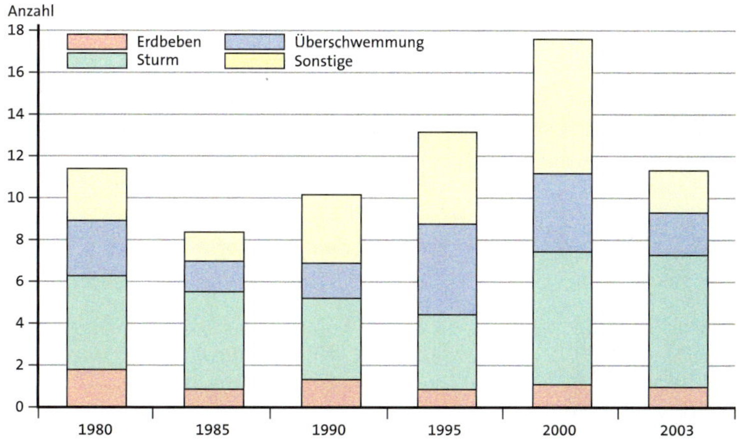

2 ***Europa: Schadenereignisse 1980 - 2003***

3 **Naturkatastrophen in Europa 1980–2003 Volkswirtschaftliche Schäden**

Datum	Ereignis	Region	Todes-opfer	Schäden (in Mio. US$)
23.11.1980	Erdbeben	I, Irpinia	2914	11800
4.–6.11.1994	Überschwemmung	I, Piemont	68	9300
5.7.–10.8.1997	Überschwemmung	CZ, PL	110	5900
26.9.1997	Erdbeben	Umbrien	11	6000
25.–26.1.1990	Wintersturm Daria	ges. Europa	94	6800
26.12.1999	Wintersturm Lothar	F, D	110	11500
4.-13.8.2000	Überschwemmung	I, D, A, CZ, RUS, UA	193	5100
13.–20.10.2000	Überschwemmung	I, CH, F	38	8500
12.–20.8.2002	Überschwemmung	D, CZ, A	37	16000
07.–08.2003	Hitzewelle, Dürre	ges. Europa	>20000	13000

Bei der Hitzewelle im Sommer 2003 war die **Schadensbilanz** noch verheerender. Neben den sehr hohen Verlusten durch Ernteausfälle in der Landwirtschaft war eine sehr hohe Anzahl an Todesopfern zu beklagen. Vor allem ältere Menschen verstarben bei den extremen Temperaturen infolge innerer Austrocknung und Kreislaufversagens.

Da Wetterextreme immer heftiger und in kürzeren Zeitabständen auftreten, sehen viele Wissenschaftler darin bereits Vorboten von weltweiten Klimaänderungen.

1 *Arbeite mit der Karte 1:*

a) Erstelle eine Tabelle, in der du für einzelne Gebiete Europas die entsprechenden Naturrisiken auflistest.

b) Werte die Katastrophen nach 1900 aus. Welche allgemeinen Aussagen können über deren Verbreitung und Auftreten getroffen werden (Waldbrände treten gehäuft in ... wegen ... auf)?

2 *Formuliere Sätze, die die Informationen von Diagramm 2 treffend wiedergegeben. Vergleiche die Informationen in Tabelle 3 mit denen von Diagramm 2 und formuliere Aussagen.*

Naturereignis oder Naturkatastrophe?

Vulkanausbrüche und Erdbeben sind nichts anderes als Naturereignisse. Erst sobald Menschen oder Güter bei einem Naturereignis zu Schaden kommen, kann dieses Ereignis als Naturkatastrophe angesehen werden.

1 Ein Vulkanrätsel

SUV–BO–STROM–ÄT–VE–SAN–LI–TO–RIN–NA–CA–VUL–NO.

a) Nenne die fünf Vulkane.

b) Zu welchen Staaten gehören sie?

2 Kennst du die Begriffe?

a) Glutflüssiges Gestein an der Erdoberfläche.

b) Die Öffnung eines Vulkans, durch die Magma an die Oberfläche tritt.

c) Die Gesteinsschmelze, die sich in unterirdischen Kammern eines Vulkans sammelt.

d) Mit diesem Gerät lassen sich Bewegungen der Erdkruste aufzeichnen.

e) Ein Sturm der Stärke 12 und höher.

f) Der Punkt an der Erdoberfläche, an dem die stärksten Erschütterungen bei einem Erdbeben verzeichnet werden.

g) Röhre, durch die glutflüssiges Gestein transportiert wird.

3 Geheimnis der Erdbebenvorhersage

Schon vor 2000 Jahren erfand der chinesische Wissenschaftler Tsang Heng mit der Erdbebenvase ein Instrument, um Erdbeben zu melden. Betrachte die Zeichnungen 1 genau und erkläre die Funktionsweise der Erdbebenvase.

4 Zum Überlegen

Auf dieser großen Insel in Europa gibt es keine aktiven Vulkane. Wer ist gemeint?

5 Bilderrätsel

a) Löse die Bilderrätsel

b)Erkläre Begriff c.

a

b

c

6 Außenseiter gesucht

a) Vesuv–Fudschijama–Ätna–Mount Everest

b) Dürre–Überschwemmung–Nebel–Überschwemmung

c) Asche–Magma–Krater–Lava

d) Trockenheit–Löschboot–Wald–Feuer

e) Anatol - Kurt - Martin - Lothar

Wichtige Begriffe

Dürre
Epizentrum
Erdbeben
Flussregulierung
Hochwasser
Krater
Lava
Magma
Orkan
Richter-Skala
Schadenbilanz
Schichtvulkan
Seismograph
Überschwemmung
Vulkan
Waldbrand

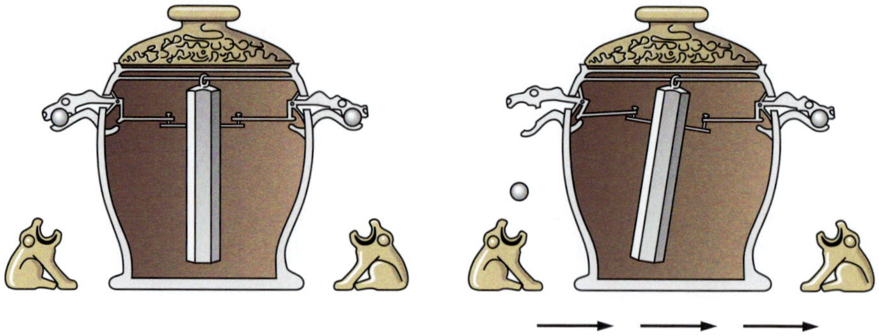

1

7 Richtig oder falsch?

Verbessere die falschen Aussagen und schreibe sie alle richtig auf.

a) In den Ländern Griechenland, Italien und Frankreich gibt es derzeit keine aktiven Vulkane.

b) Wenn Lava an die Oberfläche gelangt, nennt man sie Magma.

c) An Plattengrenzen sind Menschen vor Erdbeben sicher.

d) Die Waldbrandgefahr ist besonders in trockenen Wintermonaten gegeben.

e) Der Rhein wurde durch Flussregulierung verlängert.

f) Wenn sich die Spannung zwischen zwei verhakten Erdplatten ruckartig löst, kommt es zu einem Erdbeben.

g) Satelliten sind in der Lage die Wärmestrahlung der Erdoberfläche aufzuzeichnen.

h) Vulkangebiete und Erdbebenregionen sind gleichmäßig über Europa verteilt.

i) Schwere Stürme und Orkane treten in Europa vorwiegend in den Sommermonaten auf.

j) Naturereignis und Naturkatastrophe sind identische Begriffe.

8 Zusammenhänge erkennen

a) Beschreibe mithilfe der Grafik 4 die Ursachen von Hochwässern. Unterscheide dabei zwischen natürlichen und von Menschen beeinflussten Faktoren.

b) Überlege, was notwendig wäre, um die Auswirkungen von Hochwässern zu vermindern.

9 Für Topografie-Experten

Welche Vulkane zeigen die Zeichnungen 2 und 3? Beschreibe ihre Merkmale und ihre Lage.

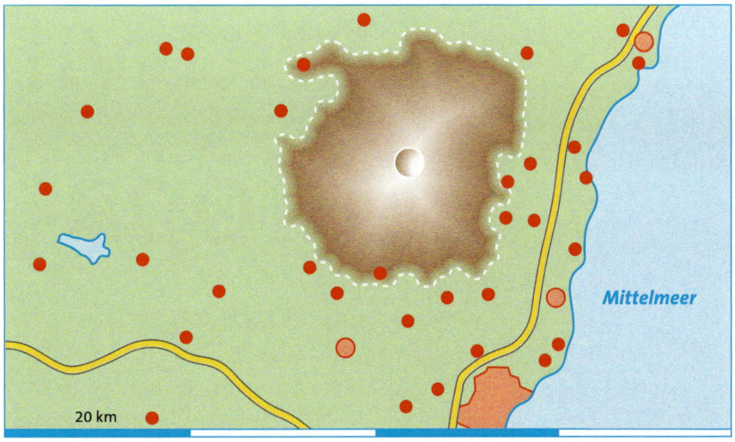

2

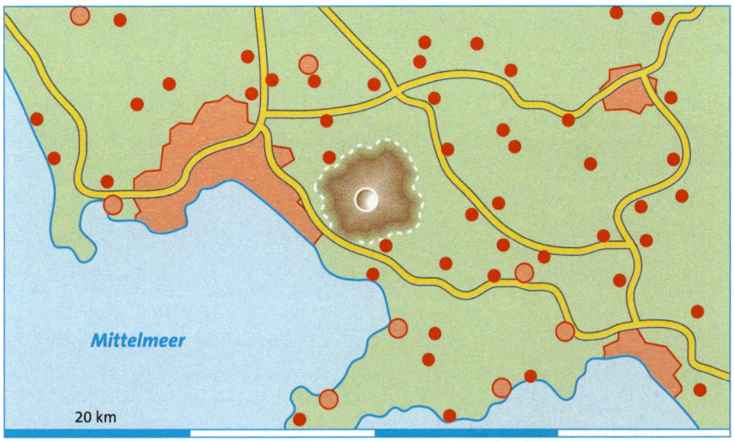

3

4

Teste dich selbst

mit den Aufgaben 2b, 5b, 6a, 7c,

Training

Landwirtschaft in Europa

Die ländlichen Räume Europas sind vielgestaltig. Doch eines haben sie alle gemeinsam: Unsere Nahrung, ohne die wir nicht leben können, wird hier erzeugt. Wie ländliche Räume in Europa genutzt werden und welche Probleme sich so ergeben, erfährst du in diesem Kapitel.

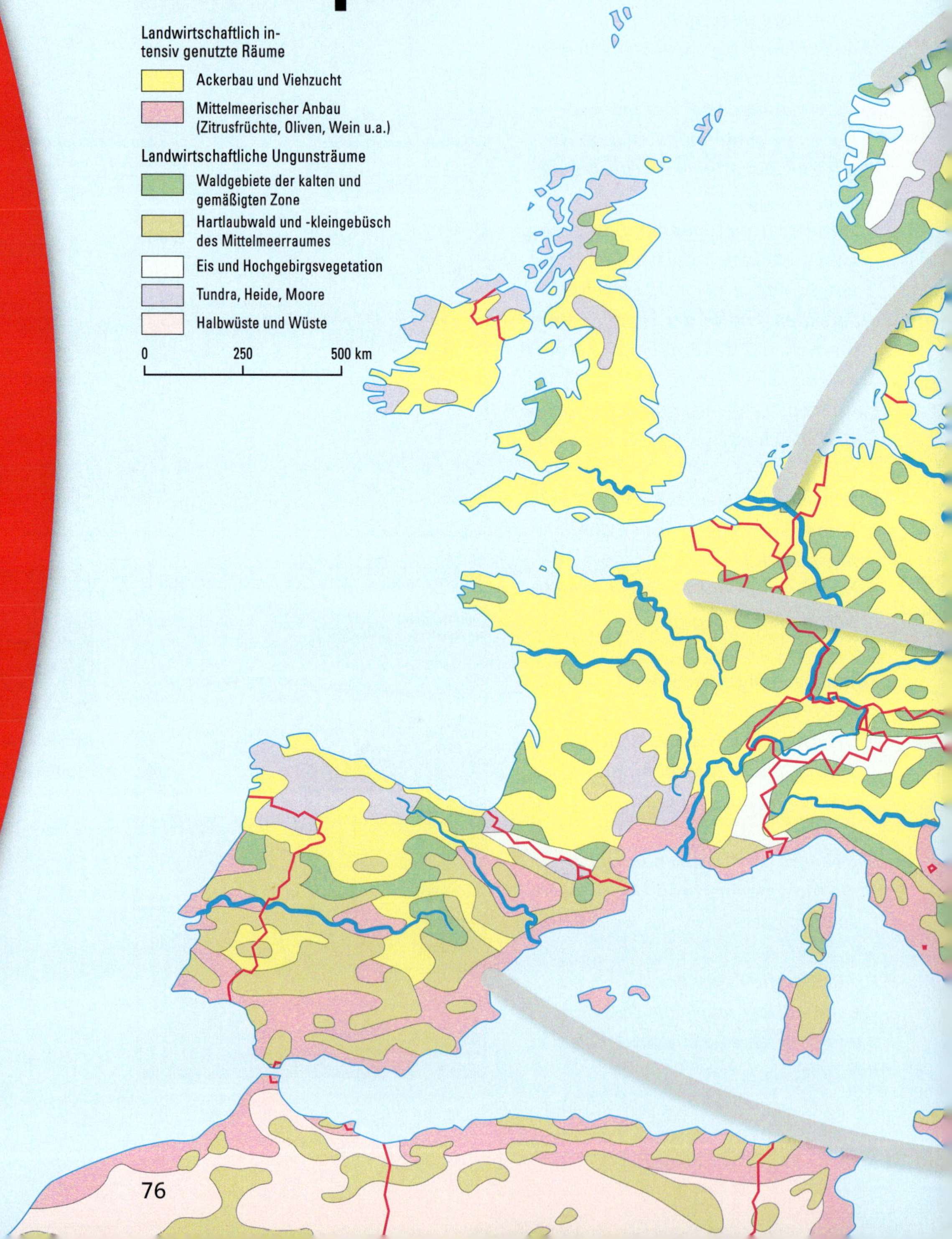

① *In der Picardie*

„Grande Culture" Weizen

② **Anteil der Betriebsgrößen in der Landwirtschaft Frankreichs (in %)**

	1955	1990	2002
< 10 ha	55,9	37,4	34,0
10–20 ha	23,4	15,0	10,6
20–50 ha	16,5	28,2	23,9
> 50 ha	4,2	19,4	31,5

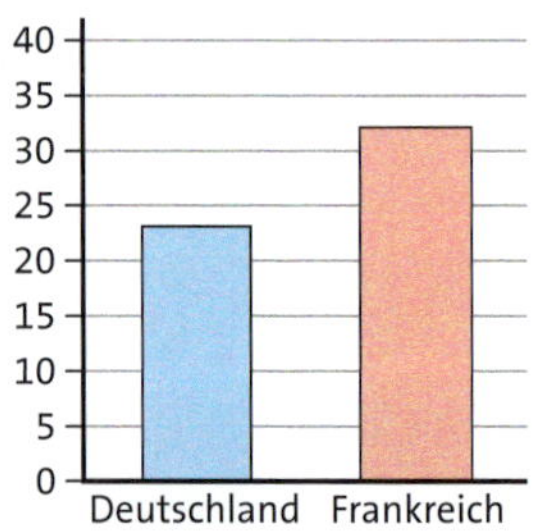

③ ***Gesamtproduktion Weizen 2002 (in Mio. t)***

④ **Monsieur Laurent berichtet**

„Bonjour, mein Name ist Laurent und ich bin einer der Landwirte hier im Pariser Becken. Wir bauen vor allem Weizen an, in klimatisch geeigneten Lagen jedoch auch Zuckerrüben, Obst und Gemüse. Dank der ertragreichen Böden in den weiten Ebenen hier konnten wir uns auf den Getreidebau spezialisieren und diese Region intensiv landwirtschaftlich nutzen. Entscheidend für diese intensive Landnutzung sind auch die betrieblichen Voraussetzungen. Die Bauernhöfe sind hier im Durchschnitt mit fast 70 Hektar mehr als doppelt so groß wie etwa in der Münsterländer Bucht, bei unseren deutschen Nachbarn. Dabei werden sie immer noch größer, weil viele kleinere Bauern ihre Höfe aufgeben und an die Großbetriebe verkaufen. Diese können dadurch riesige, zusammenhängende Felder bewirtschaften, sodass sich der Einsatz großer Maschinen lohnt. Gerade im Getreidebau lassen sich nämlich durch leistungsfähige Sämaschinen und Mähdrescher teure Arbeitskräfte einsparen. Zugleich konnten wir den Hektarertrag ständig steigern, zum Beispiel bei Weizen von 25 dt/ha im Jahr 1950 auf über 70 dt/ha heute.

Da wir aufgrund der günstigen Bedingungen hohe Erträge erzielen und geringe Produktionskosten haben, können wir unser Getreide preisgünstig verkaufen. Somit sind wir nicht nur in Europa, sondern weltweit konkurrenzfähig. Die Bedeutung des Anbaus von Getreide ist bei uns so groß, dass wir von der „grande culture" sprechen.

Agrarriese Frankreich

Ganz Frankreich wird mit dem Getreide der französischen Landwirte versorgt. Der Rest ist für den **Export** bestimmt, d.h. er wird ins Ausland verkauft.

In der Europäischen Union stammen etwa 35 % des Weizens und über 40% des Maises aus Frankreich. Damit ist Frankreich der bedeutendste Getreideproduzent Europas.

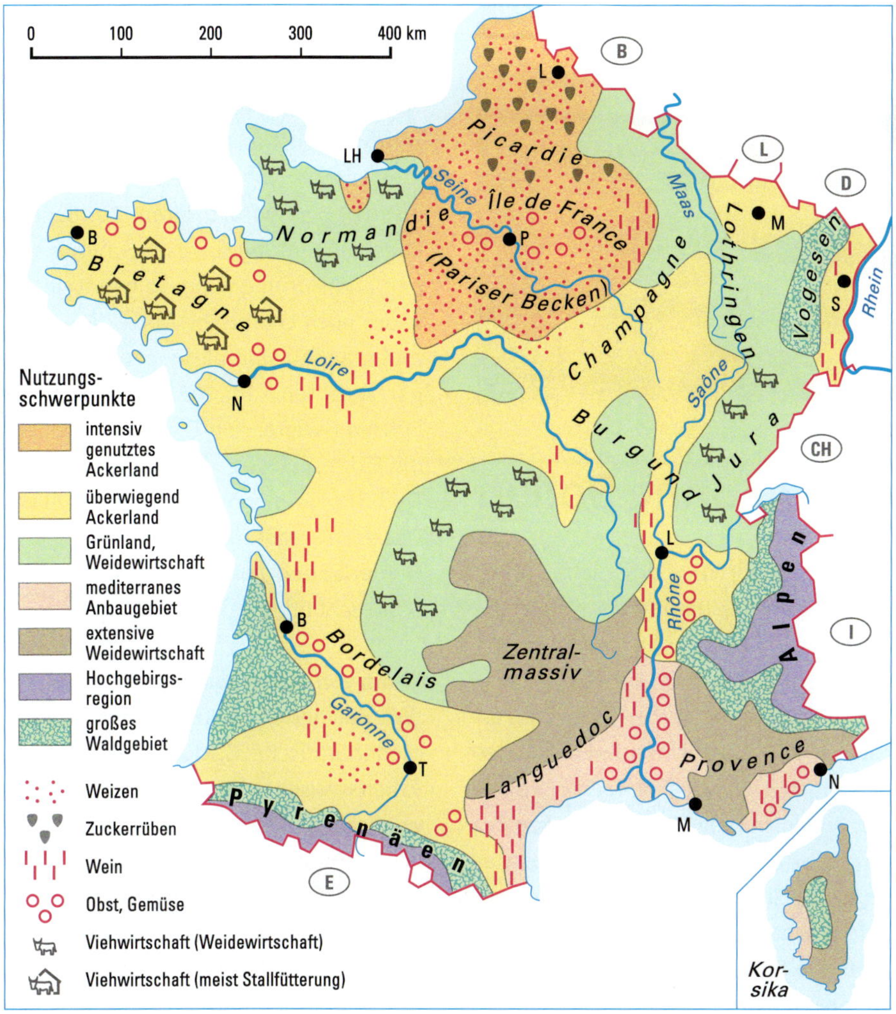

5 ***Landwirtschaft in Frankreich***

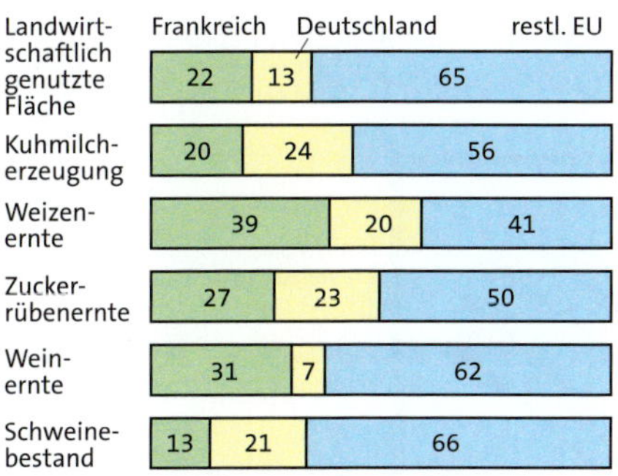

6 ***Die Stellung der französischen Landwirtschaft in der Europäischen Union 2002 (in %)***

1 Warum gelingt es den Landwirten im Pariser Becken so erfolgreich und kostengünstig Getreide anzubauen?

2 Erstelle mithilfe von Karte und Text eine Tabelle. Schreibe hinter den Namen der Region jeweils typische Anbauprodukte.

3 Nenne Gründe für die europäische Spitzenstellung Frankreichs in der Landwirtschaft.

4 Warum bezeichnet man den Getreideanbau in Frankreich als „grande culture"?

7 ***Französische Speisen und Getränke:***

Bordeaux, Brie, Champagner, Cognac, Camembert, Crème fraîche, Croissant Roquefort, Sauce Béarnaise

8 **Vergleich der Betriebsstruktur in Deutschland und Frankreich 2002**

	D	F
Betriebe	472	664
Ø Größe in ha je Betrieb	36	44
Ø Anzahl Milchkühe/ Betrieb	26	29
Ø Anzahl Schweine/ Betrieb	118	157
Arbeitskräfte in Mio	1,1	1,3
Einwohner in Mio	82	59

1 *Im Westland*

Anbau ohne Boden

„So haben wir uns das nicht vorgestellt!“ Das war die Reaktion nach einem Besuch im Paprika-Gewächshaus von Herrn Bol südlich von Den Haag. Das riesige Glashaus überdeckt eine Fläche von 1,5 Hektar. Links und rechts des betonierten Ganges bedecken Folien den Boden. In langen Reihen ranken Paprikapflanzen an einer Schnur drei Meter in die Höhe: Blüten, grüne und rote reife Früchte sind gleichzeitig an einem Trieb. Die Pflanzen wachsen aus einem Steinwollewürfel – von Erde keine Spur. Im Würfel steckt ein dünner Schlauch. Tropfenweise führt er Wasser mit Nährstoffen zu. Zur Bewässerung dient vor allem Regenwasser vom Glasdach.

Vorteile des Anbaus unter Glas

„Wolle ist besser als Scholle! Sie ist frei von Ungeziefer und Unkraut. Die Wurzeln werden besser belüftet und nehmen leichter Nährstoffe auf. Sie kennen dies ja von Hydrokulturen. Zur Schädlingsbekämpfung setze ich Schlupfwespen und Hummeln ein, so benötige ich kaum noch chemische Mittel. Beim Tomatenanbau sind diese inzwischen sogar verboten.“ Im Heizraum geht die Führung weiter. Ein Computer steuert die Erdgasheizung, damit das Klima im Treibhaus immer optimal eingestellt ist. Das dazu eingesetzte Erdgas wird in den Niederlanden gefördert und ist somit eine recht preiswerte Energiequelle.

Klima von Menschenhand

„Wir machen unser Klima selber“, sagen niederländische Gartenbauer zu ihrer Arbeitsweise und meinen damit die **Gewächshauskulturen**. Hier ist alles künstlich: Temperatur, Beleuchtung, Regen, Nährstoffzufuhr, Schädlingsbekämpfung, ja selbst der Boden. Das Resultat: wohlgeformte Gemüse- und Obstsorten in leuchtenden Farben ohne jegliches Ungeziefer das ganze Jahr über, dafür aber ohne Sonne und Geschmack wie manch kritische Stimmen bemerken. Ist dies die Zukunft unserer Ernährung?

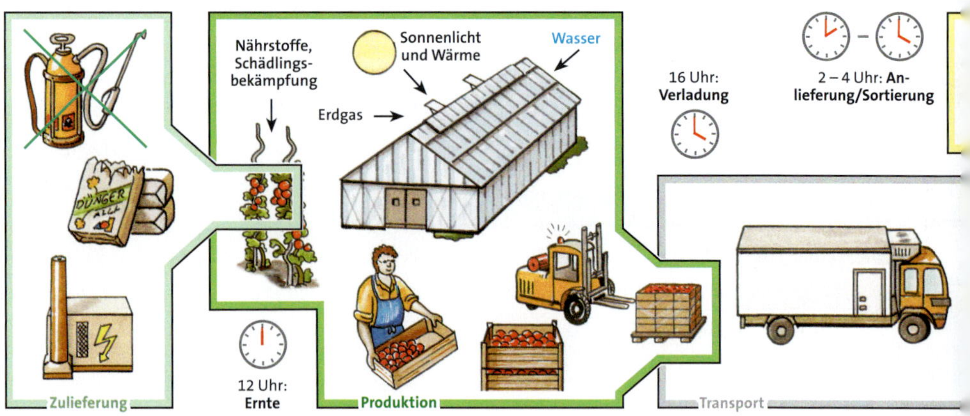

2 *Vom Gewächshaus bis zum Markt*

③ ***Experiment:***
Simulation eines Gewächshauses

Material: *zwei Ton- oder Kunststoffschalen, einige Blatt Küchenpapier, Kressesamen, Wasser, Klarsichtfolie*

Durchführung:

- *jede Schale mit einigen Blättern Küchenpapier auslegen*
- *Kressesamen darauf streuen*
- *beide Schalen gut mit Wasser befeuchten*
- *eine Schale mit Klarsichtfolie abdecken*
- *beide Schalen nebeneinander in die Sonne stellen und einige Tage stehen lassen*

Auswertung:
Beobachte und vergleiche das Keimverhalten und das Wachstum.

④ ***Tomatenernte im Gewächshaus auf künstlichem Boden***

⑤ **Umweltbewusster Anbau**

„Schlupfwespe gegen Weiße Fliegen, Raubmilbe gegen Rostmilben, Gallmücke gegen Blattläuse, Bazillen gegen Kohlweißlinge und Kohlmotten – im holländischen Obst- und Gemüseanbau hat das 'große Fressen' begonnen. Chemische Schädlingsbekämpfungsmittel durch natürliche Schädlingsfresser abzulösen, ist das Ziel des 1991 gestarteten Projektes Umweltbewusster Anbau (UBA). Im Rahmen des UBA sind den Gärtnern in den Niederlanden nur noch wenige künstliche Insektizide erlaubt, und zwar nur dann, wenn wegen Plagen, gegen die noch keine natürlichen Nützlinge gefunden wurden, existenzbedrohende Ernteausfälle zu befürchten sind."

1 *Bei der Gewächshauskultur machen sich die Landwirte von der Natur unabhängig. Erkläre.*

2 *Liste die Vorteile von Gewächshauskulturen für Landwirte und Verbraucher auf.*

3 *Erläutere, welche Nachteile die Pflanzenzucht unter Glas haben könnte.*

4 *Beschreibe den Weg eines Produkts vom Gewächshaus zum Verbraucher.*

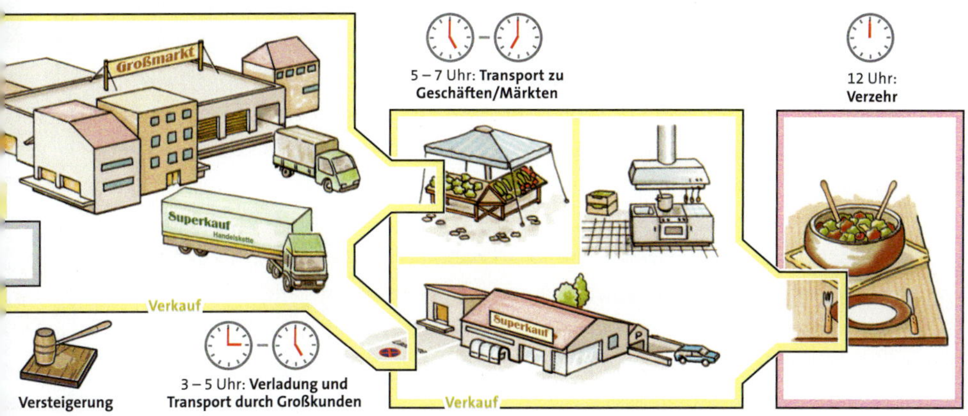

Olivenbäume überdauern

1 **Olivenernte in Ligurien**

Vielfältige Nutzung der Olive

- *Essoliven (eingelegt)*
- *Olivenöl*
- *Olivenpaste als Aufstrich*
- *Salben*

2 „Stellt euch vor, ihr steht hier vor einem 900 Jahre alten Baum", erklärt uns Olivenbauer Frantoio Benza in einem seiner Olivenhaine mit Blick auf die ligurische Mittelmeerküste bei Imperia. „Seht euch diesen knorrigen Stamm und dieses silbern glänzende Kronendach an. Daran erkennt ihr jeden Olivenbaum. Olivenbäume wachsen sehr langsam. Dafür sind sie besonders robust und anspruchslos, sodass sie auch auf kargeren Böden gedeihen und längere Trockenperioden unbeschadet überdauern. 500 bis 700 mm Niederschlag im Jahr reichen aus, doch Frost sollte es keinen geben und die mittleren Jahrestemperaturen müssen zwischen 15 und 22 °C liegen. Erst dann wachsen diese großen grünen Oliven. Es sind Speiseoliven, denn sie haben viel Fruchtfleisch. Ich lasse sie noch länger am Baum reifen, dann werden sie rötlich-schwarz. Doch erst wenn sie in großen Fässern in Salzwasser eingelegt 3 bis 10 Monate gegärt haben, sind sie als Vorspeise, in Salaten oder auf der Pizza genießbar."

Wir gehen bergauf, vorbei an zahlreichen Olivenbäumen. 3000 Bäume auf 10 ha Fläche bewirtschaftet Herr Benza. Für seine Mühle kauft er aber noch Oliven von benachbarten Bauern zu.

„Sicher ist euch aufgefallen, dass die Olivenbäume hier auf Terrassen angepflanzt werden und wir engmaschige Netze für die Ernte der kleineren Öloliven gespannt haben. Diese Olivensorten haben weniger, aber dafür ölhaltigeres Fruchtfleisch als die Speiseoliven. Wir „schlagen" die Öloliven von Dezember bis März mit langen Stangen vom Baum und fangen sie mit den Netzen auf. Noch am gleichen Tag werden sie gewaschen und kommen in die Ölpresse. Bei der ersten Kaltpressung entsteht das sehr feine und wertvolle Speiseöl. Es wird gefiltert, gereinigt und kommt dann als „extra vergine" in den Handel, auch nach Deutschland.

Aus 100 kg Oliven gewinnen wir etwa 9 l schmackhaftes und gesundes Olivenöl."

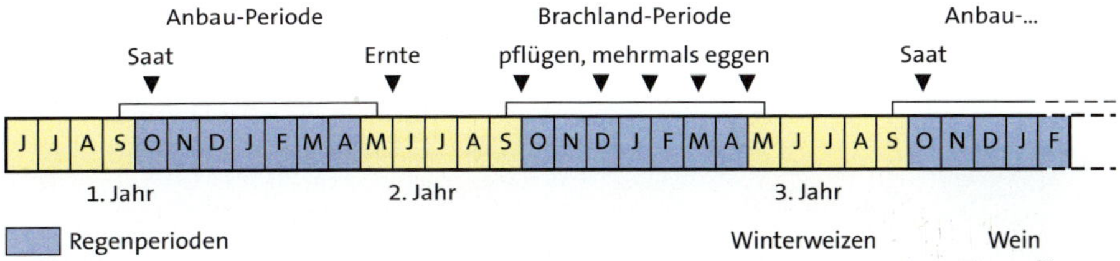

3 ***Beispiel eines Anbaukalenders für Getreide***

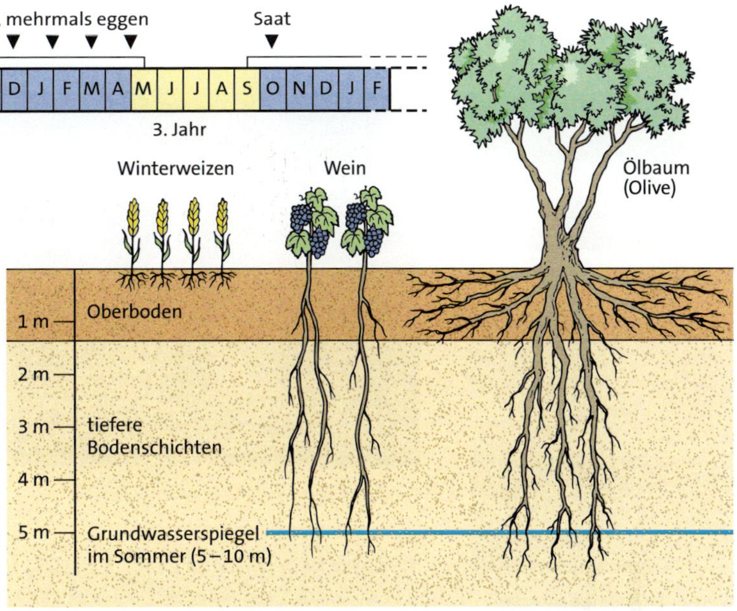

5 ***Traditionelle Kulturpflanzen am Mittelmeer***

Anbau einheimischer Kulturpflanzen

Seit Jahrtausenden wird der Oliven- bzw. Ölbaum im Mittelmeerraum angebaut. Er gehört zu den einheimischen **Kulturpflanzen**, die besonders gut an die Klima- und Vegetationsbedingungen dieses Raumes angepasst sind. Die harten, kleinen Blättchen des Olivenbaumes drehen sich sogar mit dem Lauf der Sonne, um ihr möglichst die schmale Seite zuzuwenden, sodass die Verdunstung auf ein Minimum reduziert ist.

Der Ölbaum, der mehrere hundert Jahre alt werden kann, zählt zusammen mit der Weinrebe zu den **Dauerkulturen**, da er viele Jahre lang ununterbrochen genutzt werden kann.

Der Weizen dagegen ist als dritte traditionelle Kulturpflanze des Mittelmeerraumes eine einjährige Pflanze. Wie Ölbaum und Weinrebe wird dieser ohne künstliche Bewässerung im **Trockenfeldbau** kultiviert. Dabei säen die Bauern den Weizen zu Beginn der Regenperiode im Herbst aus und ernten ihn noch vor Beginn der Trockenheit.

4 **Olivenproduktion in Europa 2001**

Land	Produktion in Tonnen	Beschäftigte	Fläche in 1000 ha
F	2247	2500	17
GR	479066	840000	767
I	540864	1160000	1169
P	25444	130000	369
E	1074970	380000	2391
Ges.	2122591	2512500	4713

1 Gestalte mithilfe der Informationen des Bauern Frantoio einen Steckbrief „Olivenbäume". Mache darin zum Beispiel Angaben zur Verbreitung, den Wuchsbedingungen, der Verwendung usw..

2 Erkläre den Begriff Trockenfeldbau .

3 Nenne Gemeinsamkeiten und Unterschiede beim Anbau von Weizen, Wein und Ölbäumen im Trockenfeldbau.

4 Arbeite mit dem Anbaukalender 3: Beschreibe die Arbeitsabläufe beim Trockenfeldbau am Beispiel Getreide und erläutere die Zusammenhänge zwischen Klima und Anbau.

6 ***Frantoio Benza beim Ölpressen des „Primurugiu"***
Aus den besten Oliven entsteht nur durch den Eigendruck der in Presskisssen verfüllten Oliven das Primuruggiu („erster Fluss").

① *Furchenbewässerung*

② *Beregnungsbewässerung*

③ *Tropfbewässerung*

④ ***Wasserverlust bei verschiedenen Bewässerungsarten***
Furchenbewässerung:
50–80 % Verlust
Beregnungsbewässerung:
20–40 % Verlust
Tropfbewässerung:
10–20 % Verlust

⑤ ***Der Tajo-Segura-Bewässerungskanal***

Bewässerung macht´s möglich

An den Küsten des Mittelmeeres liegen fruchtbare Ebenen, in denen seit alters her eine große Vielzahl an Nutzpflanzen angebaut wird. Die Spanier nennen solche Gebiete **Huerta**, das heißt Obst- und Gemüsegarten.

Ohne Wasser geht es nicht!

In solchen Huertas werden zahlreiche Zitrusbäume wie Orangen- und Zitronenbäume kultiviert. Ihre Heimat liegt in Ostasien, wo zwar ähnliche Temperaturen wie im Mittelmeerraum herrschen, die Niederschläge jedoch nicht im Winter, sondern im Sommer zur warmen Jahreszeit fallen. An diese Klimabedingungen sind die Zitruspflanzen angepasst. Damit ihre Fürchte reifen und saftig werden, benötigen sie sommerliche Wärme und gleichzeitig ausreichend Wasser.

Um auch im Mittelmeerraum Zitrusfrüchte ernten zu können, müssen die Bauern die Pflanzen zur trockenen Jahreszeit bewässern. Sie kultivieren die Zitrusfrüchte somit im **Bewässerungsfeldbau**.

Und das Gemüse braucht es auch

Zwar sind die Temperaturen über das Jahr so günstig, dass die Bauern sogar mehrere Gemüseernten einbringen können, doch der Niederschlag reicht auch für das Gemüse nicht aus. Die Huertanos leiten deshalb Wasser über ein weit verzweigtes Kanalnetz auf die Felder. Sie entnehmen es aus Brunnen oder Flüssen. Da diese in den Trockenmonaten selbst kaum mehr Wasser führen, werden riesige Stauseen am Oberlauf der Flüsse angelegt. In ihnen werden die Niederschläge des Winterhalbjahres gespeichert, sodass die Huertas im Sommer mit ausreichend Wasser versorgt werden können.

Bewässerungtechniken

Insbesondere zwei Schwierigkeiten müssen die Huertanos bei der Bewässerung meistern: die Verluste des wertvollen Wassers und die Bodenversalzung. Da bei der traditionell üblichen **Furchenbewässerung** viel Wasser durch Versickern und Verdunsten verloren geht, werden die Felder häufig mit Sprinklern

6 ***Unbeheiztes Plastikhaus***

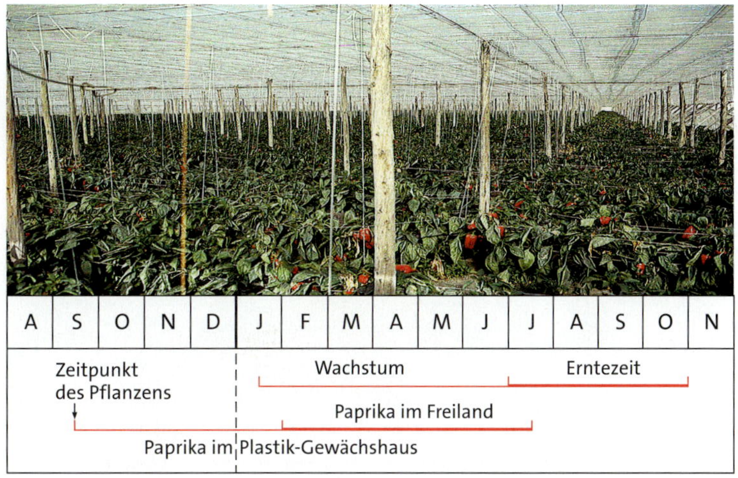

7 ***Anbau von Paprika im Plastikgewächshaus***

beregnet. Wenn es sich die Bauern leisten können, wird die technisch aufwändige, dafür aber eindeutig sparsamste **Tropfbewässerung** eingesetzt. Das Wasser tritt in dosierter Menge aus kleinen Öffnungen an Plastikschläuchen aus, die direkt an den Pflanzen vorbei verlegt werden. Dünger und Pflanzenschutzmittel kann man diesem Wasser gezielt beimischen. Gibt man den Pflanzen genau die benötigte Wassermenge, sinkt auch die Gefahr der Versalzung.

Wärme halten und Wasser sparen

Weite Teile des Anbaulandes der Huertas sind im Herbst und Winter mit Plastikgewächshäusern bedeckt. Die Bauern können dadurch den milden Winter an der spanischen Mittelmeerküste noch besser nutzen. Die Sonne liefert ihnen in Verbindung mit den Plastikfolien eine „Heizung zum Nulltarif“. So produzieren die Bauern preisgünstiger als ihre Konkurrenten in anderen Teilen Europas. Sie können aber auch ihre Produkte früher auf den Markt bringen und erzielen dadurch vor allem auf den Märkten in Mittel- und Nordeuropa bessere Preise.

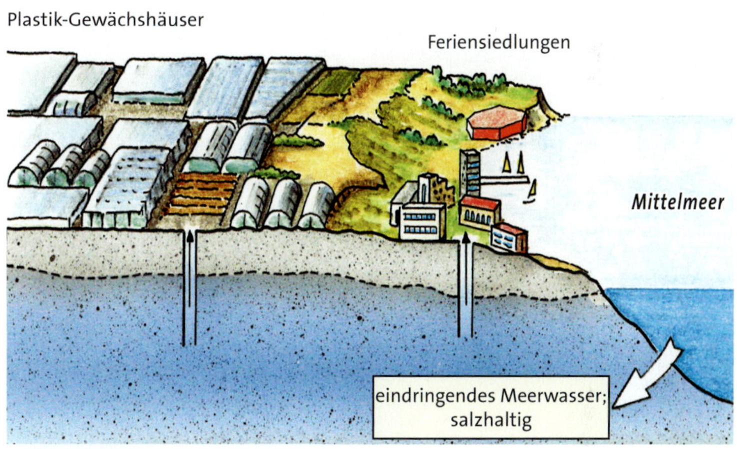

8 ***„Plastikküste“***

1 *Worin unterscheidet sich die Kultivierung von Zitrus- und Ölbäumen? Begründe deine Antwort.*

2 *a) Woher stammt das Wasser für den Bewässerungsfeldbau der Huertas?*
b) Welche Gefahr droht in besonders trockenen Sommern?

3 *Begründe die Wasserverluste bei den verschiedenen Bewässerungsmethoden.*

4 *Welche Vorteile bringt der Anbau unter Plastik?*

5 *Für die Bewässerung in den Gewächshäusern wird vor allem Grundwasser eingesetzt. Notiere mithilfe der Zeichnung 8 die Auswirkungen auf die Umwelt.*

Balbinka, im Gänseland der Masuren

① *Gänsemastbetrieb in Polen*

Kaum zu glauben

80% der deutschen Weihnachtsgänse kommen aus Polen – aus dem Gänseland der Masuren.

In Polen selbst wird an Weihnachten Fisch, vor allem Karpfen gegessen!

Gänse haben in Polen ihren Auftritt zur heiligen Kommunion. Sie sind das Symbol der Unschuld.

② **Auf dem Hof der Familie Bojar**

„Witold! Draußen kreist ein Adler!“. Die Stimmung in der guten Stube des Gänsehirten Witold Bojar ist gespannt. Alle wissen, was das bedeutet. Höchste Gefahr für die Gänseherde. Der 45-jährige Witold schnappt die Schrotflinte, um durch ihren Lärm den Seeadler zu vertreiben. Ein ohrenbetäubendes Geschnatter empfängt ihn. Rund 300 schneeweiße Gänse drängen sich eng aneinander. Instinktiv wissen sie, dass eine einzeln laufende Gans keine Chance hat. Doch inzwischen ist der Himmel wie leergefegt. „Vielleicht hat er einen Hasen erwischt“, meint Witold. „Wir haben viel Wild hier.“ Zur Sicherheit geht er noch zur zweiten Weide, auf der ebenfalls 300 Gänse die Hälse recken und zetern, was das Zeug hält.

Witold hält gemeinsam mit Frau Halina in Jeziorany bei Olsztyn auf 16 Hektar Freifläche seine Gänse. Die meisten von ihnen landen später auf deutschen Tellern.

Gänsehaltung ist Saisongeschäft. Während Hähnchen oder Puten häufig auf dem Speisezettel stehen, kommen Gänse nur zu besonderen Festtagen auf den Tisch, da ihre Zubereitung aufwändiger ist .

Bojar erklärt, dass Gänse nur im Frühjahr und Frühsommer Eier legen. Seine Frau Halina sammelt die Eier ein, wäscht sie und macht sie transportfähig. In dieser Zeit kommt täglich der Lieferwagen der Familie Pniewskis vorbei. Sie nehmen die Gänseeier mit und sorgen dafür, dass die Küken ideale Brutbedingungen haben. Meist dauert es 30 Tage bis die Küken schlüpfen. Sie werden sogleich in speziellen Kartons verpackt und in einen Mastbetrieb transportiert. Dort werden sie untersucht und soweit gepäppelt bis man sie auf die Weide lassen kann. Mit Hafer als Zusatzfutter wachsen sie dann zu jungen Gänsen, den Balbinkas heran.

Der Transport ist heute im Gegensatz zu früheren Zeiten kein Problem mehr. Züchter und Brutstation arbeiten mit Polens größtem Geflügelproduzenten „Indykpol“ zusammen, der seit über 10 Jahren Geflügel in die EU exportiert.

Haltungsformen

Ganz so idyllisch wie auf der Geflügelfarm der Familie Bojars mit Freilandhaltung geht es bei der Gänsezucht jedoch nicht überall zu, denn die Haltungsformen sind vielfältig.

Werden beim Verkauf keine Angaben zur Haltungsform gemacht, so stammen die Gänse meist aus **intensiver Massentierhaltung**, das heißt über 2500 Gänse drängen sich ohne Auslauf in einem dunklen Stall.

Weitere – bereits artgerechtere Haltungsformen – sind:

Extensive Bodenhaltung:
Die Gänse werden zwar ausschließlich im Stall gehalten, jedoch max. 15 kg Lebendgewicht pro Quadratmeter.

Auslaufhaltung:
Die Besatzdichte ähnelt der der extensiven Bodenhaltung, das Geflügel muss jedoch mind. die Hälfte seines Lebens tagsüber 4 Quadratmeter Auslauf im Freien haben.

Freilandhaltung:
Sie garantiert den Tieren noch mehr Freiraum, da sie tagsüber einen großen Auslauf auf Weiden erhalten.

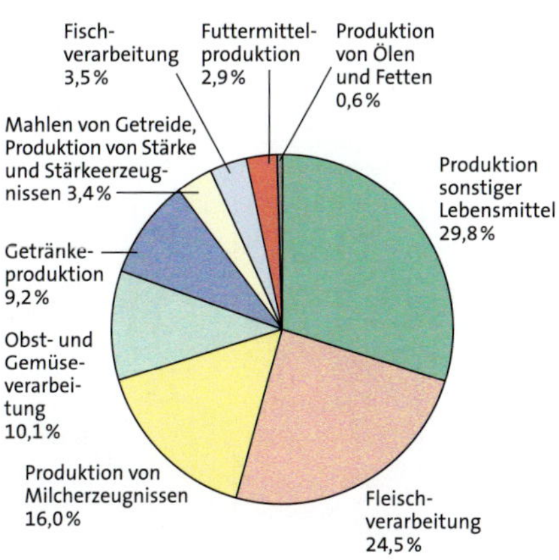

3 ***Produktionsstruktur der Nahrungsmittelindustrie in Polen 2003***

4 **Wichtigste Warengruppen im polnischen Export**

Warengruppe	Anteil 2000	Anteil 2003 (9 Monate)	Abnehmer
Obst (Erdbeeren, Johannisbeeren, Kirschen und Himbeeren)	12,1%	9,6%	Deutschland und Niederlande
Obst- und Gemüseprodukte, vor allem Apfelsaft	10,0%	9,5%	EU-Länder, vor allem Deutschland
Milcherzeugnisse, vor allem Milchpulver, Eier	8,8%	13,5%	Algerien, Mexiko, Niederlande
Fleisch- und Fleischprodukte	14,6%	13,2%	Italien (Pferd, Rind,), Russland (Schwein), Deutschland (Geflügel)

5 **Geflügelproduktion und Geflügelverzehr in Polen 1993 und 2003**

Jahr	1993	2003
Geflügelproduktion (in Tonnen)	306000	870000
Pro-Kopf-Verbrauch (kg pro Jahr)	9,4	21,0

1 *Man spricht vom Gänseland Masuren. Finde Gründe dafür.*

2 *Vergleiche mithilfe der Tabelle 5 die Entwicklung der Geflügelproduktion und des Pro-Kopf-Verzehrs von Geflügel in Polen.*

3 *Schlachtgänse wie jene von Herrn Bojar durchlaufen in ihrem kurzen Leben (49–140 Tage) verschiedene Stationen. Erstelle mithilfe des Textes 2 ein Produktionsschema. Beginne dabei mit der Brutstation.*

4 *Neben der Freilandhaltung gibt es noch andere Formen der Gänse- bzw. Geflügelhaltung. Informiere dich und bewerte die verschiedenen Haltungsformen.*

5 *Informiere dich über die Herkunft von Gänseprodukten (Gänsebraten, Gänseleberpastete, Gänsedaunen, ...) in den entsprechenden Läden und im Internet.*

Gänsemast
für den traditionellen Braten zu St. Martin und zu Weihnachten in Deutschland

Gänsestopfleber
„Delikatesse" aus der Folterkammer: Deutschlands Gourmets gehören zu den größten Abnehmern der Stopfleber von Gänsen und Enten aus Frankreich, Ungarn und Israel.
Diese Zwangsmastmethode ist in Polen seit Januar 1998 verboten.

Surftipp
www.tierhilfswerk.de/body_gansemast.html

www.tierlobby.de/rubriken/Tiergarten/voegel/gans2.htm

② ***Mastschweine in einem Betrieb mit Massentierhaltung***

Wie viel Gülle vertragen unsere Felder?
In geringem Maße ist die Gülle ein guter Dünger. Doch eine übermäßige Verwendung führt neben einer Geruchsbelästigung zur Schädigung des lebenswichtigen Grundwassers. Auf Wiesen führt eine zu hohe Düngerkonzentration zu einer Artenverarmung. Aus diesen Gründen erlaubt die Gülleverordnung nur eine bestimmte Menge Gülle je Hektar. Außerdem ist die Jahreszeit festgelegt, in der die Gülle ausgebracht werden darf.

Armes Schwein – Schwein gehabt

Von 25 auf 120 kg in 120 Tagen, auf nur zwei Quadratmetern mit Spaltenboden ohne jeden Auslauf, das ist das Los der meisten Mastschweine auf dem Hof Jung. Die Gewichtszunahme von täglich 700 g ist in der Schweinemast nur durch den Einsatz von Kraftfutter und modernster Technik möglich. Eine Arbeitskraft versorgt bis zu 1 000 Schweine. Die Ferkel werden zum Teil über große Entfernung zum **Mastbetrieb** transportiert. In der Soester Börde fressen sich unter anderem Ferkel aus Magdeburg dick und rund. Ein Tierarzt überprüft regelmäßig die Gesundheit der Tiere, denn wo viele Tiere auf engem Raum, teilweise sogar in zwei Stockwerken, ohne Auslauf gehalten werden, können sich leichter Krankheiten ausbreiten. Daher erhalten die Schweine vorbeugend Medikamente. Ein weiteres Problem bereitet der in großen Mengen anfallende Flüssigmist, die **Gülle**.
Diese Form der **Massentierhaltung** ist die Antwort der Landwirte auf den Verbraucherwunsch nach möglichst billigem Fleisch – und das täglich. Ist das aber der richtige Weg? Was muss sich ändern: die Landwirtschaft oder unser Verhalten?

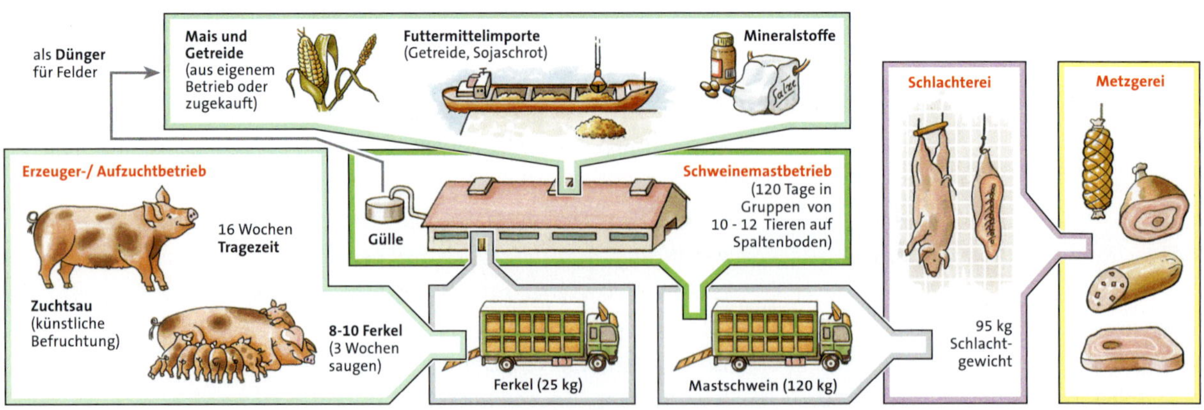

① ***Vom Erzeuger bis zum Verbraucher: die Stationen eines Mastschweins***

3 **_Mastschweine in einem Betrieb mit artgerechter Tierhaltung_**

Auf dem Antoniushof bei Euskirchen mit **artgerechter Tierhaltung** feiert ein Schwein schon mal Geburtstag. Denn hier werden die Tiere in hellen, luftigen Ställen mit einer dicken Schicht Stroh zum Liegen sowie viel Auslauf auf der Weide gehalten. Durch viel Bewegung wird das Fleisch der Schweine fester. Die Tiere sind nicht so anfällig für Krankheiten und benötigen weniger Medikamente. Sie nehmen aber auch langsamer zu. So dauert die Mast normalerweise 180 Tage.

Meistens wird in einem geschlossenen System gewirtschaftet: Aufzucht und Mast erfolgen im gleichen Betrieb. Auch Futter und Stroh stammen von dort. Der im Stall anfallende Mist düngt wieder die Felder. Da die Schweine länger gefüttert und aufwändiger versorgt werden, liegt der Preis für das Fleisch natürlich höher.

Doch wo kann man es kaufen? Infolge der gestiegenen Nachfrage hat bereits so mancher Supermarkt schon ein entsprechendes Angebot und spezialisierte Metzgereien gibt es bestimmt in deiner Umgebung. Artgerechte Tierhaltung, nicht nur eine gesunde, sondern auch eine schmackhafte Alternative?

4 **Gewinn und Kosten in der konventionellen Schweinemast**

Ferkel (25 kg)	70 €
Futtermittel	40 €
Tierarzt	5 €
Energie (Gas, Wasser, Licht)	3 €
Gesamtkosten: (ohne Arbeitskraft und Festkosten)	118 €
Verkaufspreis nach 120 Tagen (bei 120 kg)	140 €

1 *Vergleiche mithilfe des Schemas 1 und des Textes den Lebenslauf von Schweinen aus konventioneller Massentierhaltung und artgerechter Tierhaltung.*

2 *Arbeite mit Tabelle 4: Berechne den Gewinn für ein Mastschwein in konventioneller Haltung.*

3 *Artgerechte Tierhaltung belastet die Umwelt weniger als Massentierhaltung. Begründe dies.*

4 *Arbeitet in Gruppen: Erkundigt euch über die verschiedenen Haltungsformen von Hühnern und Rindern.*

5 *Was können wir als Käufer tun, damit die Landwirte nicht mehr gezwungen sind, Tiere in Massen zu halten?*

Kaum zu glauben

Der Antoniushof bei Euskirchen bietet das „Leasingschwein“ an: Auf Vorbestellung werden Schafe und Schweine bei artgerechter Tierhaltung gemästet. So weiß der Verbraucher genau über die Herkunft seiner Nahrungsmittel Bescheid. Auch Hühnerleasing gibt es schon!

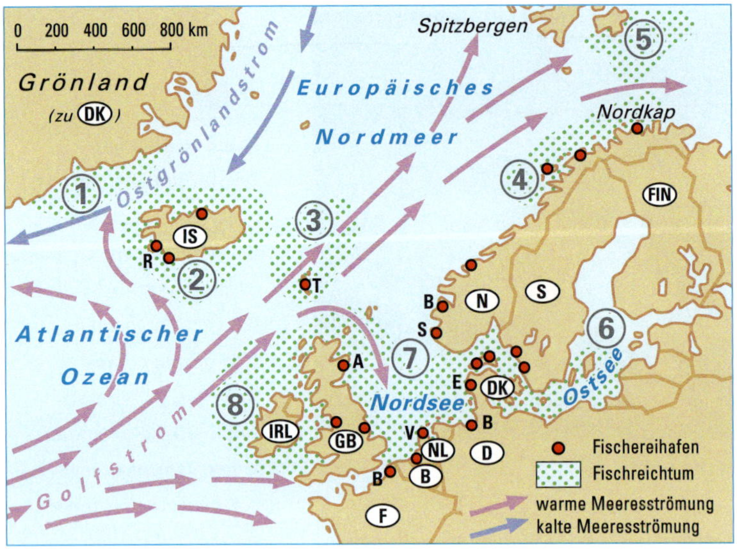

❶ *Fischgründe im Nordatlantik*

❹ *Rotbarschfang im Europäischen Nordmeer*

Vom Fischfang zur Fischmast

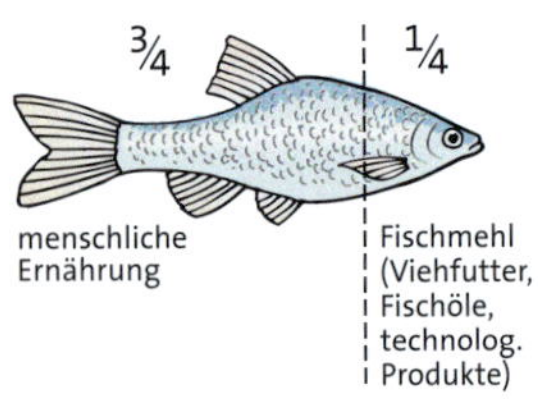

❷ *Die Verwendung von Fisch*

Fischfang in Island

Die Isländer sagen: „Unsere Lebensgrundlage ist das Meer." Fast zwei Millionen Tonnen Fisch holen Islands Fischer jährlich aus dem Europäischen Nordmeer. Bei den Speisefischen nimmt der Kabeljau etwa die Hälfte der Fangmenge ein. Hinzu kommen Rotbarsch, Schellfisch, Seelachs und Hering. Der meist gefangene Fisch jedoch ist mit rund einer Million Tonnen im Jahr die Lodde. Sie dient zur Herstellung von Fischmehl und Fischöl. Täglich warten in zirka 50 Häfen die Angestellten der Fischverarbeitungsbetriebe auf die Fänge der Kutter und Trawler. Durch die Ausfuhr von gefrorenem, gesalzenem oder getrocknetem Fisch sowie Fischmehl, Fischöl, Garnelen, Hummer und Muscheln erwirtschaftet Islands Fischindustrie allein etwa drei Viertel der Exporteinnahmen.

Doch die isländischen Fischer sind besorgt. Die **Überfischung** und die zunehmende Verschmutzung der Meere führt zu einem Rückgang der Fänge, da zahlreiche Fische nicht mehr das Fortpflanzungsalter erreichen. Um die Fischbestände in ihren Meeren zu schützen, haben sich die Staaten der Europäischen Gemeinschaft auf Fangmengen (Quoten) für die einzelnen Fischarten geeinigt, die nicht überschritten werden dürfen.

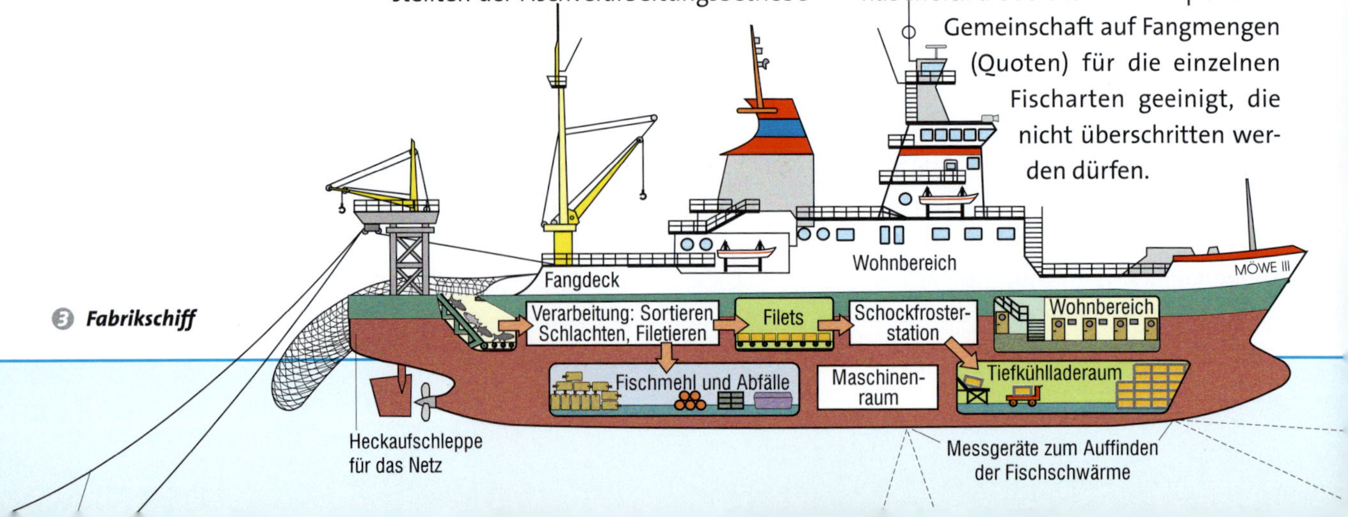

❸ *Fabrikschiff*

Fischmast in Norwegen

Er darf auf keiner Speisekarte und bei keinem kalten Buffet fehlen – der Lachs, „Wanderer zwischen Meer und Fluss“. Doch heute wandert nur noch der Wildlachs und dieser spielt gegenüber dem Farmlachs wirtschaftlich eher eine unbedeutende Rolle.

Anfangs hielten norwegische Fischer ihren Kollegen Thor Morwinkel für einen Spinner, als dieser 1968 begann einjährige, daumenlange Junglachse in Meereskäfige auszusetzen, zu mästen, nach gut einem Jahr mit dem Kescher abzufischen und zu verkaufen. Aber seine enormen Gewinne regten sie bald zur Nachahmung an und der Siegeszug des Fjordlachses begann. Heute versorgen computergesteuerte Futterautomaten die Mastfische mit Nahrung. Diese besteht aus Fischmehl, Fischöl, Soja, Mais und Vitaminen. Auch etwas natürlichen Farbstoff mischt man dem Futter bei, damit das Lachsfleisch seine typische rote Farbe erhält. Diese bekommt der frei lebende Wildlachs dadurch, dass er Krustentiere wie den Hummer frisst. In ein- bis eineinhalb Jahren erreichen die Zuchtlachse ihr Schlachtgewicht und werden in die ganze Welt verkauft. Heute ist Norwegen bei der Erzeugung von Farmlachs führend in der Welt.

Mittlerweile gibt es in vielen Ländern Europas Fischfarmen, die Lachs, aber auch Meeresforellen, Goldbrassen usw. produzieren. Doch die Haltung in **Fischfarmen** hat wie jede Massentierhaltung auch ihre Kehrseite!

1 Benenne mithilfe von Karte 1 die fischreichen Gewässer des Nordatlantiks (1-8).

2 Begründe, warum Islands Lebensgrundlage das Meer ist.

5 ***Lachsfarm bei Tromsø***

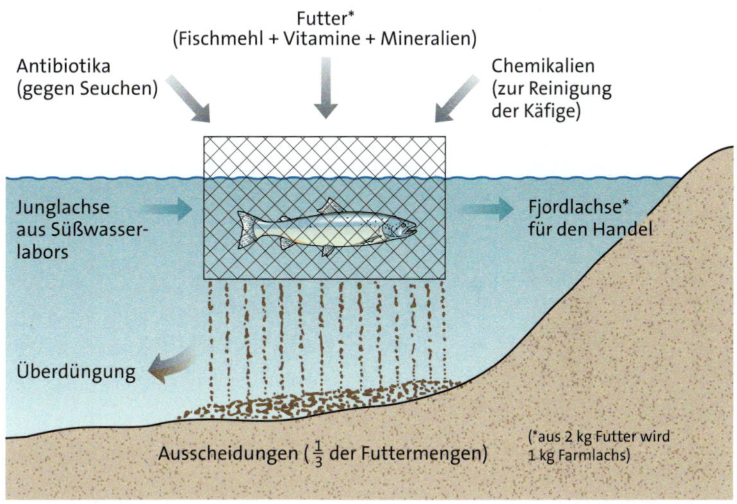

6 ***Fishfarming***

3 Beschreibe mithilfe von Zeichnung 3 die Arbeitsvorgänge auf einem Fabrikschiff.

4 Das Fishfarming führt auch zu Problemen. Erkläre dies anhand Zeichnung 6.

5 Informiere dich über 2 Fischarten aus dem Europäischen Nordmeer, indem du auch ein Biologiebuch oder andere Quellen verwendest. Halte deine Informationen bezüglich Aussehen, Nahrung, Vorkommen, Bestandsgrößen, Bedrohung usw. jeweils in einem Steckbrief fest.

6 ***Farmlachserzeugung in Norwegen 1975 bis 2000 in Tonnen***

1975	*1000*
1980	*4200*
1985	*30000*
1990	*150000*
1995	*290000*
2000	*330000*
2003	*342000*

1 ***Bayerisch-böhmisches Grenzgebiet*** *(Ausschnitt)*

Im alltäglichen Leben, nicht nur in der Schule, müssen wir Informationen aus Texten entnehmen. Doch Texte, zum Beispiel Presseberichte auszuwerten erfordert eine Vielzahl von Fertigkeiten: lesen, unterstreichen, Begriffe nachschlagen und klären, Ergebnisse darstellen und bewerten.

Presseberichte auswerten

Die europäische Landwirtschaft gerät immer wieder in die Schlagzeilen der Presse. Häufig sind es Beschlüsse der Europäischen Union, die den Lesern vorgestellt werden, oder Berichte über die Besorgnis erregende Lage der Bauern. Manchmal lesen wir auch kritische Stimmen über Art und Weise der Produktion in den modernen Landwirtschaftsbetrieben.
Am Beispiel der Massentierhaltung in einer tschechischen Hühnerfarm lernst du, Wichtiges in Texten zu erkennen, Unbekanntes mit geeigneten Hilfsmitteln zu klären, Ergebnisse einprägsam darzustellen und die Aussagen kritisch zu beurteilen.

Einen Text auswerten

1. Schritt: Thema und Fragen zum Text erfassen

Lies den Text durch. Mache dir zunächst klar, welches Thema er behandelt. Überlege dir, welche wichtigen Fragen mithilfe des Textes beantwortet werden sollen.

2. Schritt: Unbekanntes klären

Kläre die dir unbekannten Begriffe. Nutze dabei Hilfsmittel wie Atlas, Fremdwörterbuch, Lexikon, Sachverzeichnis im Schulbuch oder das Internet.

3. Schritt: Lesen und Markieren

Lies den Text nochmals aufmerksam durch und untersuche ihn im Hinblick auf die Fragestellung. Markiere hierzu wichtige Begriffe und Aussagen. Besonders schwierige Texte musst du gegebenenfalls ein weiteres Mal durcharbeiten.

4. Schritt: Notizen erstellen

Notiere entsprechend der Fragestellung wichtige Begriffe und Aussagen. Finde die Zusammenhänge heraus, kläre die Beziehungen zwischen einzelnen Aussagen und stelle Ursachen sowie Folgen fest.

5. Schritt: Ergebnis darstellen

Ordne deine Notizen und stelle sie übersichtlich in Form einer Tabelle, einer Mindmap oder eines Wirkungsschemas dar. Verwende dabei auch Symbole wie Pfeile oder einfache Zeichen.

6. Schritt: Text bewerten

Versuche herauszufinden, welches Ziel der Text verfolgt. Ist der Text sachlich und will nur informieren? Oder versucht er, den Leser von der Meinung einer bestimmten Gruppe zu überzeugen? Bestimme die Standpunkte, wenn im Text mehrere Ansichten aufeinandertreffen.

2 **Einsatz der Bayerischen Staatsregierung für tragbare Lösungen bei geplanten tschechischen Hühnerfarmen**

... Die Bayerische Staatsregierung hat sich in zahlreichen Briefen und Gesprächen bei der tschechischen Regierung gegen die geplante Anlage von Hühnerfarmen im Grenzgebiet zu Bayern ausgesprochen und auf Änderungen der ursprünglichen Planungen hingewirkt. Angesichts der EU-weit geforderten Abkehr von der Massentierhaltung seien solche Landwirtschaftsprojekte mit dem Tierschutz und einer artgerechten Nutztierhaltung nicht mehr vertretbar.

Einige wesentliche Erfolge sind, dass zunächst nur eine Halle für die Aufzucht von 200 000 Junghühnern am Standort Všeruby errichtet wird anstatt der geplanten Hallen für 600 000 Hühner. Zudem hat die tschechische Seite zugestimmt, dass seit März dieses Jahres Luftuntersuchungen des Bayerischen Landesamtes für Umweltschutz auf tschechischer und bayerischer Seite stattfinden, um Ammoniakkonzentrationen und Stickstoffverbindungen feststellen zu können. Diese Messergebnisse werden zur Beurteilung herangezogen, ob überhaupt noch ein weiterer Ausbau der Hühneraufzuchtstation in Frage kommt. Die bayerisch-tschechischen Luftuntersuchungen am Standort in Všeruby haben im übrigen bisher keine Beeinträchtigungen ergeben. Ein weiteres wichtiges Ergebnis war, dass nicht zwei, sondern nur eine Hühnerfarm zur Eierproduktion und zwar in Velký Malahov, 30 km von der bayerischen Grenze entfernt, errichtet wird. Für eine zweite geplante Anlage in Srby wurde die Baugenehmigung vom Landratsamt Domažlice wieder aufgehoben. Weiterhin wurde erreicht, dass die Käfiggröße für die Hühner in Velký Malahov von Anfang an auf die ab 2003 für Neuanlagen in der EU geforderte Fläche von 750 cm² erhöht wird.

Planungen	Einwände	Lösungsansätze
mehrere Hallen für die Aufzucht von 600 000 Hühnern in Tschechien	– Beeinträchtigung der Luftqualität, z. B. durch erhöhte Ammoniakkonzentrationen	– nur eine Halle am Standort Všeruby für die Aufzucht von 200 000 Junghühnern – bisher keine Beeinträchtigung der Luftqualität am Standort Všeruby (Ergebnis der durchgeführten Luftuntersuchungen)
Hühnerfarmen an zwei Standorten (Velký Malahov und Srby)	– keine artgerechte Nutztierhaltung – nicht mit dem Tierschutz vertretbar – zu geringe Käfiggröße	– nur eine Hühnerfarm zur Eierproduktion in Velký Malahov – keine Baugenehmigung für die Hühnerfarm in Srby – Erhöhung der Käfiggröße auf die geforderte Fläche von 750 cm²

3 ***Darstellung des Textinhalts als Tabelle***

1 *Sammle Texte zum Thema „Landwirtschaft in Europa" in Zeitungen, Magazinen oder im Internet. Wähle einen Text, der dir besonders interessant erscheint und werte ihn nach den angegeben Schritten aus.*

2 *Stelle die Informationen in der Tabelle 3 auf eine andere Weise dar, zum Beispiel in Form einer Mindmap.*

Begriffe

*Die **Bayerische Staatsregierung** ist die oberste Behörde des Staates Bayern. Sie besteht aus dem Ministerpräsidenten, Staatsministern und Staatssekretären.*

Das Bayerische Landesamt für Umweltschutz (LfU) *überwacht den Zustand der Umwelt in Bayern, damit Umweltschäden vermieden werden können.*

***Ammoniak**, eine wichtige Stickstoffverbindung, ist ein farbloses Gas, riecht stechend und reizt die Augen.*

*Das **Landratsamt** ist die oberste Behörde eines Landkreises (Sitz des Landrats).*

*In der **„Europäischen Union" (EU)** haben sich europäische Staaten zusammengeschlossen, um wirtschaftlich und politisch zusammenzuarbeiten.*

*Die Karte der europäischen Landwirtschaft spiegelt auf den ersten Blick ihre Vielfalt wieder.
Bei näherer Betrachtung können jedoch einzelne Hauptanbauregionen mit einer dominierenden Nutzung unterschieden werden. Diese stehen im engen Zusammenhang mit der Bodenbeschaffenheit und dem Klima.
Allerdings spielen zunehmend auch unternehmerische Entscheidungen im europäischen Konkurrenzkampf, technische Neuerungen und Züchtungserfolge eine bedeutende Rolle.*

① ***Landwirtschaft in Europa***

Landwirtschaft

Obwohl die nördliche **Anbaugrenze** des Weizens etwa am Polarkreis liegt, spielt die ackerbauliche Nutzung gegenüber der Forstwirtschaft in Nordeuropa eine untergeordnete Rolle. Da Weizen hohe Ansprüche an den Boden und das Klima stellt, wird er bevorzugt in Gunstregionen wie im Pariser Becken angebaut.
Nach Süden hin nimmt der Anbau von Mais zu, einer Wärme liebenden Pflanze. Der großflächige Anbau von Getreide und Mais schließt meist den Anbau von Futterpflanzen und die Viehhaltung ein. Da die Kartoffel kühle und feuchte Witterung erträgt, ist sie zum Grundnahrungsmittel im mittleren und nördlichen Europa geworden. Neben ihr wird auch Roggen und Gerste angebaut.
Den landwirtschaftlichen Anbau am Mittelmeer kennzeichnet der vielfältige Anbau Wärme liebender Nutzpflanzen, vor allem Obst und Gemüse. Viele Nutzpflanzen wie z.B. Zitrusfrüchte oder Gemüse müssen bewässert werden.

1 *Betrachte die Karte 1 genau und finde eine aussagekräftigeren Kartentitel.*

2 *Nenne die Staaten mit großen Weizenanbaugebieten.*

3 *a) Welche Anbauprodukte werden als Sonderkulturen bezeichnet?*

b) Wähle zwei Sonderkulturen aus und nenne mithilfe des Atlas die jeweiligen Anbauländer und Anbaugebiete.

4 *Nenne die Länder mit Olivenanbau.*

5 *Beschreibe und begründe den Verlauf der vier in der Karte 1 eingezeichneten Anbaugrenzen.*

6 *a) Stelle Zusammenhänge, die zwischen Viehhaltung und Ackernutzung bestehen, heraus.*

b) Wieso spricht man bei Tierhaltung auch von Veredelungswirtschaft?

7 *Vergleiche die Gebiete mit vorwiegender Grünlandnutzung auf Karte 1 mit diesen Gebieten auf einer physischen Europakarte im Atlas. Welche Übereinstimmungen kannst du feststellen?*

8 *Arbeite mit Tabelle 2:*

a) Stelle wesentliche Unterschiede zwischen den Staaten in einem Bericht heraus.

b) Vergleiche mithilfe des Surftipps weitere Staaten.

Surftipp

www.ima-agrar.de

www.europa.eu.int/comm/agriculture/agrista/2003/table_en/index.htm

3 ***Mais***

4 ***Weizen***

5 ***Zitrone***

2 **Landwirtschaftliche Strukturdaten ausgewählter Staaten Europas 2003**

Wert / Land	Bulgarien	Polen	Ungarn	Deutschland	Frankreich	EU 15
Anteil am BIP (%)	14,0	4,0	4,3	1,0	3,0	2,1
Erwerbstätige (%)	26,7	19,2	6,1	2,7	4,0	4,5
Prozent am Gesamtexport	10,5	8,0	8,0	4,0	11,9	6,2
Nahrungsmittelausgaben in % des Haushaltseinkommens	45,0	31,0	25,0	12,0	17,0	17,0
Landwirtschaftliche Nutzfläche in % der Gesamtfläche	55,9	59,0	66,5	48,5	51,0	43,0

1 „4-Gänge-Menü" eines Restautants:
Gemüsesuppe „Minestrone", Geräucherter Lachs mit Baguette und Kräuterbutter, Lammkoteletts mit grünen Bohnen und Naturreis, flambierter Fruchtsalat. Welche europäischen Landwirte und Fischer könnten an diesem Menü mitgewirkt haben?

2 Anbauformen zuordnen
a) Welche Anbauformen sind auf den Fotos 2 und 3 erkennbar?
b) Beschreibe die Unterschiede.

3 „Vom Acker bis auf den Tisch":
a) Nenne Betriebe und Produktionsbereiche, die an der Produktionskette 1 beteiligt sind.
b) Gestalte eine Produktionskette für einen Gemüsebauern aus Spanien.
c) Fertige eine Produktionskette für das Nahrungsmittel Fisch „Vom Meer bis auf den Tisch" an.

4 Richtig oder falsch?
Verbessere die falschen Aussagen:
a) Mais ist eine Getreideart.
b) Weizen ist eine Sonderkultur.
c) Gülle ist das Gleiche wie Mist.
d) Getreideanbau erfordert pro Hektar weniger Arbeit als Weinanbau.
e) Viele Meere sind heute überfischt.

2

3

5 Außenseiter gesucht:
a) Lavendel – Petersilie – Rosmarin – Thymian – Basilikum;
b) Zitronenbaum – Olivenbaum – Feigenbaum – Orangenbaum;
c) Gänse – Hühner – Enten – Tauben;
d) Karpfen – Rotbarsch – Schellfisch – Lodde – Seelachs;
e) Pizza – Porridge – Paella – Pasta;
f) Weizen – Gerste – Erbsen – Roggen.

Wichtige Begriffe
Anbaugrenze
Artgerechte Tierhaltung
Bewässerungsfeldbau
Dauerkultur
Export
Fischfang
Fischfarm
Fishfarming
Furchenbewässerung
Gewächshauskultur
Gülle
Huerta
Kulturpflanze
Massentierhaltung
Mastbetrieb
Spezialisierung
Trockenfeldbau
Tropfbewässerung
Überfischung

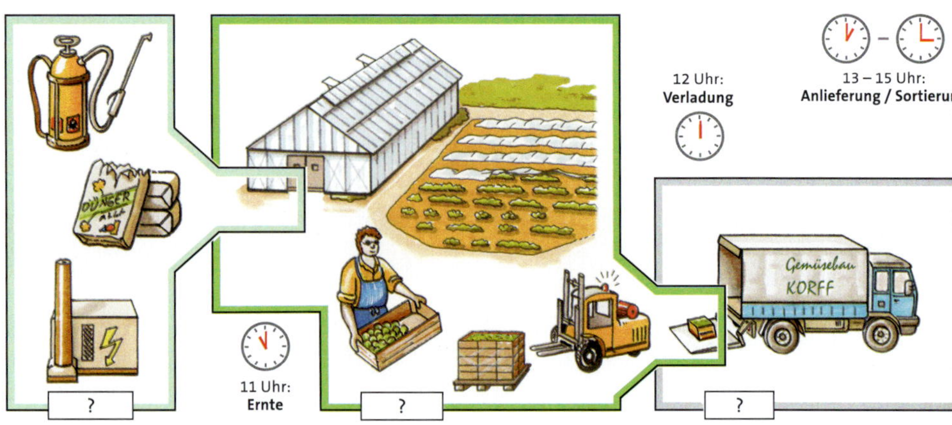

1

6 Bilderrätsel

a) Löse die Bilderrätsel.

b) Erkläre Begriff b.

7 Hightechlandwirtschaft

Schreibe die Sätze ab und ergänze sie:

a) Mangelnde Niederschläge ersetzen die Landwirte durch ...

b) Fehlende Wärme ersetzen sie durch ... und ...

c) Mangelnde Bodenfruchtbarkeit ersetzen sie durch ...

d) Im Gewächshaus wird der Boden teilweise ersetzt durch ...

8 Früchte und Nutztiere raten

a) Ich wachse am liebsten mit viel Auslauf und all meinen Geschwistern im Freien auf. Vor Füchsen und Adlern fürchte ich mich sehr.

b) Ich stamme aus China, wo ich noch heute das Hauptnahrungsmittel bin. Auch im Süden Europas kann ich nur wachsen, wenn ich bewässert werde.

c) Ich bin anspruchslos, aber frostempfindlich. Zur Reife benötigen meine Früchte einen trockenen, heißen Sommer. Damit ich nicht vertrockne, habe ich lange Wurzeln und kleine, ledrige Blätter.

d) Den größten Teil meines Lebens verbringe ich im Meer. Nur um zu laichen, verlasse ich das Meer und „wandere" weit flussaufwärts bis zu der Stelle im Fluss, wo auch ich Jahre vorher geschlüpft und aufgewachsen bin.

9 Landwirtschaftsexperte gesucht

a) Kann man unseren Ackerbau auch als Regenfeldbau bezeichnen? Begründe.

b) „Wolle ist besser als Scholle", erkläre diese Aussage eines niederländischen Landwirtes.

10 Zum Knobeln

Die Füße habe ich immer im Wasser und den Kopf meist in der Sonne. Wer bin ich?

Teste dich selbst

mit den Aufgaben 3a, 4c, 7c, 9a

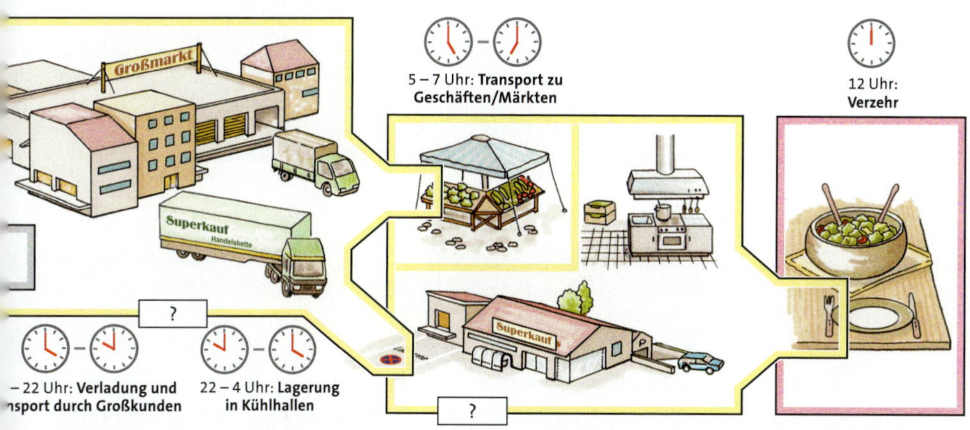

Training

Industrie in Europa

Die Industrie ist nach wie vor ein wichtiger Wirtschaftsbereich in Europa.
Doch in welchen Industriezweigen arbeiten die Europäer? Was hat sich in diesem Wirtschaftsbereich in den letzten Jahren verändert? Welche Unterschiede lassen sich in diesem Wirtschaftsbereich innerhalb Europas feststellen?

6

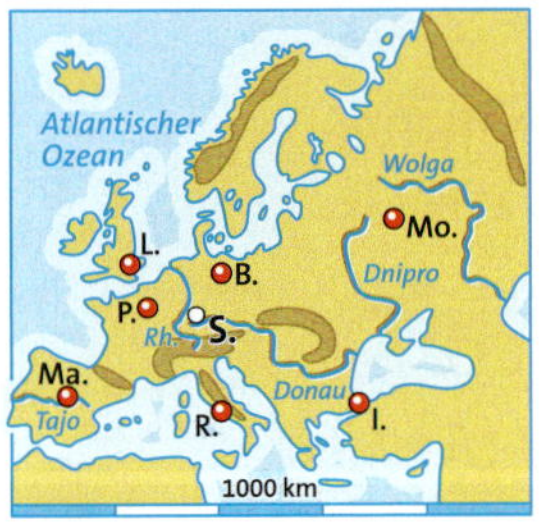

1

Pioniere des Automobilbaus

2 ***Gottlieb Daimler***
17. 3. 1834 Schorndorf
bis 6. 3. 1900 Bad Cannstatt

3 ***Carl Friedrich Benz***
25. 11. 1844 Karlsruhe
bis 4. 4. 1929 Ladenburg

αυτός (autos) = griechisch selbst
mobilis =lateinisch beweglich

Autos aus Stuttgart

Das erste Auto der Welt stammt aus Baden-Württemberg! Im Herbst des Jahres 1885 gelingt Gottlieb Daimler in Bad Cannstatt, das erste Motorrad der Welt zu bauen. Fast zeitgleich baut Karl Benz in Mannheim einen Motorwagen mit drei Rädern – das erste „Automobil" der Welt. 1886 konstruiert Daimler einen vierrädrigen Wagen, eine Kutsche mit Motor. So war das Auto doppelt erfunden! Dies wird zunächst als Benzinkutsche bezeichnet und belächelt. Doch schon 1895 fährt der erste Omnibus und ein Jahr später der erste Lastwagen. Damit bricht das Automobilzeitalter an und ein ganz neuer **Industriezweig** entsteht.

Die Produktion läuft an

Die ersten Autos fertigen Daimler und Benz in ihren Fabriken in Cannstatt und Mannheim. 1903 beginnt Daimler die Produktion des Mercedes im Werk Untertürkheim. 1926 gründen die beiden Firmen die Daimler-Benz-AG. Immer mehr Firmen in der Umgebung Stuttgarts stellen Fahrzeugteile für Daimler-Benz her und immer mehr Menschen finden im Automobilbau sowie in den vielfältigen Zulieferbetrieben Arbeit.

Ein globales Unternehmen

Am 17. November 1998 schließen sich Daimler-Benz und das amerikanische Unternehmen Chrysler zu dem neuen DaimlerChrysler-Konzern zusammen. Der zweitgrößte Automobilhersteller der Welt produziert heute in 34 Staaten und beschäftigt insgesamt 365 000 Arbeitsnehmer.

4 ***Der erste Motorwagen von Benz 1885***

5 ***Karosseriebau mit Robotern***

Zu Besuch in Sindelfingen

In Sindelfingen ist heute das größte von elf deutschen DaimlerChrysler-Werken. Hier arbeiten die Facharbeiter in einem Team, in dem sich jeder für alle Arbeitsabläufe verantwortlich fühlt. Die Arbeit z. B. in der Endmontage wird wochenweise, manchmal auch tageweise in der Gruppe aufgeteilt. Verbesserungsmöglichkeiten in den Arbeitsabläufen werden auch in der Gruppe vereinbart.
Die meisten Bauteile für ein Auto werden nicht im Werk hergestellt. Eine große Zahl an **Zulieferbetrieben** fertigt Teile an und liefert sie just in time, dass heißt genau zum richtigen Zeitpunkt. So spart man die teure Lagerhaltung.
Jochen und Katrin haben eine Firmenbesichtigung des DaimlerChrysler-Werkes in Sindelfingen gewonnen. Während der Rundfahrt durch das riesige Firmengelände machen sie sich Notizen.

6 **Notizen zum Betriebsbesuch**

Untertürkheim und Sindelfingen: 58 000 Beschäftigte – zwei Schichten – Hunderte von Pkw – Lieferung jeden Tag – genau festgelegte Zeiten – wichtige Teile für die Montage – Vorteil kein Lager – Scheinwerfer von Bosch (Stuttgart) – Sitze von Recaro (Sindelfingen) – Achsen, Motor, Getriebe (Untertürkheim) – auch viele andere Firmen (z.B. aus Köln, Hamburg und im Ausland) – liefern alle jeden Tag – große Hallen – Roboter: lackieren, schweißen, transportieren – Fließband: Teile werden immer von den gleichen Arbeitern zusammengebaut – am Anfang: Auto noch nicht erkennbar – Höhepunkt: der Einbau des Motors in die Karosserie – immer wichtiger: Team-Arbeit – jedes Auto hat einen Code: Kundenwünsche – Auto nach 2,5 Stunden fertig – Endkontrolle – Auslieferung

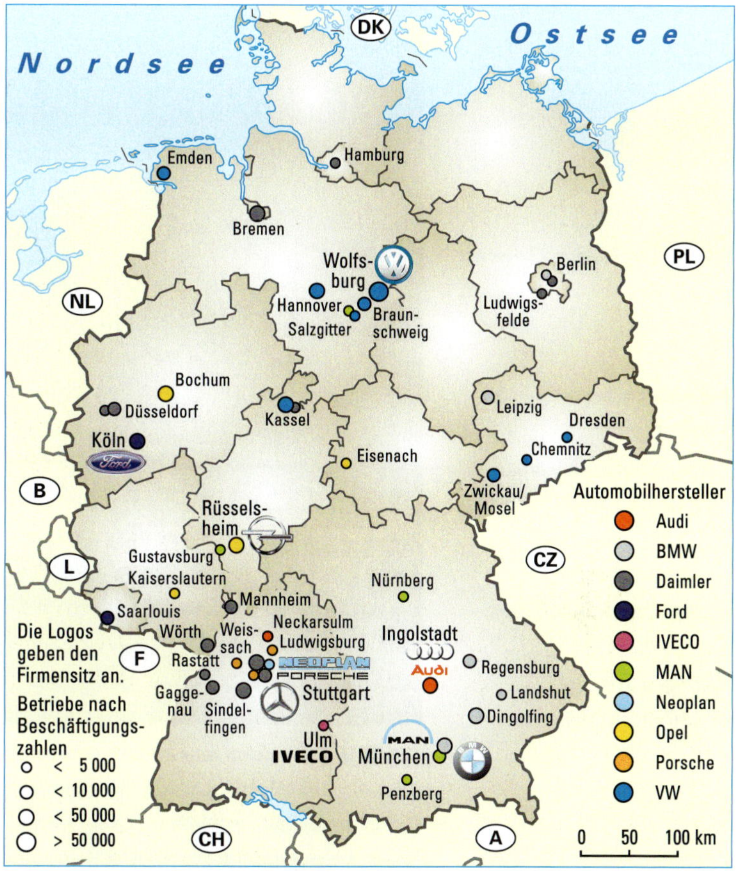

8 ***Produktionsstätten des Automobilbaus***

7 **Beschäftigte DaimlerChrysler (in D) 2003**

Pkw-Karrosserie- und Montagewerke	
Sindelfingen	ca. 41 000
Bremen	15 500
Rastatt	4 700
Pkw-Teileproduktion	
Untertürkheim (Motoren, Achsen, Getriebe)	20 893
Berlin (Motorteile)	3 000
Hamburg (Fahrgestellteile)	2 630
Nutzfahrzeugbau	
Mannheim (Omnibusse, Dieselmotoren)	8 807
Gaggenau (Unimog, Getriebe)	4 564
Rastatt (Unimog, Getriebe)	1 576
Düsseldorf (Transporter)	5 200
Kassel (Achsen)	3 007
Ludwigsfelde (Transporter)	1 500
Ulm/Neu-Ulm (Omnibusse)	4 003

Ein wichtiger Industriezweig

Der **Automobilbau** in Baden-Württemberg konnte in den letzten Jahren seine Beschäftigtenzahlen halten. Jeder fünfzehnte Arbeitnehmer findet dort Arbeit. Indirekt sind es weit mehr, denn auch in den Kunststoff- und Gummifabriken, in der Chemischen Industrie und anderen **Industriezweigen** werden Teile für den Automobilbau gefertigt.

→ *Industriezweig, Seite 219*

→ *Chemische Industrie, Seite 102*

1 *Jochen und Katrin schreiben einen Bericht für die Schülerzeitung. Hilf ihnen!*
2 *Karte 8: Welche der DaimlerChrysler-Werke stehen in Baden-Württemberg?*
3 *Wo sind die übrigen angesiedelt?*
4 *Suche weitere Standorte der Automobilindustrie in Baden-Württemberg.*

Surftipp

www.klett-verlag.de/geographie/terra-extra (Daimler-Chrysler in Europa und der Welt sowie Industriegebiete in Baden-Württemberg)

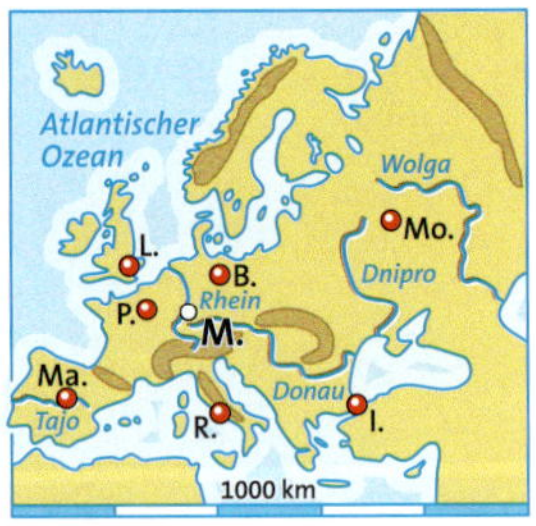

1

Die BASF Ludwigshafen in Zahlen (1999)

Werksgelände 5 km lang; Fläche 7,11 km² = 923 Fußballfelder, 2 039 Gebäude; 115 km Straßen; 211 km Eisenbahngleise; über 2 000 km Rohrleitungen über der Erde; 45 000 Beschäftigte

Surftipp

www.klett-verlag.de/geographie/terra-extra (BASF in Europa und der Welt)

2 ***Das BASF-Gelände im Jahr 2000:*** *1 Landeshafen Nord, 2 Klärwerk und Klärschlammverbrennung, 3 Erweiterungsfläche, 4 Kunststofflaboratorium, 5 Biotechnologie, 6 Verwaltung, 7 Güterbahnhof, 8 Lagerhallen, 9 Styropor-Fabrik, 10 Kunststoffproduktion, 11 Schwefelsäurefabrik, 12 Sodafabrik, 13 Anilinfabrik, 14 Stromhafen, a Rhein, b Neckar, A Ludwigshafen, B Mannheim*

In Europas größtem Chemiewerk

Gründung der BASF in Ludwigshafen

Die Geschichte der Badischen Anilin- und Sodafabrik in Ludwigshafen beginnt im Jahr 1865. Friedrich Engelhorn, ein Mannheimer Unternehmer, wollte seine dortige Fabrik erweitern. Doch die Stadt stellte ihm keine weiteren Flächen zur Verfügung. Auf der gegenüberliegenden Rheinseite war durch die Flussbegradigung neues Baugelände entstanden. Dort, auf der Pfälzer Rheinseite, ließ er seine Fabrik bauen. Das große Gelände, viele Arbeitskräfte aus der Umgebung und der Rhein als Transportweg und Wasserlieferant zur Produktion sprachen für diesen Standort.

Ein Besuch bei der BASF

An einigen Samstagen öffnet das Werk seine Tore für Besucher. Bei einer Rundfahrt sieht man nicht sehr viel von der Produktion, weil diese in geschlossenen Behältern abläuft. Wieder sind Jochen und Katrin mit ihrem Notizblock dabei.

Wenige Rohstoffe, viele Endprodukte

Am Ende des Besuchs ist den beiden klar: Die Produktion in einem Chemiewerk unterscheidet sich grundsätzlich von der in der Automobilindustrie. Dort entsteht aus vielen Einzelteilen am Ende ein fertiges Auto. Bei der BASF sind relativ wenige Rohstoffe der Ausgangspunkt für über 8 000 Verkaufsprodukte.

3 Notizen zum Betriebsbesuch

Lage am Rhein: entscheidende Rolle;

Versorgung mit Rohstoffen:

- per Schiff 45 von 100 Tonnen; Schiff wichtigste Transportmittel:
- drei Häfen:
  Stromhafen: größter Güterverkehr
  Landeshafen Nord: Umschlag von brennbaren Flüssigkeiten und Gasen
  Ölhafen: Umschlag von Rohstoffen;
- per Straße: 1500 LKW täglich meistens über Tor 15 im Norden des Geländes; Entlastung der Stadt vom Schwerlastverkehr:
- 211 km Werkseisenbahn; – 20 von 100 Tonnen in 3100 eigenen Kesselwagen,
- Ziel: so viel wie möglich auf dem Schienenweg transportieren.
- Erdgas: große Mengen – eigene Pipeline;
- Wasserversorgung: durch den Fluss;
- im letzten Jahrhundert Einleitung von Abwässern direkt in den Rhein.
- Chemie und Umwelt – eigenes hochmodernes Klärwerk und Filteranlagen.

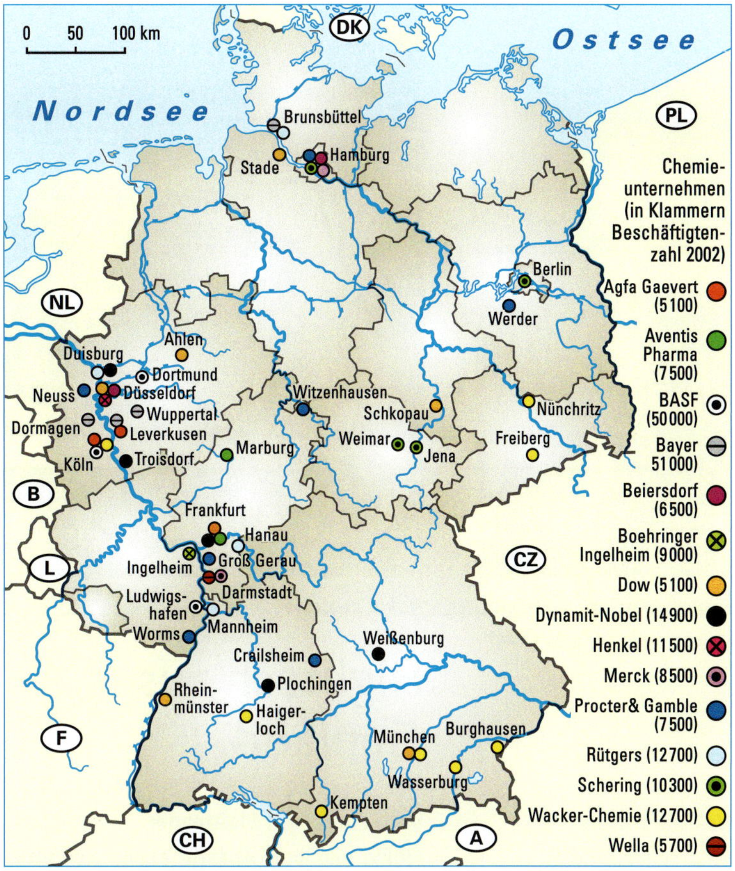

5 Standorte der Chemieindustrie

Bis zum Beginn des 20. Jahrhunderts waren Anilin und Soda die wichtigsten Produkte des Unternehmens. Heute werden vor allem Farbstoffe, z. B. Indigo für Jeans, Kunstdünger, Kunststoffe und Waschmittel hergestellt.

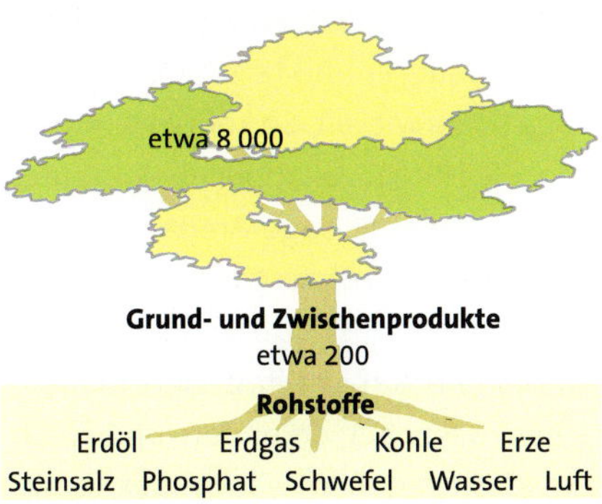

4 „Chemistree“

1 Beschreibe mithilfe von Luftbild 2 den Standort des Chemiewerkes BASF.

2 Auf dem Notizzettel von Jochen und Katrin werden einige BASF-Betriebsbereiche genannt. Ordne diese den entsprechenden Ziffern im Luftbild zu.

3 a) Erläutere den „Chemistree“ 4 und nenne Verkaufsprodukte.

4 b) Stelle Unterschiede zwischen Chemischer und Autoindustrie bezüglich der Rohstoffe und Zwischenprodukte sowie den Endprodukten heraus.

5 An welchem Standort liegen die meisten Chemiebetriebe in Karte 5? Begründe.

6 Untersucht mittels Atlas und Internet (www.klett-verlag.de/geographie/terra-extra) wie das Erdöl zur BASF gelangt.

6 Beschäftigte der BASF 1865–2002

1865	*30*
1895	*4 450*
1932	*11 500*
1970	*47 000*
1990	*57 900*
1995	*44 600*
2002	*45 000*
zum Vergleich	
Europa (insg.)	*62 000*
Nordamerika	*13 000*
Südamerika	*5 000*
Asien	*8 900*

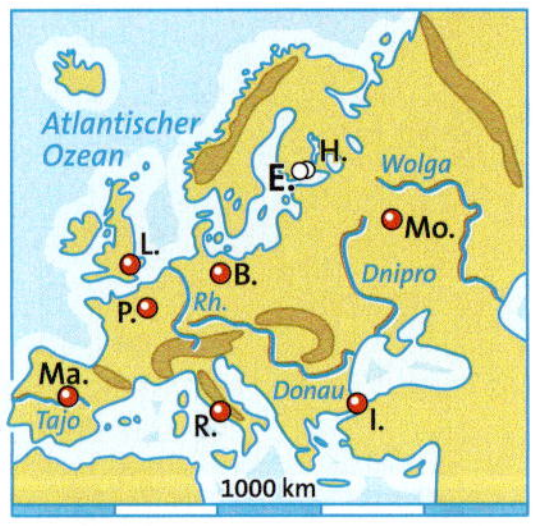

1

2 ***Fredrik Idestam, Ingenieur, Gründer von Nokia (1865),***

4 ***Nokia Zentrale***

3 ***Nokia in Zahlen***

Mitarbeiter: 50 000
30% der Welthandyproduktion
Produktionsstandorte (2002):
USA, Mexiko, Brasilien, GB, Deutschland, Finnland, Ungarn, Südkorea, China
Standorte in Deutschland:
Bad Homburg, Bochum, Düsseldorf, Ulm
Nokia als Netzbetreiber:
Finnland, China
Firmenstandorte in 50 Ländern weltweit

Hightech aus Finnland

Vom Papier zur Elektronik

Nokia war von Anfang an im Kommunikationsgeschäft tätig. Nach der Gründung 1865 stellte die Nokia-Company zunächst Papier her, das erste Kommunikationsmittel überhaupt. Papier und Holz waren bis vor wenigen Jahren die wichtigsten Exportgüter Finnlands. Heute sind das die Handys der Nokia-Corporation.

1967 entstand dieses Unternehmen aus dem Zusammenschluss der Nokia-Company, einer Papierfabrik mit den Finnish Rubberworks und den Finnish Cable Works, die Kabel für die Telegrafenindustrie herstellten. So konnte die Nokia-Corporation das **Know-how**, das die einzelnen Firmen durch ihre Spezialisierung erworben hatten, für den Einstieg in die moderne **Telekommunikationsindustrie** nutzen.

In den 80er Jahren produzierte Nokia Computer, Monitore und Fernseher. Nachdem 1981 in Skandinavien wegen der dünnen Besiedlung das erste Mobilfunknetz der Welt aufgebaut wurde, stellte Nokia die Autotelefone für dieses Netz her. Die Mobiltelefone waren damals so groß und schwer, dass zum Tragen kleine Koffer notwendig waren.

1987 brachte Nokia dann endlich das erste Handy auf den Markt. 1993 schickte der finnische Student Riku Pikhonen die erste SMS der Welt. Heute ist die Nokia-Corporation der weltweit größte Hersteller von Handys.

Die Ingenieure von Nokia haben aber längst neue Produkte und Dienstleistungen entwickelt. So können zum Beispiel die Nutzer von mobilen Computerspielen in der N-Gage-Arena Tipps und Erfahrungen austauschen. Für die Zukunft denkt Nokia über „intelligente" Häuser und Büros nach, die ihre menschlichen Besucher erkennen und ihnen auf Wunsch geben, was immer sie sich wünschen.

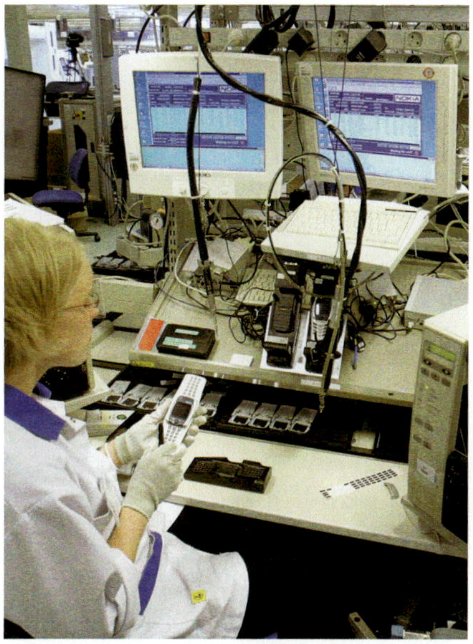

5 ***Handyendprüfung bei Nokia***

6 ***Technologiepark Otaniemi in Espoo***

Hart und weich - die Standortfaktoren
In Hightech-Firmen wie Nokia findet sich in besonderem Maße Erfindungsreichtum und die Bereitschaft neue und oft auch ungewöhnliche Ideen auszuprobieren. Dafür brauchen die Unternehmen jedoch gut ausgebildete Fachkräfte. Deshalb suchen diese Firmen ihren Standort meist in der Nähe von Universitäten und Forschungsinstituten. Die Firmen müssen immer auf dem neuesten Kenntnisstand der Forschung sein, damit sie international konkurrenzfähig bleiben. Der finnische Staat und einzelne Städte wie Espoo unterstützen die Ansiedlung von High-Tech-Firmen, indem sie **Technologieparks** einrichten. Dort sind die Mieten für gut ausgestattete Geschäftsräume niedrig, die Unterstützung für die Forschung aber hoch. So können junge Erfinder leichter erfolgreiche Firmen gründen und Informationen schnell untereinander austauschen.
Allerdings stellen die Unternehmer und gut bezahlten Fachkräfte hohe Ansprüche an ihr Lebensumfeld. Sie wollen vielfältige Freizeitmöglichkeiten, abwechslungsreiche Landschaften und viele kulturelle Angebote. Natürlich muss auch eine gute Infrastruktur für junge Familien vorhanden sein. Diese weichen **Standortfaktoren** kann man nicht genau in Euro und Cent ausdrücken, wie zum Beispiel die Miete, aber sie geben oft den Ausschlag für die Standortwahl.

1 *Stelle die Entwicklung von Nokia in einer Tabelle dar.*
2 *Welche Vorteile bringt ein Zusammenschluss von Firmen?*
3 *Schreibe harte und weiche Standortfaktoren in eine Tabelle und ergänze sie mit eigenen Beispielen.*
4 *Die Firma Nokia bestreitet alleine etwa ein Drittel aller finnischen Exporte. Erläutere mögliche Probleme, die sich daraus ergeben können.*

***Hightech-Firmen** stellen die modernsten technologischen Produkte her, etwa elektronische, optische und feinmechanische Geräte, Anlagen zur Datenverarbeitung und Spitzenprodukte der Medizintechnik sowie der Luft- und Raumfahrt.*

IKEA in Zahlen

Umsatz: 9,5 Mrd. Euro

Mitarbeiter:

Einzelhandel 43 300

Einkauf 6 200

Produktionsgruppe 8 500

weltweite Kundenzahl:

230 000 000 pro Jahr

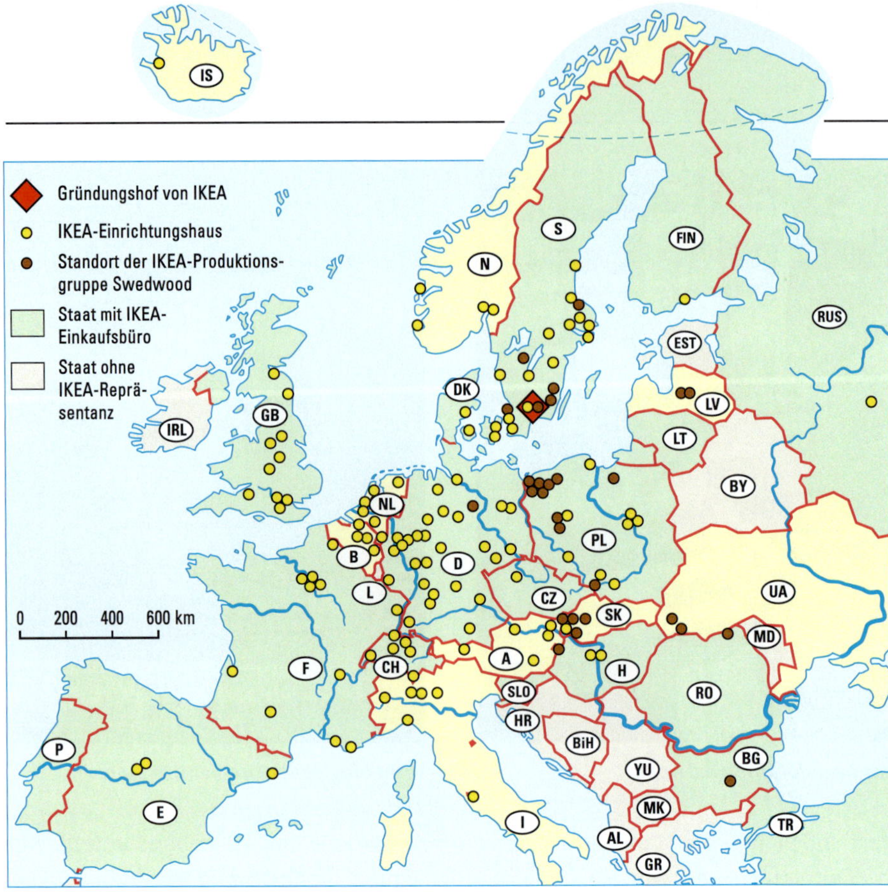

2 IKEA 2001: Standorte in Europa

IKEA – Standort Europa

1 Ingvar Kamprad
Gründer von IKEA

Infos zur Holzwirtschaft im Nadelwald und über den Produktionsverbund Varkaus unter www.klett-verlag.de/geographie/terra-extra.

Rohstoff: Ideen

Nach dem Ende des Zweiten Weltkriegs überlegte sich **I**ngvar **K**amprad vom Bauernhof **E**ltaryd in **A**gunnaryd in Südschweden, wie er Möbel zu einem günstigen Preis für viele Menschen anbieten könnte. Er ließ die zerlegten Möbel in flache Pakete verpacken und verschickte sie an die Kunden zum Selbstaufbau. 1958 eröffnete er dann sein erstes Einrichtungshaus mit Selbstbedienung. Für den Heimtransport bot er den Kunden Dachgepäckträger zum Selbstkostenpreis, das heißt ohne Gewinn für IKEA an.

Weltweiter Erfolg

Mit diesen Ideen war Ingvar Kamprad so erfolgreich, dass die Firma IKEA heute 157 Einrichtungshäuser in 29 Ländern betreibt. Seit 1998 gibt es sogar in China und seit 2 000 in Russland die „typisch schwedischen" Möbel.

1 *Bestimme je zwei Staaten, in denen es viele Einrichtungshäuser oder viele Produktionsstätten von IKEA gibt. Begründe die unterschiedliche Verteilung.*

2 *Stelle in der Tabelle 3 den Produktionsprozess des Sessels 4 dar.*

3 IKEA-Sessel: Von der Produktion bis zur Vermarktung

	Produktionsentwicklung	Ablaufplanung	Serienfertigung	Vermarktung
Ort Arbeitsschritt				

Auftrag: Faulenzer-Sessel

Björn Evedal, Designer, Älmhult
Der Sessel darf nur 98 Euro kosten, gleichzeitig soll er unverwechselbar aussehen, viele Jahre halten, leicht zu montieren sein und in ein möglichst kleines Paket passen: eine verdammt schwierige Aufgabe!

Aleks Groszdanski, Fabrikant, Lodz, Polen
Wir sind froh, dass wir den IKEA-Auftrag zur Herstellung des Polsters bekommen haben. Das liegt wahrscheinlich daran, dass unsere Näherinnen nicht so viel verdienen wie die in Westeuropa und weil wir schon verschiedene Aufträge für IKEA gut ausgeführt haben.

Tom Seeger, Leipzig
In unserem Zentrallager werden die verpackten Sessel angeliefert und an die Einrichtungshäuser weitergeleitet. Sobald bei uns nur noch kleine Stückzahlen vorhanden sind, ordere ich beim Hersteller nach.

Heike Carlsson, Marketing, Älmhult
Wie wär's mit „Väner" als Namen für den Sessel? Jedes Produkt bekommt einen schwedisch klingenden Namen. Wir entscheiden hier, wie der Sessel in den Katalogen für die verschiedenen Länder präsentiert wird.
Auch die Werbung für Zeitschriften und Fernsehen wird bei uns entworfen. Wir sind hier eine richtige „Denkfabrik".

Christiane Paltos, IKEA-Angestellte, Sindelfingen
Eine Idee von mir für eine Präsentation ist immer willkommen, denn ich weiß, worauf die Kunden anspringen. Dass wir gerne mitdenken, liegt an unserem guten Betriebsklima. So sind zum Beispiel alle untereinander „per du", auch mit den Chefs.

Heinrich Klopfer, Einkäufer, Berlin
Aufgrund unserer weltweiten Verbindungen haben wir in China eine preiswerte Weberei gefunden, bei der wir den Bezugsstoff einkaufen. Zusammen mit dem Polsterhersteller wurde der Produktionsablauf so organisiert, dass wir den Sessel zu dem von uns gewünschten Preis anbieten können. Während der Produktion führe ich Qualitätskontrollen durch.

Lech Zobel, Torun, Polen
Vor zehn Jahren hat uns der schwedische Konzern aufgekauft. Seitdem stellen wir Holzteile für IKEA-Möbel her. Ich habe den Produktionsablauf für das Gestell des Sessels organisiert.

Aus Zahlen Diagramme zeichnen

Listen und Tabellen mit Zahlen enthalten sehr viele Informationen, sind aber nicht schnell zu erfassen. Anschaulichen werden die Zahlen, wenn Sie als Diagramme dargestellt werden. Wie du Diagramme erstellst und welche Diagrammart für die Darstellung von Zahlen die geeignete ist, lernst du hier.

Das Kurvendiagramm

Mit Kurvendiagrammen lassen sich zeitliche Entwicklungen darstellen. Je steiler die Kurve ansteigt oder fällt, desto schneller ist der Anstieg oder der Rückgang. Die Tabelle 1 lässt sich gut in ein Kurvendiagramm umformen, da die Werte in gleichmäßigen Abständen vorliegen. Bei diesem Beispiel stehen auf der Grundlinie die Jahresangaben, stets im gleichen Abstand voneinander. Senkrecht dazu ist eine Skala für die Beschäftigten gezeichnet, unterteilt in Schritten von jeweils 3 Millionen Beschäftigten. Die Beschäftigtenzahlen für die einzelnen Industriezweige sind für jedes Jahr mit einem Punkt markiert und durch eine Kurve miteinander verbunden.

1 Entwicklung der Beschäftigten in Deutschland nach Wirtschaftsbereichen

Jahr	Verarbeitendes Gewerbe	Baugewerbe	Handel, Gastgewerbe und Verkehr	Unternehmensdienstleistungen	öffentl./private Dienstleistungen	Beschäftigte insgesamt
1996	8 212 000	3 126 000	9 326 000	4 566 000	10 499 000	37 270 000
1998	8 118 000	2 902 000	9 472 000	5 014 000	10 638 000	37 616 000
2000	8 098 000	2 761 000	9 851 000	5 713 000	10 935 000	38 752 000
2002	7 963 000	2 425 000	9 905 000	5 926 000	11 122 000	38 688 000

2 Entwicklung der Beschäftigten in Großbritannien nach Wirtschaftsbereichen

Jahr	Verarbeitendes Gewerbe	Baugewerbe	Handel, Gastgewerbe und Verkehr	Unternehmensdienstleistungen	öffentl./private Dienstleistungen	Beschäftigte insgesamt
1996	4 452 000	1 766 000	7 943000	4 785 000	7 969 000	27 694 000
1998	4 523 000	1 790 000	8 200 000	5 116 000	7 982 000	28 389 000
2000	4 229 000	1 856 000	8 437 000	5 488 000	8 543 000	29 271 000
2002	3 881 000	1 866 000	8 662 000	5 672 000	8 770 000	29 491 000

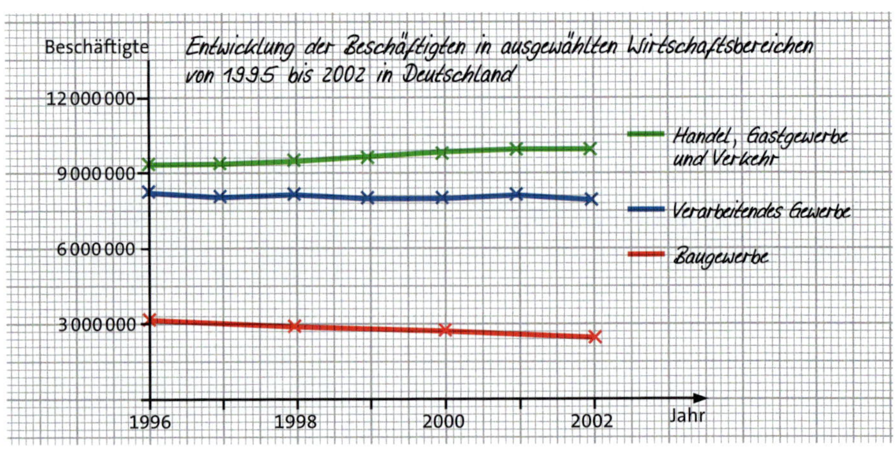

3

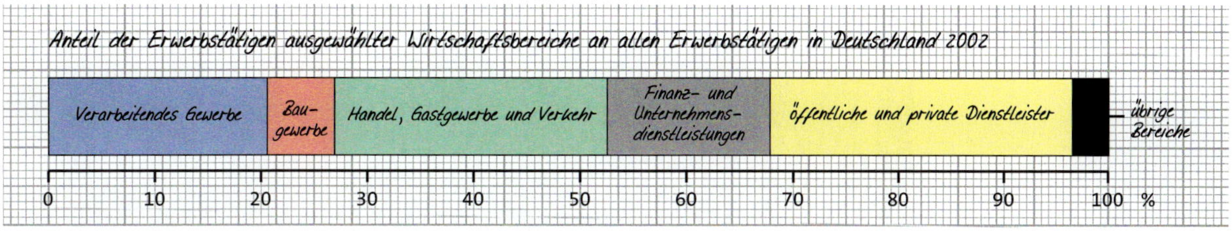

4

Das Streifendiagramm

Streifendiagramme ermöglichen die Darstellung von Anteilen. Dabei entspricht die Länge des Streifens immer der Gesamtzahl. Auf dem Streifen können nun im richtigen Verhältnis die übrigen Werte eingetragen werden. Für die Kennzeichnung der Streifenabschnitte kann man Beschriftungen, Signaturen oder Farben verwenden.

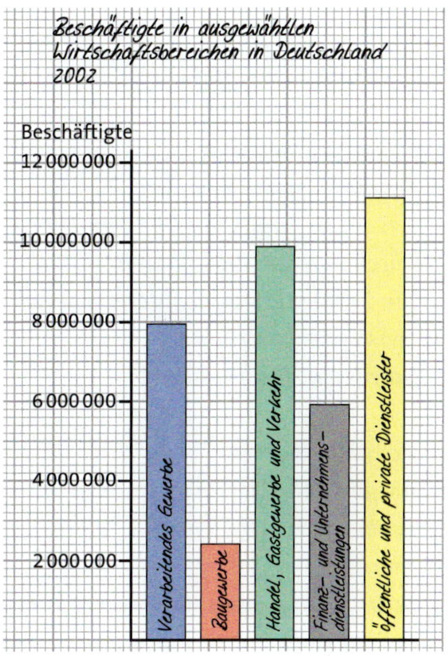

5

Das Säulendiagramm

Säulendiagramme eignen sich besonders zur Veranschaulichung von Rangfolgen: Was ist der größte, was ist der kleinste Wert?

Sollen einmal mehrere Werte direkt verglichen werden, so können die Säulen auch dicht nebeneinander stehen.

Diagramme zeichnen

Zum Zeichnen von Diagrammen brauchst du folgende Arbeitsmaterialien: Millimeterpapier, Lineal oder Geodreieck, gespitzter Bleistift, Farbstifte.

1. Schritt:

Überlege, welche Art von Diagramm sich zur Darstellung des gegebenen Sachverhaltes am besten eignet.

2. Schritt:

Schaue dir die Zahlenwerte genau an und lege Höhe und Breite für dein Diagramm fest. Orientiere dich dabei an der größten Zahl und wähle eine sinnvolle Einteilung der Achsen, zum Beispiel 1 cm entspricht 3 000 000 Beschäftigten.

3. Schritt:

Trage die Zahlenwerte in das vorbereitete Diagramm ein. Zur besseren Unterscheidung mehrerer Kurven, Säulen oder Streifen zeichne diese verschiedenfarbig.

1 *Im Kurvendiagramm 3 fehlt die Eintragung der Werte für die Unternehmensdienstleitungen. Zeichne das Diagramm ab und trage die fehlenden Werte zunächst als Punkte ein. Verbinde diese dann zu einer Kurve.*

2 *Tabelle 2: Zeichne die Säulendiagramme für die einzelnen Industriezweige des Jahres 1996.*

3 *Tabelle 2: Zeichne ein Streifendiagramm für das Jahr 1996 und vergleiche mit dem Jahr 2002. Welche Entwicklung kannst du feststellen?*

4 *Zeichne für die Zahlen in Tabelle 1 ein geeignetes Diagramm.*

Die Bedeutung einer Wirtschaftsregion lässt sich gut mit geeigneten Zahlenangaben ausdrücken. Weil aber Zahlenangaben bei der Präsentation oft unübersichtlich wirken, gestaltet man eine aussagefähige Grafik aus ihnen. Wie man diese auswertet und seinem Publikum vorstellt, erfährst du hier.

1 Schwerindustrie in Nowa Huta

Grafiken präsentieren
Oberschlesien – altes Industriegebiet

Das Oberschlesische Industriegebiet, die polnische Bezeichnung hierfür ist Górnośląski Okręg Przemysłowy (GOP), macht zwar nur rund den fünfzigsten Teil (2,1 %) der Fläche Polens aus, aber dort wohnt etwa jeder zehnte Einwohner des Landes. Es ist die bedeutendste Industrieregion Polens, in der wertvolle Bodenschätze wie Steinkohle (96 % der Förderung) sowie Zink und Blei (100 % der Förderung) abgebaut und verarbeitet werden. Die Hälfte der Rohstahlherstellung (50 %) und ein Viertel der Stromerzeugung Polens (25 %) entfallen auf dieses Industrierevier.

Doch in der letzten Zeit ist diese Industrieregion – wie andere altindustrialisierte **Industriegebiete** in Europa auch – zunehmend in die Krise geraten.

Grafiken präsentieren

1. Schritt: Thema vorstellen
- *das in der Grafik verarbeitete Thema (Titel) nennen und erklären*
- *die Größenordnungen der dargestellten Werte vorstellen*

2. Schritt: Aufbau erklären
- *die Bedeutung und Einteilung der Achsen erläutern*
- *die gewählte Darstellungsart des Diagramms (Kurven, Säulen ...) einsichtig machen*

3. Schritt: Aussagen treffen und begründen
- *die dargestellten Einzelwerte in sinnvollen Gruppen zusammenfassen*
- *große Zusammenhänge vortragen*
- *Aussagen mit Hintergrundinformationen begründen*
- *auf Details nur im besonderen Fall eingehen*

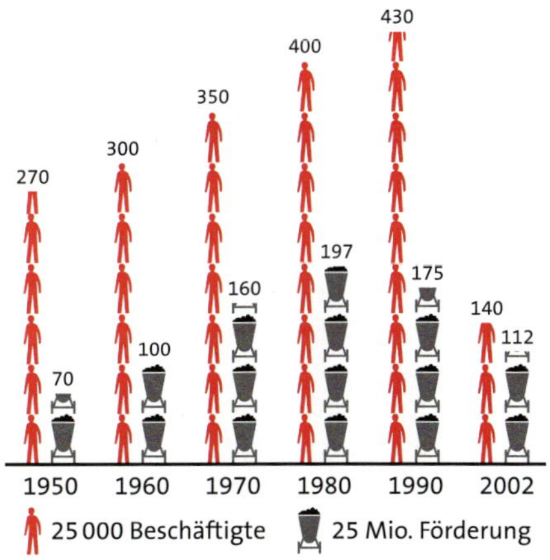

② **Entwicklung der Beschäftigten im Steinkohlebergbau (in 1 000) und der Steinkohleförderung (in Mio. Tonnen)**

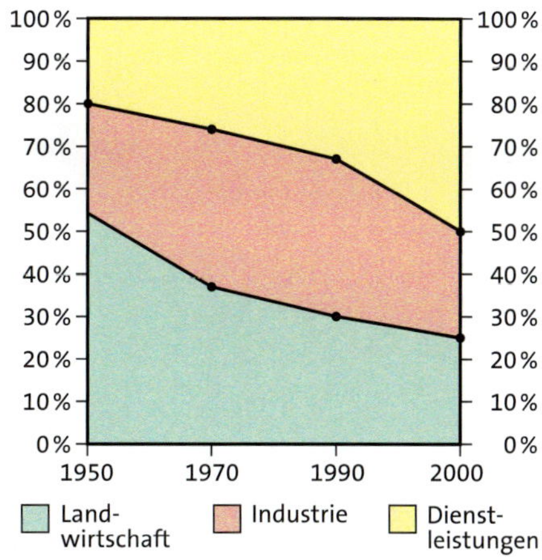

④ **Anteil der Beschäftigten in den Wirtschaftssektoren Polens (1950-2000)**

Kaum zu glauben

Aus dem gleichen Zahlenmaterial können durch Veränderung der Einteilung auf der Hochwert-Achse (Überhöhung) unterschiedlich aussehende Diagramme und damit unterschiedlich erscheinende Aussagen gewonnen werden.

1. **Thema**
- Entwicklungen im Steinkohlenbergbau des GOP nach Beschäftigten (Zahl in 1000) und nach Fördermenge (in Mio. t.)

2. **Aufbau**
- Signaturdiagramm: Symbol Kohlenwagen für je 25 Mio. t Kohlenförderung; Symbol Mensch für jeweils 25 000 Beschäftigte
- Rechtswertachse: Entwicklungsreihe in Zehnjahresabständen; Ausnahme 2002!

3. **Aussage**
- Zunahme der Beschäftigten bis 1990 und der Steinkohleförderung bis 1980 => bedeutende Stellung des GOP, da hoher Bedarf an Steinkohle im Ostblock (wichtiger Energieträger)
- Rückgang der Beschäftigtenzahl bis 2002 auf ca. ein Drittel des Wertes von 1990 und Abnahme der Steinkohlenförderung um mehr als ein Drittel => Krise nach Öffnung Polens zum Westen; sinkende Nachfrage
- bis 1980: Anstieg der Förderleistung (d.h. Fördermenge je Beschäftigten) von 259 t (1950) auf 492 t (1980); 1990: Rückgang auf 406 t; 2002: starke Zunahme der Förderleistung auf 1250 t => bis 1980: verbesserte Abbautechnik, z.B. durch Maschinen; 1990: Krise und Umstellung; 2002: Modernisierung und Abbau der Beschäftigten

③ **Julias Stichwortzettel zu Diagramm 2**

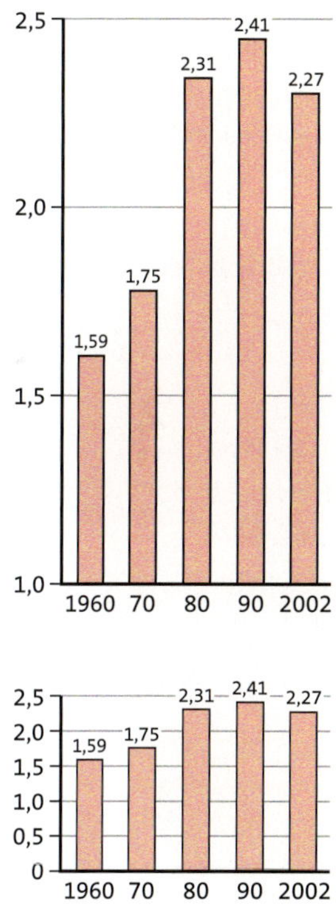

⑤ **Bevölkerung im GOP in Mio.**

1 *Werte Diagramm 4 aus. Orientiere dich bei deinem Vorgehen an dem abgebildeten Stichwortzettel.*

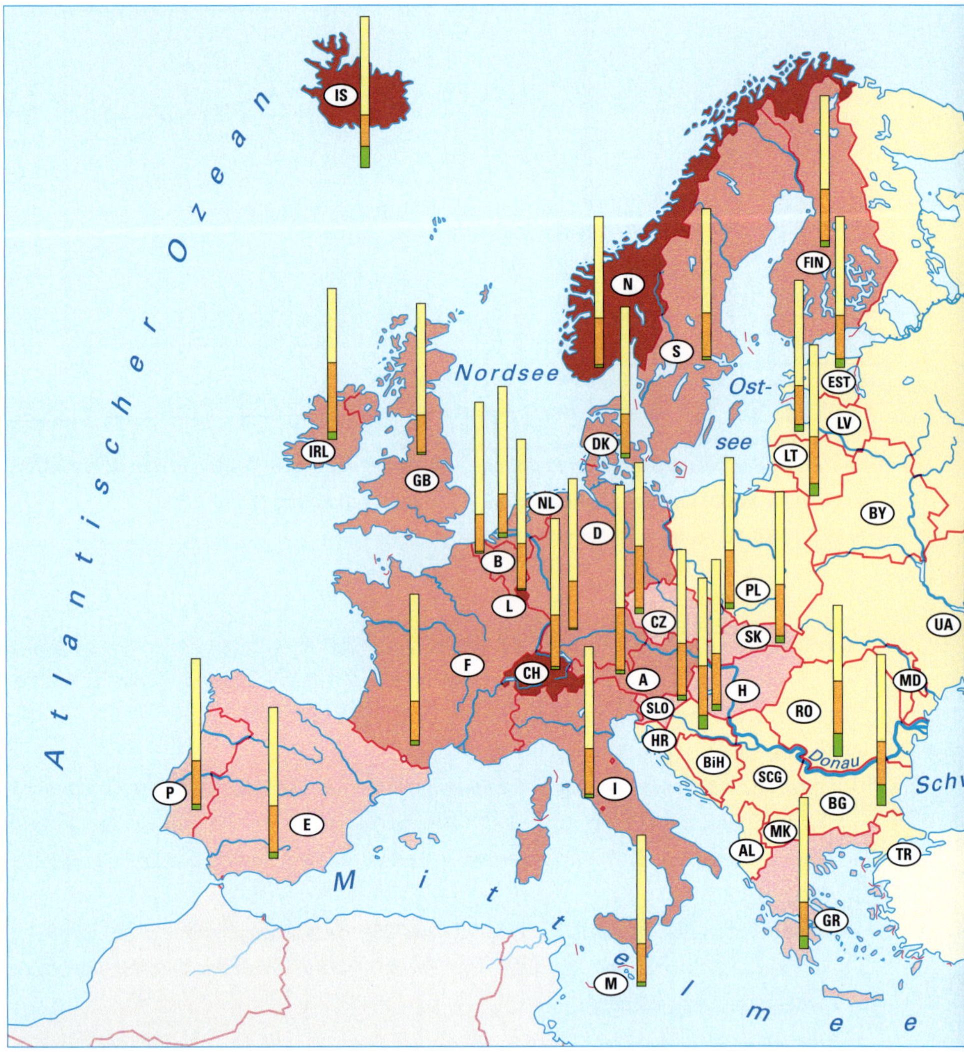

1 ***Industrie in Europa***

Der Sektor des verarbeitenden Gewerbes, zu dem neben der Industrie auch das Handwerk gehören, beschäftigte im Jahr 2000 allein in der Europäischen Union 28,6 Millionen Menschen v. a. in den Bereichen:
– Herstellung von Metallerzeugnissen (4,1 Mio.)
– Ernährungsgewerbe (3,4 Mio.)
– Herstellung elektrischer und elektronischer Geräte (3,3 Mio.)

Industrie

Industrieprodukte „Made in Europe" – welche Produkte, welche Unternehmen fallen dir ein? Sicher die großen europäischen Automarken wie Peugeot-Citroen (F) oder Fiat (I), Siemens (D) und Philips (NL) aus dem Elektronikbereich, der Nahrungsmittelkonzern Nestle (CH) und auch die deutschen Chemiekonzerne Bayer und BASF. Die genannten Firmen gehören alle zu den umsatzstärksten Industrieunternehmen Europas.

Die Industrie ist nach wie vor ein wichtiger Bereich der europäischen Wirtschaft. In der Güterproduktion erwirtschaften große und kleine Unternehmen hohe Gewinne und Millionen von Europäern finden hier einen Arbeitsplatz. Dennoch hat die wirtschaftliche Bedeutung der Industrie gegenüber dem Dienstleistungsbereich in den letzten Jahren abgenommen. Der Bedeutungsverlust ist vor allem auch darauf zurückzuführen, dass mit der fortschreitenden Automatisierung zunehmend Roboter die Arbeit

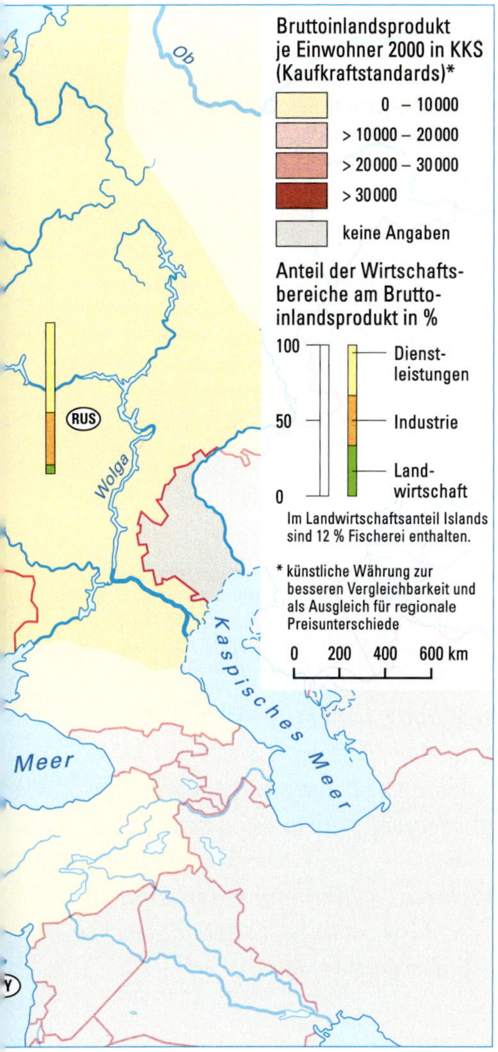

❷ Hightech-Regionen in der EU
Von je 1 000 Erwerbstätigen arbeiten in forschungsintensiven Branchen

Stuttgart	211
Braunschweig	181
Tübingen	178
Karlsruhe	172
Mittelfranken	152
Unterfranken	150
Freiburg	147
Schwaben	145
Piemont (Italien)	140
Oberbayern	129
Elsass (Frankreich)	129
Darmstadt	123
Antwerpen (Belgien)	120
Lombardei (Italien)	119
W. Midlands (Großbritanien)	118
EU-Durchschnitt	76

❺ Anzahl der produzierten Pkw im Jahr 2002

	Pkw in Tsd.
Deutschland	*5 487*
Frankreich	*3 182*
Italien	*1 272*
Spanien	*2 211*
Großbritannien	*1 492*
Rest EU	*1 267*
Summe EU	*14 911*

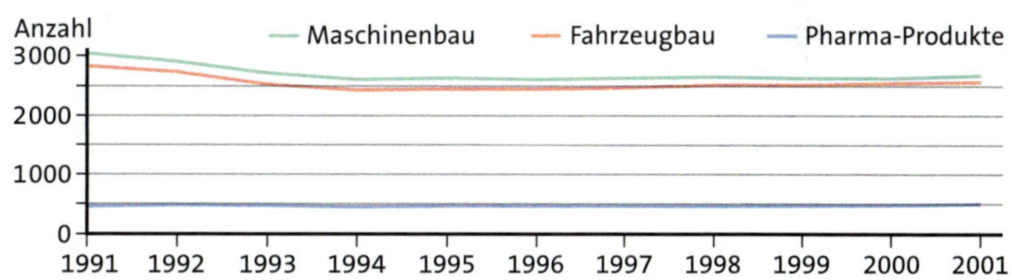

❸ Zahl der Beschäftigten ausgewählter Industriezweige in Tsd. in der EU

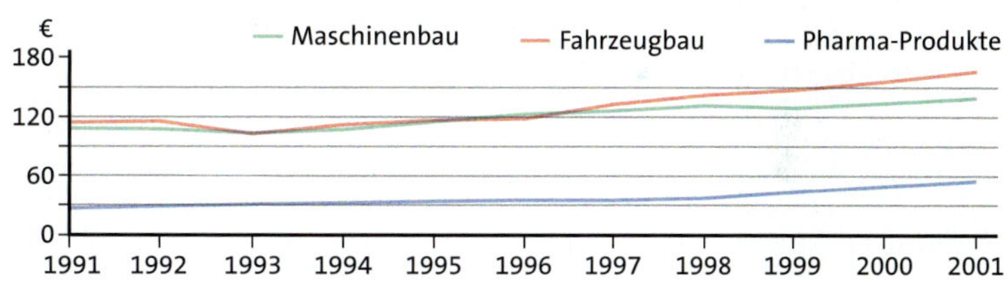

❹ Wertschöpfung ausgewählter Industriezweige in Mrd. € in der EU

der Menschen übernehmen und Unternehmen bestimmte Tätigkeiten in Staaten verlagern, in denen die Gehälter der Arbeiter niedriger sind. Durch die geringeren Lohnkosten bleiben die Unternehmen wettbewerbsfähig und können in Europa einen großen Teil der Arbeitsplätze in der Produktion sichern und neue in anderen Bereichen schaffen, so dass „Made in Europe" und damit die Industrie in Europa sicherlich auch in Zukunft eine wichtige wirtschaftliche Rolle spielen wird.

1 *a) Vergleiche die Kurvendiagramme 3 und 4 und nenne Gründe für die Entwicklung.*
b) Begründe, warum ein Kurvendiagramm hier die geeignete Darstellungsform ist.

2 *Stelle die Daten aus Tabelle 2 und 5 in der geeigneten Diagrammform dar und beschreibe die Grafiken.*

Wertschöpfung
Vom eigentlichen Produktionswert eines Gutes werden alle Kosten für Rohstoffe, Arbeit, Transport und sonstiger Leistungen abgezogen, die vor der Produktion des eigentlichen Gutes (z. B. eines Autos) entstanden sind, z.B. die Kosten für die Produktion des Autoblechs.

Wichtige Begriffe

Automobilindustrie
Chemische Industrie
Endprodukt
Globales Unternehmen
Hightechindustrie
Industriegebiet
Industriezweig
Know-how
Standortfaktor
harter Standortfaktor
weicher Standortfaktor
Rohstoff
Technologiepark
Telekommunikation
Zulieferbetrieb

1 **Welcome to Espoo!**

Espoos Bevölkerung stieg von ungefähr 40000 in den sechziger Jahren auf heute fast 217000 Einwohner an. Espoo, die zweitgrößte Stadt Finnlands, ist ein landschaftlich reizvoll gelegener Ort, in dem man gerne lebt, arbeitet und Geschäfte macht.

Unsere Stadt ist der Sitz der Helsinki University of Technology und vieler anderer erwähnenswerter Bildungseinrichtungen. Fast 20000 Studenten lernen dort. Das Kulturzentrum in Tapiola bietet eine Vielzahl kultureller Veranstaltungen, so zum Beispiel Konzerte.

Der Finnische Meerbusen, die Inseln vor unserer Küste und der Nuuksio Nationalpark bieten Erholungssuchenden alle erdenklichen Möglichkeiten. Espoo ist eine geplante Stadt, die um fünf verschiedene Stadtzentren herum errichtet wurde. Unsere Wohngebiete sind weiträumig und naturnah angelegt.

Espoo ist bekannt für seine kreativen und fachkundigen Einwohner. Wir haben eine große Anzahl internationaler Unternehmen. Die fünf größten Arbeitgeber sind die Stadt Espoo, Nokia, die Orion-Gruppe, VTT (Technological Research Center of Finland) und die Technische Universität. Über 10000 Firmen stellen etwa 90000 Arbeitsplätze – über 1000 Unternehmen werden jedes Jahr in unserer Stadt geboren. Der Erfolg dieser Firmen gründet sich auf die neuesten Forschungsergebnisse, die zum Beispiel im Otaniemi Technologiepark erzielt werden, sowie natürlich auf die vorzüglich ausgebildeten Fachleute und Spezialisten. Die Stadt bietet die besten Voraussetzungen für Gewinn bringende Geschäfte.

Wir tun unser Bestes, damit Sie ihren Aufenthalt in unserer Stadt genießen können.

Espoo – Finland's hightech city!

1 *Standortvorteile finden*

a) Erarbeite aus der Werbeanzeige Standortvorteile, die Espoo für Hightech-Unternehmen und deren Angestellte bietet.

b) Welche Einrichtungen sollte Espoo noch in seine Werbeanzeige aufnehmen um junge Familien anzuziehen.

2 *Richtig oder falsch?*

Verbessere die falschen Aussagen.

a) Hightech-Unternehmen bauen Hochhäuser.

b) Stahl wird zu Werkzeugen und Maschinen weiterverarbeitet.

c) Globale Unternehmen stellen Globusse her.

d) Die chemische Industrie produziert auch Farben.

e) Styropor besteht zu 98% aus Luft.

f) In einer Raffinerie wird Erdöl in verschiedene Zwischenprodukte zerlegt.

g) Telearbeit wird zu Hause am PC erledigt.

h) Durch Unternehmenszusammenschlüsse können Forschungskosten eingespart werden.

3 *Bilderrätsel*

a) Löse die Bilderrätsel.

b) Erkläre Begriff b.

a

b

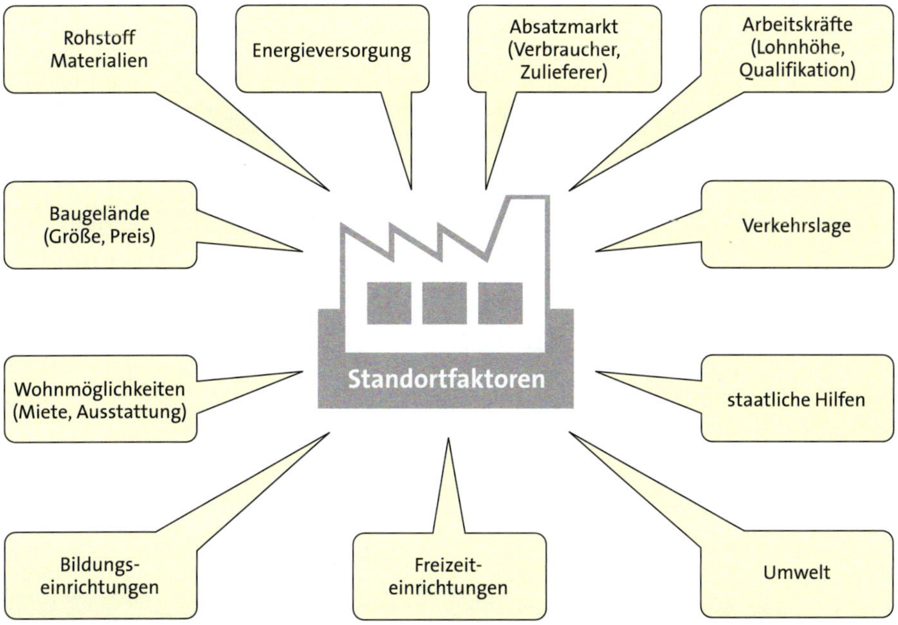

2

Teste dich selbst

mit den Aufgaben 1a, 1b, 6

4 *Standortexperte*

Wähle aus der Grafik 2 die wichtigsten Standortfaktoren

a) für einen kleinen Bäckerei-Familienbetrieb oder eine Schreinerei und

b) eine Brotfabrik oder eine Möbelfabrik mit vielen Angestellten aus

und stelle sie in einer Tabelle gegenüber.

5 *Wer rechnet richtig?*

Ein Unternehmen verbraucht für seine Produktion 100 barrel Öl (1 barrel = 159 Liter).

Das 159 Liter Fass kostet 25 Dollar.

Durch den Verkauf der Produkte nimmt die Firma 10 000 Dollar ein.

Außerdem fallen weitere Kosten in Höhe von 2 500 Dollar an .

a) Berechne den Gewinn.

b) Wie ändert sich der Gewinn, wenn der Preis für 1 Fass Öl auf 30 Dollar steigt?

Zur Vereinfachung ist die Rechnung in Dollar abgefasst, denn Ölrechnungen von den Erzeugerländern müssen auf der ganzen Welt in Dollar bezahlt werden.

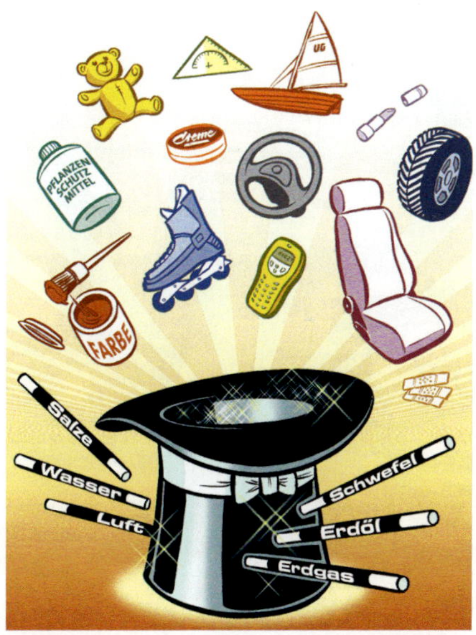

3

6 *Industriezweig gesucht*

Welcher Industriezweig ist in Grafik 3 dargestellt. Erkläre

7 *Zum Knobeln*

Deutschland ist ein führendes Industrieland, obwohl es kaum Rohstoffe hat. Suche eine Erklärung.

Wo viele Menschen und arbeiten

In Europa gibt es große Industrieräume und Stadtregionen. Dort liegen Fabriken, Kraftwerke, Verkehrswege, Wohnviertel und Erholungsgebiete dicht beieinander. In Deutschland lebt die Hälfte der Bevölkerung in solchen Verdichtungsräumen. Europas größten Verdichtungsraum Rhein-Ruhr werdet ihr nun genauer untersuchen.

leben

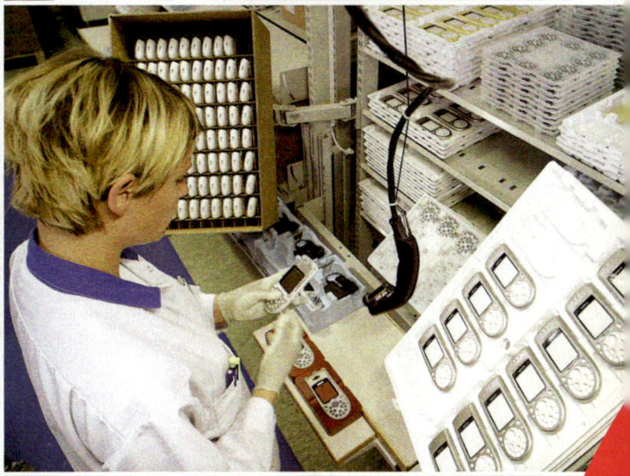

1

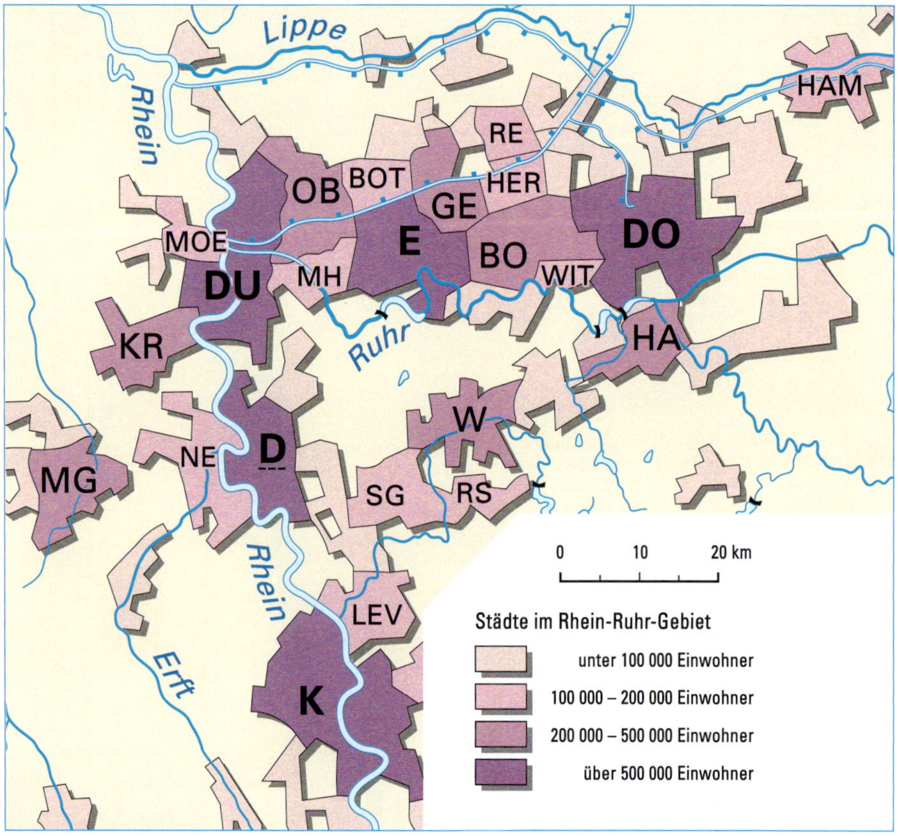

2 ***Rhein-Ruhr-Gebiet***

Rhein-Ruhr (2002)
Einwohner: 11 140 000
Fläche: 8 980 km²

Köln (2003)
Einwohner: 1 021 000
Fläche: 405 km²
Arbeitsplätze: 453 000

Dortmund (2003)
Einwohner: 588 000
Fläche: 280 km²
Arbeitsplätze: 192 000

Rhein-Ruhr – Stadt an Stadt

Mehr als 11 Millionen Menschen leben an Rhein und Ruhr zwischen Mönchengladbach und Hamm sowie zwischen Wesel und Bonn. Hier reihen sich Wohngebiete, Industriebetriebe, Gewerbegebiete, Freizeitanlagen und Verkehrsflächen fast lückenlos aneinander und lassen das Rhein-Ruhr-Gebiet als eine einzige große Stadt erscheinen. Mit seiner hohen Bevölkerungs- und Arbeitsplatzdichte ist das Rhein-Ruhr-Gebiet ein **Verdichtungsraum**, der zu den größten in Europa zählt.

Ruhrgebiet
Umfasst das Gebiet des größten deutschen Kommunalverbandes, ein Zusammenschluss von 53 Gemeinden.

Vier Teilgebiete umfasst das Rhein-Ruhr-Gebiet:

- das Gebiet am Rhein mit der Landeshauptstadt des Landes Nordrhein-Westfalen Düsseldorf und den Städten Köln und Bonn,
- das Gebiet am linken Niederrhein mit Krefeld und Mönchengladbach,
- das bergisch-sauerländische Gebiet von Solingen über Wuppertal bis Hagen,
- das Ruhrgebiet mit der Städteballung zwischen Ruhr und Lippe.

Das Ruhrgebiet – Die Entwicklung zum Verdichtungsraums

Für das Ruhrgebietes ist die Entwicklung zum Verdichtungsraum gut zu verfolgen. Bereits im Mittelalter entstanden entlang des Hellwegs, einer Handels-

③ ***Innenstadt von Essen***

Bevölkerungsdichte

Sie gibt die durchschnittliche Zahl der Einwohner je km² Fläche an. Für das Rhein-Ruhr-Gebiet lautet die Rechnung: Die Einwohnerzahl (11 140 000) dividiert durch die Flächengröße von 8 980 km² ergibt gerundet die durchschnittliche Bevölkerungsdichte von 1 241 E/km².

straße, die vom Rhein bis nach Magdeburg führte, zahlreiche Städte, darunter Duisburg, Mülheim, Essen, Bochum, Dortmund und Unna.

Noch bis ins 19. Jahrhundert waren es kleine Städte mit etwa 10 000 Einwohnern. Äcker, Wiesen, Sümpfe und Wälder prägten die Landschaft. Erst der aufkommende Steinkohlenbergbau im 19. Jahrhundert war der Motor des Städtewachstums. Das Vorhandensein von Steinkohle wurde zum entscheidenden **Standortfaktor** für die Entwicklung der Industrie im Ruhrgebiet. Zusammen mit dem Bergbau entstanden Eisen-, Stahl- und Walzwerke sowie weitere Industriebetriebe

Wichtig für diese Entwicklung waren auch die Verkehrswege: Straßen und Flüsse sowie die im 19. Jahrhundert angelegten Eisenbahnlinien und Kanäle. Darauf konnten Rohstoffe wie zum Beispiel Eisenerz ins Ruhrgebiet und Kohle, Stahl und Stahlprodukte von dort in andere Gebiete transportiert werden.

Der wachsende Bedarf an Arbeitskräften konnte nur durch Zuwanderung aus der näheren und weiteren Umgebung des Ruhrgebietes sowie durch Arbeiter aus Ostdeutschland und Polen, vor allem aus den Masuren und Oberschlesien, gedeckt werden. Außerdem drängten die Bergbauunternehmen die Gemeinden sich zu Städten zusammen zu schließen, um wegen den Grundstücksverhandlungen mit weniger Gemeinden verhandeln zu müssen. Die Welle der Eingemeindungen reichte bis in die 20er Jahre des 20. Jahrhunderts. Weiterhin wurden in den 50er und 60er Jahren Arbeiter in südeuropäischen Ländern und in der Türkei angeworben. So wurden aus Dörfern Städte und aus Städten **Großstädte**, die allmählich zusammenwuchsen. Erst durch die Bergbau- und Stahlkrise seit den 70er Jahren verlor das Ruhrgebiet Arbeitsplätze, die nur teilweise durch Angebote in anderen Bereichen ausgeglichen wurden.

1 *Arbeite mit Karte 1. Bestimme die größte Nord-Süd- und West-Ost-Ausdehnung.*
2 *Beschreibe die wichtigen Standortfaktoren für die Industrie im Ruhrgebiet.*
3 *Nenne charakteristische Merkmale eines Verdichtungsraumes.*
4 *Berechne die Bevölkerungsdichte von Köln und Dortmund.*

Surftipp

www. ruhrgebietsbilder.de

Standortfaktor

Grund für die Wahl eines Industriestandortes

Großstadt

Stadt mit mehr als 100 000 Einwohnern

Mit der Kohle begann es

1 

Schuppenbäume *(a) erhielten ihre Bezeichnung nach dem schuppenartigen Muster, das die Blattpolster auf dem Stamm hinterlassen. Sie wurden bis zu 40 Meter hoch.*
An der Stammbasis erreichten sie bis zu 2 Meter Durchmesser.

Siegelbäume *(b) wurden etwa 20 Meter hoch bei einem Stammdurchmesser von etwa 1 Meter.*
Ihren Namen erhielten sie wegen der siegelförmigen Blattnarben auf der Rinde.

Die Reise führt uns 240 Millionen Jahre zurück in das Karbon. In jener Zeit, wo noch keine Menschen existierten, gab es im heutigen Norddeutschland riesige Sumpfwälder und Moore an flachen Meeresküsten. Von Zeit zu Zeit senkte sich das Land. Das naheliegende Meer rückte vor. Meerwasser überflutete die mächtige Torfschicht der Moore und Wälder.
Im Laufe der Zeit wurden Kies, Sand und Ton darüber abgelagert. Diese Erdmassen pressten die Torfschicht zusammen. Durch hohen Druck und durch Wärme entstand aus dem Torf unter Luftabschluss zunächst **Braunkohle** und später **Steinkohle**. Sobald das Land sich nicht mehr senkte, konnten auf den Ablagerungen neue Sumpfwälder entstehen. Dieser Vorgang wiederholte sich im heutigen Ruhrgebiet mehr als hundertmal. Deshalb gibt es im Ruhrgebiet auch viele **Kohlenflöze**, im Gestein eingebettete Kohleschichten. Die Flöze können bis zu mehreren Metern mächtig sein.
Ursprünglich lagen die Flöze und die Gesteinsschichten waagerecht übereinander. Durch starke Erdbewegungen wurden die Schichten jedoch verschoben und gefaltet.
Viele Millionen Jahre nach dem Karbon entstand nochmals Kohle. So bildeten sich die meisten Braunkohlevorkommen in Deutschland erst vor 15 bis 30 Millionen Jahren aus Torf von abgestorbenen Mooren und Sumpfwäldern. Diese Braunkohlenflöze lagern in geringerer Tiefe und sind bis zu 100 Meter mächtig.

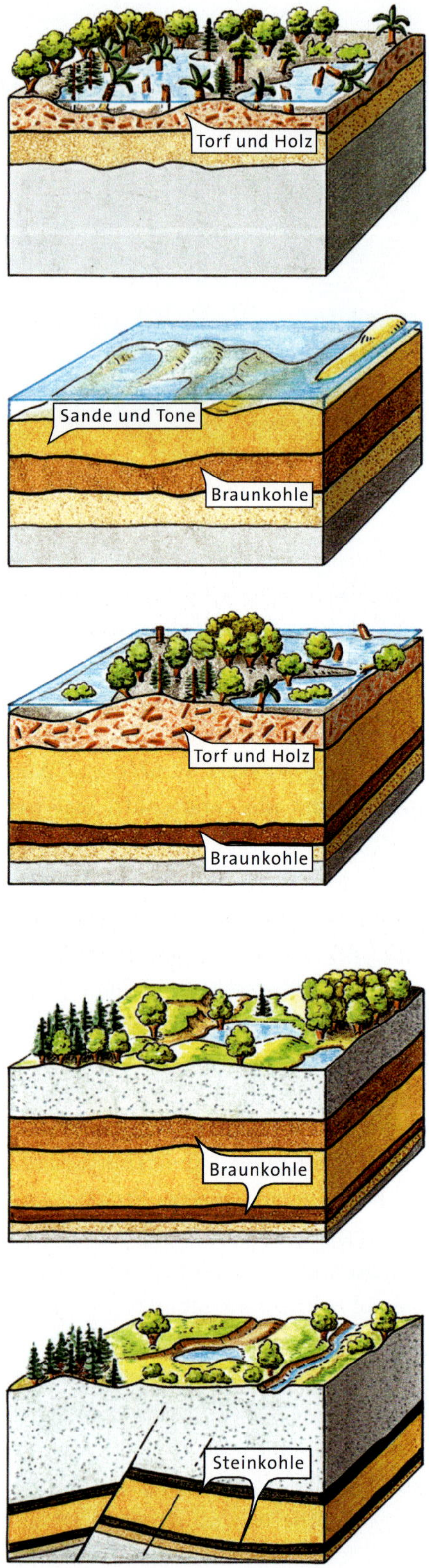

2

Rohstoff Kohle

Kohle hatte früher eine viel größere Bedeutung. Noch vor wenigen Jahrzehnten wurden die meisten Wohnungen in Deutschland mit Stein- oder Braunkohle geheizt. Wichtig war Kohle für die Entwicklung der Industrie. Ohne Kohle hätte die Eisenhüttenindustrie nicht aufgebaut werden können und wäre keine Dampflokomotive gefahren. Ohne Verarbeitung der Kohle hätte man früher keine künstlichen Farbstoffe und viele anderen chemischen Produkte herstellen können. Kohle war das „Schwarze Gold".

Noch heute ist Kohle ein bedeutender **Rohstoff** für die Industrie und für die Energiegewinnung in Kraftwerken.

Strom aus Kohle

Kohle ist ebenso wie Erdöl und Erdgas ein **Energieträger**. Beim Verbrennen von Kohle entsteht Energie in Form von Wärme. Große Mengen an Kohle werden in **Wärmekraftwerken** verbrannt. Die entstehende Hitze verwandelt Wasser in heißen Dampf, der unter hohem Druck durch eine Turbine geleitet wird. Darin werden Schaufeln sehr schnell bewegt und treiben dabei einen Generator an. Der Generator erzeugt den Strom, ähnlich wie der Dynamo am Fahrrad. Die Wärme, die nicht verwendet werden kann, wird über große Kühltürme an die Luft abgegeben.

1 *Übertrage die fünf Blockbildzeichnungen der Kohleentstehung 2 ins Heft und beschreibe in Stichworten jeweils den Entstehungsschritt.*

2 *Stelle in einer Tabelle die Verwendung von Steinkohle und Braunkohle in früherer Zeit und heute zusammen.*

3 ***Wärmekraftwerk***

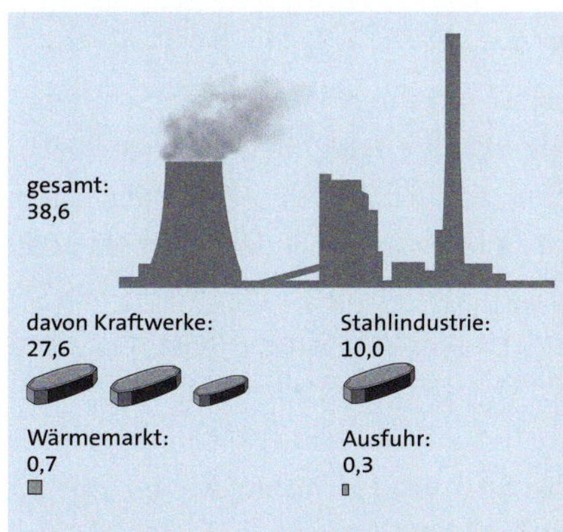

4 ***Verwendung der deutschen Steinkohle 2003 (in Mio. t)***

6 ***Steinkohle***

5 ***Verwendung der deutschen Braunkohle 2003 (in Mio. t)***

7 ***Braunkohle***

1 *Eisenerzabbau in Australien*

3 *Am Hochofen*

Vom Eisenerz zur Dose

Für 1 t Roheisen benötigt man

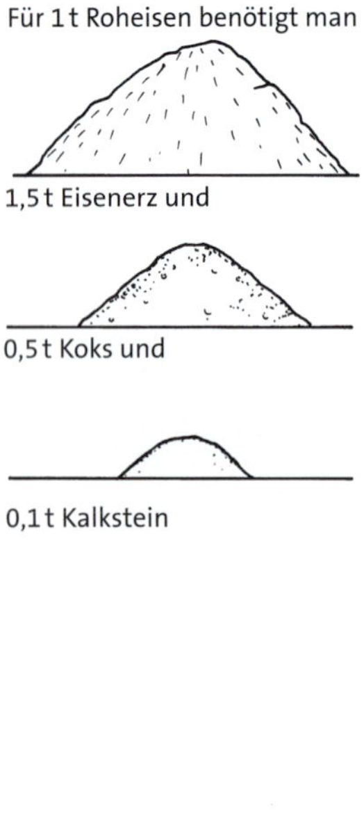

1,5 t Eisenerz und

0,5 t Koks und

2 0,1 t Kalkstein

Fertig zum Hochofen-Abstich. Alle fünf Stunden ist es soweit. Die Hochofenarbeiter mit ihren feuerfesten Schutzanzügen bohren das Abstichloch im Hochofen auf. Glühendes, flüssiges Eisen strömt heraus. Mit dem Hitzeschwall steigt Dampf auf. Funken sprühen. In einer schmalen Rinne fließt das Eisen ab. Nur einige Minuten dauert der Abstich. Dann verschließt eine Maschine das Loch im Hochofen wieder mit einem Pfropfen.

Laufend werden in dem bis zu 100 Meter hohen Hochofen die Rohstoffe Eisenerz, Koks und Kalk nachgefüllt. So kann ununterbrochen flüssiges Roheisen gewonnen werden, indem glühender Koks bei etwa 1 500 °C dem Eisenerz den Sauerstoff entzieht.

Woher stammen die Rohstoffe und wie werden sie aufbereitet?

Heute wird Eisenerz meist im Tagebau gewonnen, zum Beispiel in Australien, in Brasilien oder in Liberia.

Eisenerz wird gebrochen, gemahlen, gesiebt und dabei der größte Teil des Gesteins abgetrennt. Das Feinerz wird mit Kalkstein in Sinteranlagen zusammengebacken und zu kleinen Stücken gebrochen (Stückerz).

Die Steinkohle stammt zum Teil auch aus Deutschland, wo sie im Untertagebau gewonnen wird. In Kokereien erhitzt man Kohle unter Luftabschluss mehrere Stunden lang. Dabei wird die Kohle entgast und von Verunreinigungen befreit. Es entsteht Koks.

4 *Hochofen*

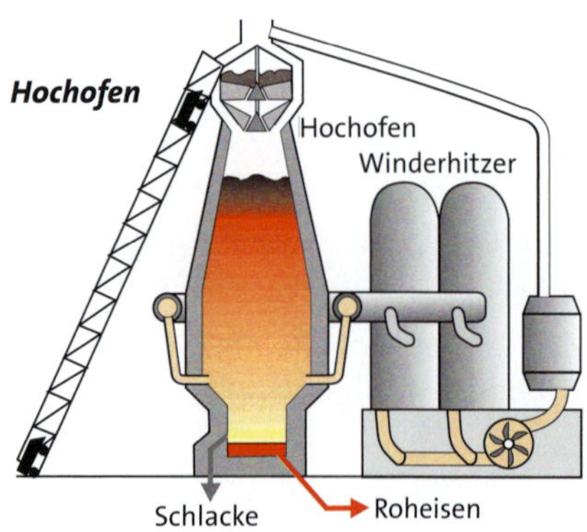

5 *Im Stahlwerk*

7 *Walzstraße im Walzwerk*

Da das Roheisen noch Verunreinigungen enthält, ist es spröde und zerspringt leicht. Diese Verunreinigungen müssen im Stahlwerk beseitigt werden. Das flüssige Roheisen wird in riesige Behälter (Konverter) gefüllt, in die Sauerstoff hineingeblasen wird. Bei etwa 2500 °C verbrennen die Verunreinigungen. Es entsteht ein Rohstahl, der sich gut schmieden und walzen lässt.

Rotglühende Stahlblöcke werden aus dem Stahlwerk in das Walzwerk transportiert. Auf Rollen laufen hier die Blöcke zwischen Walzen hindurch, die sie zusammenpressen. In einer weiteren Walzstraße wird das Grobblech immer flacher und länger zu Feinstblech gewalzt.

Das Feinstblech wird anschließend mit einer hauchdünnen Zinnauflage versehen und lackiert. Nun spricht man vom Weißblech, das für die Dosenherstellung verwendet wird, da es nicht rostet. Im Dosenwerk werden aus dem Weißblech Boden, Deckel und der Dosenrumpf ausgestanzt, der Dosenrumpf geformt und mit dem Boden verbunden. Diese Dosen ohne Deckel werden zunächst gereinigt, in der Konservenfabrik schließlich gefüllt, verschlossen und der Inhalt sterilisiert.

1 *Erstelle für jeden Produktionsschritt eine Infokarte mit Angabe des Produktes, einer kurzen Beschreibung der jeweiligen Tätigkeiten und der Produktionsstätte.*

Eisen- und Stahlindustrie
Hierzu zählen die Herstellung von Roheisen in Hüttenwerken, die Verarbeitung des Roheisens zu Rohstahl und Formstahl in Stahl- und Walzwerken sowie Betriebe, die Eisen und Stahl weiterverarbeiten.

6 **Stahlwerk**

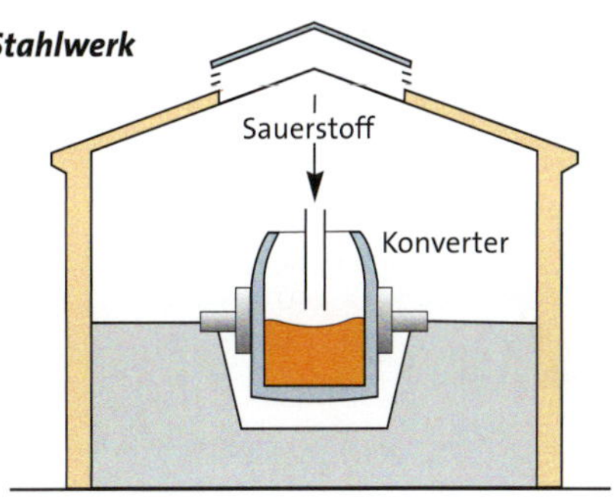

8 **Walzwerk**

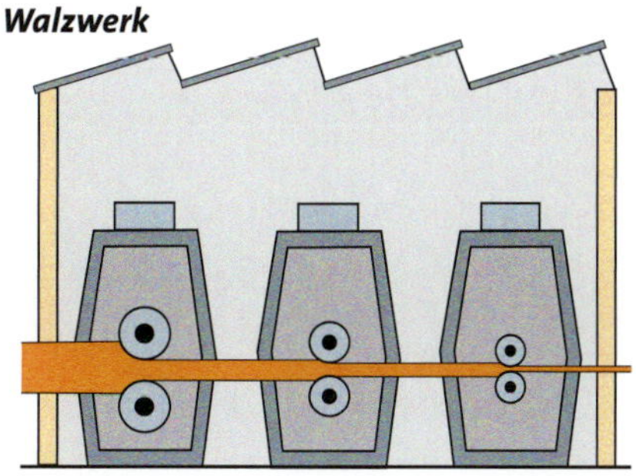

9 **Dose**

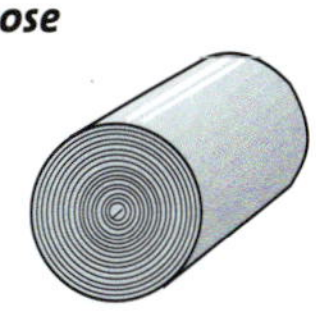

Einen Produktionsablauf darstellen – Vom Erz zur Dose

Ob Kugelschreiber, Getränkedose oder Schulheft – alle Produkte werden in mehreren Produktionsschritten hergestellt. Welche Materialien, welche Tätigkeiten, welche besonderen Produktionsstätten jeweils nötig sind, verdeutlicht ein Produktionsablauf.

1. Schritt: *Informiere dich über die Herstellung eines Produktes von den Rohstoffen bis zum Endprodukt, z. B. über die Herstellung einer Blechdose.*

2. Schritt: *Werte die Informationen aus. Welche Rohstoffe werden benötigt? Wie werden die Rohmaterialien gewonnen und weiterverarbeitet? Welche weiteren Produktionsschritte schließen sich an? In welchen Fabriken werden die Zwischenprodukte, wo das Endprodukt hergestellt?*

3. Schritt: *Fertige für jeden Produktionsschritt eine Infokarte an. Notiere darauf das Produkt, eine kurze Beschreibung der jeweiligen Tätigkeiten und die Produktionsstätte. Fertige ein entsprechendes Piktogramm an oder klebe eine passende Abbildung von der Herstellung auf die Infokarte.*

4. Schritt: *Ordne die Infokarten in der Reihenfolge der Produktionsschritte von den Rohstoffen zum Endprodukt. Vergleiche deine Reihenfolge mit der Lösung deiner Mitschülerinnen und Mitschüler. Klebe die Infokarten in der richtigen Reihenfolge auf ein Blatt Papier.*

① **Eisenerz, Kohle, Kalk**

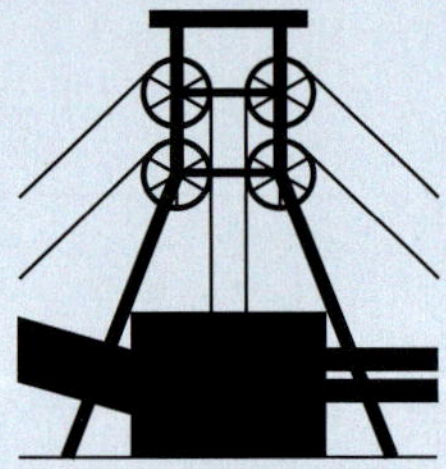

Rohstoffe für die Eisenherstellung:
Eisenerz, Kohle und Kalk
Lagerstätten für Eisenerz:
z. B. in Brasilien, Liberia, Australien
Gewinnung von Eisenerz und Kalk:
im Tagebau
Lagerstätten für Kohle:
in Deutschland (Ruhrgebiet)
Gewinnung von Kohle
im Untertagebau
Bergwerk

② **Rohstahl**

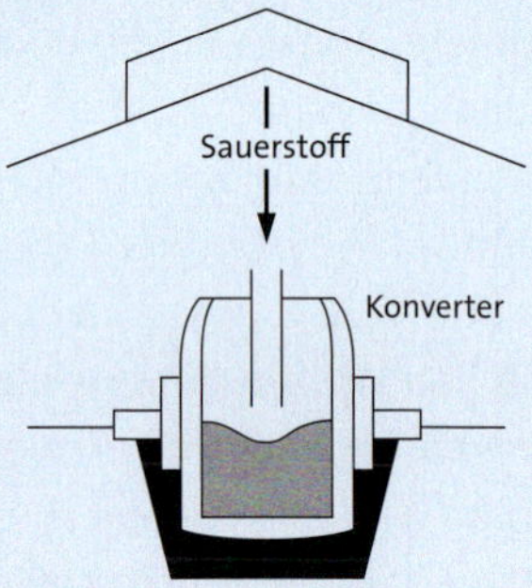

Eigenschaften des Roheisens:
enthält noch Verunreinigungen, ist spröde und nicht schmiedbar
Vorgang im Stahlwerk:
Die Verunreinigungen im flüssigen Roheisen werden bei über 2 500 °C verbrannt.
Eigenschaften des Stahles:
gut schmiedbar und walzbar

Stahlwerk

3 Stückerz, Koks

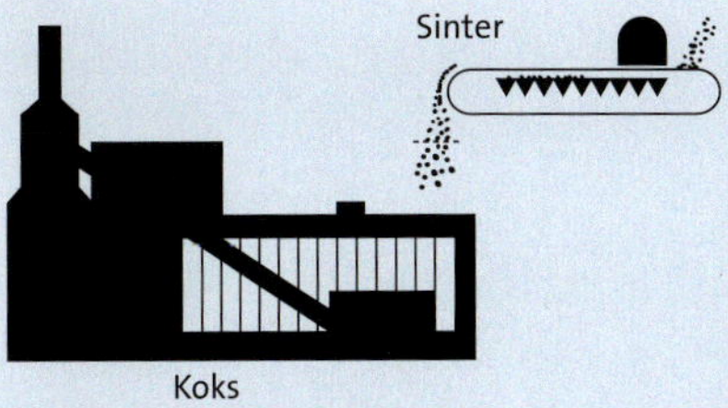

Rohstoffaufbereitung:
Aufbereitung des Eisenerzes zu Feinerz: Brechen, Mahlen, Sieben und Abtrennen des fremden Gesteins vom Feinerz
Herstellung von Stückerz:
Zusammenbacken des Feinerzes mit Kalkstein in Sinteranlagen
Herstellung von Koks:
Erhitzen von Kohle unter Luftabschluss

Sinteranlage, Kokerei

4 Feinstblech

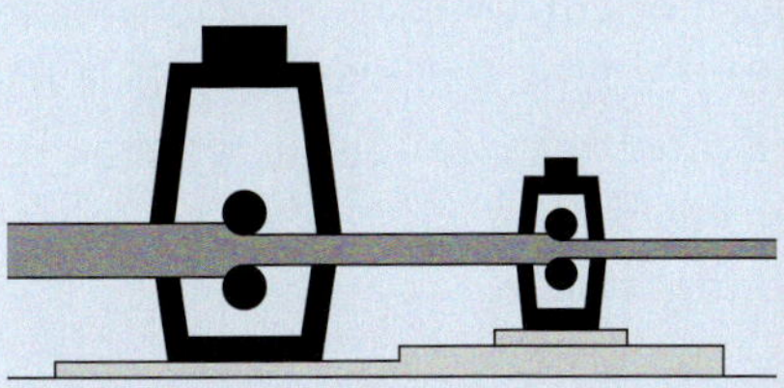

Vorgänge im Walzwerk:
Rotglühende Stahlblöcke laufen auf Rollen zwischen Walzen hindurch, die sie zusammenpressen.

In einer weiteren Walzstraße wird das Grobblech immer flacher und länger zu Feinstblech gewalzt.

Walzwerk

5 Roheisen

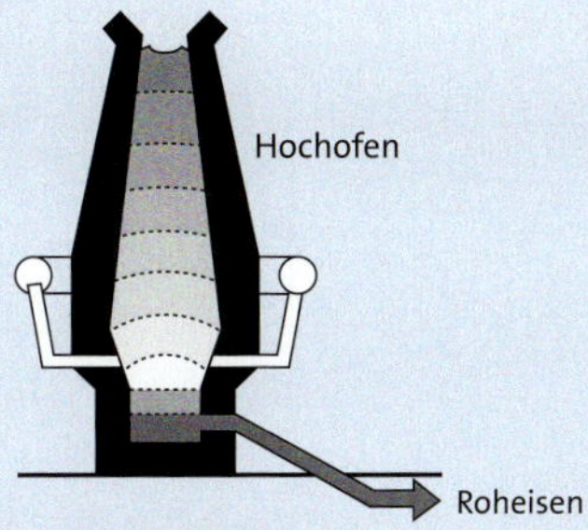

Füllung des Hochofens:
Stückerz und Koks
Vorgang im Hochofen:
Glühender Koks entzieht dem Erz den Sauerstoff. Aus Eisenerz wird flüssiges Roheisen. Es sammelt sich unten im Hochofen. Darauf schwimmt die Schlacke. Alle fünf Stunden erfolgt der Abstich. Der Hochofen wird angebohrt und glühendes Eisen strömt heraus.
Hüttenwerk

6 Weißblech / Dose

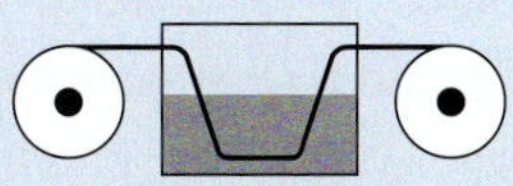

Vorgänge im Dosenwerk:
Das Feinstblech wird hauchdünn mit einer Zinnauflage versehen und anschließend lackiert, damit das Blech nicht rostet.
Dosenherstellung:
Ausstanzen von Boden, Deckel und Dosenrumpf; Formen des Dosenrumpfes und Verbinden mit dem Boden

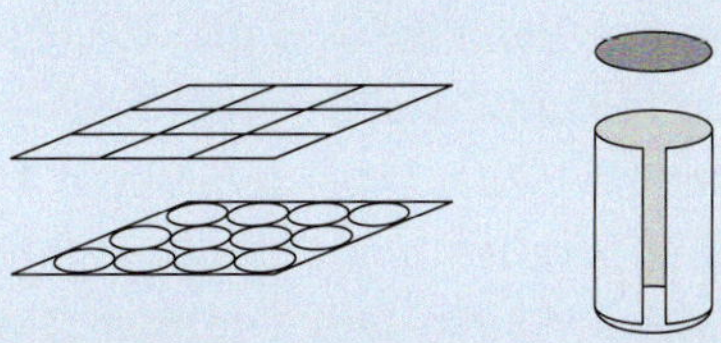

Dosenwerk

1 Ehemaliges Hüttenwerk Oberhausen *(Blick aus östlicher Richtung)*

Vom Hüttenwerk zum CentrO

Strukturwandel
bezeichnet die Veränderung bestehender Strukturen.
Auf Wirtschaftsstrukturen angewandt bedeutet dies, dass bestimmte Industriezweige schrumpfen und dafür neue mit Zukunftstechnologien entstehen.

Das Bild der Stadt Oberhausen hat sich in wenigen Jahrzehnten grundlegend geändert. Wie kam es dazu?

Erster Strukturwandel
Zunächst gab es nur den Bahnhof Oberhausen, der an der Köln-Mindener-Eisenbahnstrecke 1847–1848 eingerichtet wurde. Denn zu dieser Zeit rückte der Bergbau vom Süden in den Norden vor. Dem Steinkohlenabbau folgte die Eisen- und Stahlindustrie und der wiederum folgten Zulieferfirmen und der massenhafte Zuzug der benötigten Arbeitskräfte, auch aus Ostdeutschland und Polen. Durch den enormen Flächenbedarf der Hochöfen, Stahlwerke, Lagerhallen und Wohnhäuser wuchsen die Ansiedlungen wahllos verteilt. In diese Zeit fällt auch die Entstehung der Stadt Oberhausen, die 1874 ihre Stadtrechte erhielt. Denn im Ruhrgebiet war man bestrebt, das Siedlungsgemenge in erkennbare eigenständige Städte umzuwandeln.

Zweiter Strukturwandel
Nach dem Zweiten Weltkrieg sorgten die wieder hergestellten Bergbaubetriebe und Hüttenwerke für einen Aufschwung. Viele Menschen fanden in diesen Industriezweigen Arbeit. Zusätzlich wurden Arbeiter aus Südeuropa und aus der Türkei angeworben.
Doch schon 1958 kam die erste Krise: Billiges Erdöl verdrängte die teure Kohle als Energieversorger. Kohle und Stahl gaben noch im Jahre 1961 etwa 47 000 Menschen in Oberhausen Arbeit. Aber schon 1968 begann das Zechensterben

2 ***CentrO – neue Mitte Oberhausens*** *(Blick aus westlicher Richtung)*

mit der Schließung der Zeche Concordia. Der Kohlenkrise folgte die Stahlkrise, da die Nachfrage nach Stahl weltweit gesunken und die internationale Konkurrenz zu groß war. Die unrentabel gewordenen Großbetriebe der Eisen- und Stahlindustrie schlossen nach und nach ihre Pforten. Seit 1992 ist Oberhausen mit der Schließung der Zeche Osterfeld auch keine Bergbaustadt mehr. Zurück blieben Industriebrachen. Die Kohle- und Stahlkrisen führten zu immer größerer Arbeitslosigkeit, Menschen wanderten ab.

Dritter Strukturwandel

Um die Krise in Oberhausen zu bewältigen, wurden neue Industrien mit neuen Technologien auf den Brachflächen angesiedelt, Arbeitsplätze im Dienstleistungsbereich geschaffen und eine neue Stadtentwicklung betrieben. Man sorgt für ein verbessertes Wohnumfeld, indem man die Stadt durchgrünt, Freizeiteinrichtungen und Parkanlagen zur Naherholung schafft.
Die riesigen brachliegenden Industrieflächen werden einer neuen Nutzung zugeführt. Es entsteht das Freizeit- und Einkaufszentrum CentrO als Teil der „Neuen Mitte Oberhausen".

1 *Beschreibe anhand der Bilder die Nutzung der „Neuen Mitte" von Oberhausen früher und heute.*
2 *Nenne die Merkmale des Strukturwandels von Oberhausen.*
3 *Erläutere die besondere Standortgunst des CentrO.*

CentrO
Größe des Geländes:
83 ha (160 Fußballfelder)
10 500 Parkplätze

Einkaufszentrum (A):
200 Geschäfte
70 000 m² Verkaufsfläche
9 Kinos
47 Gastronomiebetriebe
ca. 5 600 Arbeitsplätze
täglich ca. 70 000 Besucher

Business-Park (B):
Büro- und Gewerbeflächen, Hotel, Tankstellen, Fitness-Center, Theater

Arena (C):
Mehrzweckhalle mit 11 500 Sitzplätzen

Freizeitpark (D):
Größe: 8 ha

Verkehrsanbindung:
12 Autobahnanschlüsse im Umkreis von 2,5 km
alle 90 Sekunden fahren Bahnen oder Busse
15 Millionen Menschen erreichen CentrO in 1 Stunde Fahrzeit.

Surftipp
www.centro.de

1 **Förderturm einer Zeche**

2 ***Johann Smielowski 1920***

3 ***Alois Smielowski 1970***

Mit Kohle „Kohle“ machen

Willst du wissen wie Kohle gefördert wird oder ein Bergwerk funktioniert? www.klett-verlag.de/geographie/terra-extra

Johann Smielowski, geboren 1890 in Ostpreußen, gelernter Schlachter; 1920 Übersiedlung nach Wattenscheid (heute Bochum), um im Untertagebetrieb der Zeche Holland zu arbeiten; 12-Stunden-Schichten, häufig in Doppelschichten; 7-Tage-Woche; Anfang der 30er Jahre Arbeitsunfall, danach nur noch im Übertagebetrieb als Lokführer der Werksbahn eingesetzt; 1941 Wechsel zum Bochumer Verein; Verrichtung leichter Hilfsarbeiten; 1956 in Rente; gestorben 1964 an Steinstaub.

Zeche Holland, *gegründet 1855; Erste Kohlenförderung 1860; 1910 über 4000 Beschäftigte; Schließung 1974.*

Alois Smielowski, Sohn von Johann Smielowski, geboren 1925 in Wattenscheid; Schlosserlehre und Arbeitsplatz beim Bochumer Verein; Ende der 50er Jahre Bewerbung bei Opel, Lehrgänge, u.a. Werksmeisterlehrgang in Rüsselsheim; Meister bei Opel; Wechselschicht: Frühschicht: 6–14 Uhr; Mittagschicht: 14–22 Uhr; Nachtschicht: 22–6 Uhr; mit 55 Jahren frühzeitig in Rente.

Bochumer Verein (BV), *gegründet 1842 als Gussstahlfabrik: Produktion von nahtlosen Lokomotivrädern, Schienen usw.; mehrere eigene Zechen, Kokereien, Walzwerke.*

Opel, *seit 1960 in Bochum; zeitweise mit 19 000 Beschäftigten größter Arbeitgeber Bochums; 2002 ca. 11 000 Beschäftigte.*

Brigitte Smielowski 1990

Jan Lubina 2002

Hightech-Entwicklung – *eine Pumpe so groß wie eine Ameise*

Brigitte Smielowski, Tochter von Alois Smielowski, geboren 1956 in Wattenscheid; nach dem Abitur Ausbildung bei Opel; dann Wechsel zur Ruhr-Universität Bochum, Studium von Französisch und Spanisch für das Lehramt, Studienaufenthalt in Madrid und Paris, Referendarzeit in Köln, keine Übernahme in den Schuldienst; Arbeit bei einer Entwicklungsbank in Köln; seit 2000 beim Bundesministerium für wirtschaftliche Zusammenarbeit und Entwicklung in Bonn, nebenher BWL-Fernstudium.

Ruhr-Universität Bochum (RUB): *Erste Universitätsgründung im Ruhrgebiet 1965; inzwischen etwa 40 000 Studierende, davon stammen drei Viertel aus dem Ruhrgebiet.*

Jan Lubina, Sohn von Brigittes Schwester, geboren 1976 in Wattenscheid; nach dem Abitur Mechatronik-Studium an der Fachhochschule Maschinenbau in Bochum; seit 2000 Versuchsingenieur für Stoßdämpferentwicklung im Automobilbau bei Bilstein in Ennepetal; spielt derzeit mit dem Gedanken, für einige Jahre in den USA zu arbeiten.

Bilstein: *1873 Gründung eines Werks zur Herstellung von Fensterbeschlägen durch August Bilstein in Altenvoerde/Westfalen; ab 1928 Produktion von Stoßstangen, ab 1954 von Gasdruckdämpfern; seit 1999 im Konzern ThyssenKrupp im Segment Automotive.*

Ist die Familiengeschichte typisch für das Ruhrgebiet? Vergleiche mit den Informationen der vorausgehenden und folgenden Seiten.

❶ *Wahrzeichen des alten und neuen Ruhrgebietes*

Ruhrgebiet im Wandel

❷ *Erwerbstätige im Ruhrgebiet 1964:* *2 335 400*
von jeweils 100 arbeiteten in ...

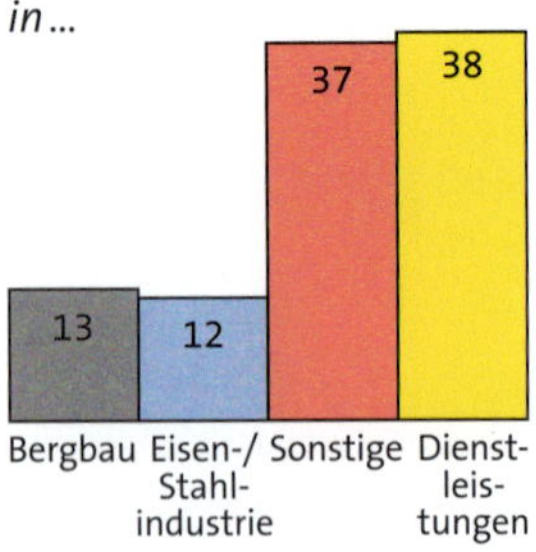

→ *Dienstleistung, Seite 218*

→ *Stadterneuerung, Seite 160*

Für die 5,5 Millionen Menschen im Ruhrgebiet trifft die Vorstellung „Die Leute vom Kohlenpott" nicht mehr zu. Zwar gibt es heute noch Kohleförderung und die Region produziert noch 1/10 der EU-Rohstahlproduktion, aber längst sind andere Industriezweige und die Dienstleistung für die Städte wichtiger. Der Strukturwandel schreitet weiter voran. Der Beruf des Bergmannes ist heute weniger gefragt, dagegen Berufe im Dienstleistungsbereich wie Kaufleute oder IT-Fachkräfte um so mehr. Nicht nur die Wirtschaftsstruktur und damit auch die Beschäftigtenstruktur, sondern auch die Bevölkerungs-, Infra- und Siedlungsstruktur ändern sich. Gleichzeitig gibt es eine Vielzahl an Bemühungen, die Attraktivität des Ruhrgebietes weiter zu erhöhen.

Stadterneuerung
Fabrikschlote, Fördertürme und Schachtanlagen prägen nicht mehr das Bild der Städte. Durch die Sanierung von Stadtteilen, umweltschonenden Hausbau, Gestaltung der Innenstädte mit Fußgängerzonen, Begrünung der Straßen und durch Anlage von Grünzonen wird die Attraktivität vieler Siedlungen und Städte erhöht.

Anlage von Revierparks
Fünf Revierparks und drei Freizeitzentren mit ihren großflächigen Parkanlagen, mit Fitnesseinrichtungen, Wellenbad, Sportarena, Eislaufhalle, Sport- und Spielflächen, Indoor-Skihalle und vielen Restaurants ergänzen das Angebot an Sport- und Freizeiteinrichtungen in den Städten. Revierparks dienen vor allem der Feierabend- und Wochenenderholung. Sie bringen das Grün in das Innerste des Ruhrgebietes und steigern damit den Wohnwert der angrenzenden Bebauung.

③ ***Stadterneuerung***

④ ***Technologiepark Dortmund***

Museen, Theater und mehr

Das kulturelle Angebot ist enorm vielfältig und umfangreich. Mehr als 150 Museen wie das Tennis-Museum, das Deutsche Bergbaumuseum oder Freilichtmuseen heißen Besucher willkommen. Das Ruhrgebiet hat die höchste Theaterdichte in Deutschland. Theater, Konzertsäle und Musical-Halls locken inzwischen mehr Besucher als die Fußballarenen an.

Lernen und Forschen

Die Eröffnung der Ruhr-Universität in Bochum im Jahre 1965 gab das Startsignal für die Errichtung weiterer 4 Universitäten und 7 Fachhochschulen. Denn es besteht eine steigende Nachfrage nach gut ausgebildeten Arbeitskräften.

Parks und Zentren für die Technologie

1985 startete in Dortmund eines der ersten **Technologiezentren** in Deutschland. Hier werden neu gegründete Firmen gefördert, deren Erzeugnisse große Bedeutung für die Kommunikations-, Energie- und Computertechnik sowie den Umweltschutz und weitere Bereiche haben. Diese auf **Hochtechnologie (Hightech)** spezialisierten Firmen benötigen alle hochspezialisierte Arbeitskräfte mit Fachhochschul- oder Universitätsabschluss sowie die Nähe zu Forschungseinrichtungen und Hochschulen. Nur so ist der Austausch neuester Forschungs- und Entwicklungsergebnisse gewährleistet.

Inzwischen gibt es mehr als 20 weitere Technologiezentren. Sie werden durch **Technologieparks** ergänzt, in denen neue und bereits erfolgreiche Firmen weiter wachsen können.

1 Vergleiche die Beschäftigungsstruktur im Ruhrgebiet 1964 und 2000.

2 Mit welchen Standortvorteilen für die Ansiedlung neuer Betriebe können viele Städte im Ruhrgebiet werben?

3 „Die neue Kohle ist virtuell!" Berichte über den jüngsten Strukturwandel im Ruhrgebiet.

⑤ ***Erwerbstätige im Ruhrgebiet 2004:*** *2 122 000 von jeweils 100 arbeiteten in ...*

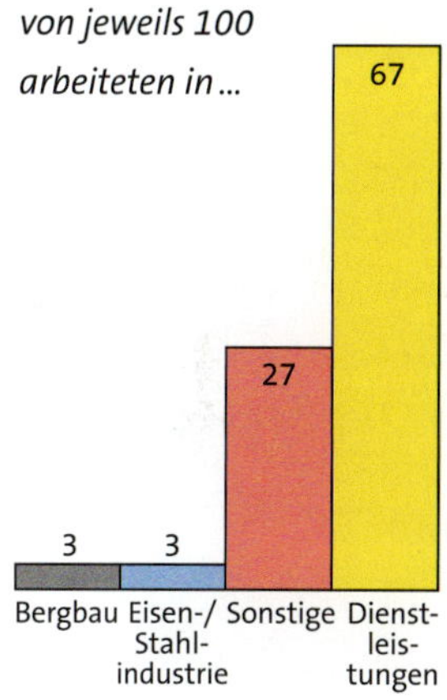

TERRATraining

Wo viele Menschen leben und arbeiten

Wichtige Begriffe
Braunkohle
Dienstleistung
Eisen- und Stahlindustrie
Energieträger
Großstadt
Kohlenflöz
Rohstoff
Stadterneuerung
Standortfaktor
Steinkohle
Strukturwandel
Technologiepark
Verdichtungsraum
Wärmekraftwerk

1

1 *Verdichtungsräume in Deutschland …*
Arbeite mit der Karte 1 und dem Atlas:
a) Beschreibe die Lage der Verdichtungsräume in Deutschland. Orientiere dich an Flüssen, Gebirgen, Grenzen usw.
b) Nenne die wichtigsten Städte in den Verdichtungsräumen Rhein-Neckar, Rhein-Ruhr, Rhein-Main.
c) In welchen Bundesländern liegen die Verdichtungsräume?
d) Welche Verdichtungsräume erstrecken sich über die Grenzen von mindestens zwei Bundesländern?

2 *… und bei den Nachbarn*
a) Nenne die Verdichtungsräume in den Nachbarländern von Deutschland und beschreibe ihre Lage.
b) Welche grenzüberschreitenden Verdichtungsräume gibt es?

	1	2	3	4	5	6	7	8	9	10	11	12	13	14
a	I	S	H	O	C	H	S	C	H	U	L	E	S	T
b	S	N	G	U	L	T	E	K	A	A	B	T	T	E
c	F	Y	R	V	V	S	A	R	E	Ä	Ü	U	R	C
d	O	P	U	U	B	D	Q	Ä	I	Ö	T	A	U	H
e	R	A	E	D	S	F	Q	P	Z	S	P	C	K	N
f	S	E	N	R	B	T	A	R	I	L	O	V	T	O
g	C	U	Z	R	H	I	G	H	T	E	C	H	U	L
h	H	Z	O	T	N	H	L	I	R	K	O	N	R	O
i	U	T	N	Z	M	T	H	E	A	T	E	R	W	G
j	N	R	E	G	S	J	E	E	H	N	Z	M	A	I
k	G	E	S	N	L	K	R	R	C	N	A	Q	N	E
l	W	C	E	N	T	R	O	E	S	G	G	T	D	P
m	W	I	Q	R	K	J	T	L	M	F	R	E	E	A
n	D	L	R	E	V	I	E	R	P	A	R	K	L	R
o	E	S	M	O	M	U	S	I	C	A	L	N	S	K

2

3

Teste dich selbst
mit den Aufgaben 1c, 4e und 7b

***3* Buchstabensalat**
Suche 10 Begriffe, die das „neue Gesicht des Ruhrgebiets" zeigen.
Schreibe dir die Lösungen und ihre Position mithilfe der Buchstaben-Zahlenkombination des Rätsels in dein Heft.

***4* Findest du die Begriffe?**
a) Kohleschicht, die mehrere Meter mächtig sein kann.
b) Sanierung von Stadtteilen.
c) Großflächige Parkanlagen im Ruhrgebiet.
d) Umfangreiche Veränderungen in Wirtschaftsbereichen.
e) Naturstoff, der den Menschen zur Herstellung von Gütern dient.
f) In diesem Betrieb wird aus Kohle Strom gewonnen.

***5* Begriffe zuordnen**
Ordne folgende Begriffe den Bereichen
a) Eisen- und Stahlindustrie oder
b) Dienstleistung richtig zu:
Hüttenwerk, Verlag, Einkaufszentrum, Stahlwerk, Post- und Fernmeldedienste, Walzwerk, Dosenwerk, Druckerei, Freizeitzentrum, Fachhochschule, Technologiezentrum, Musical-Hall.

***6* Verdichtungsraumexperte:** *Nenne vier Merkmale eines Verdichtungsraumes.*

***7* Bilderrätsel**
a) Löse die Bilderrätsel.
b) Erkläre Begriff b.

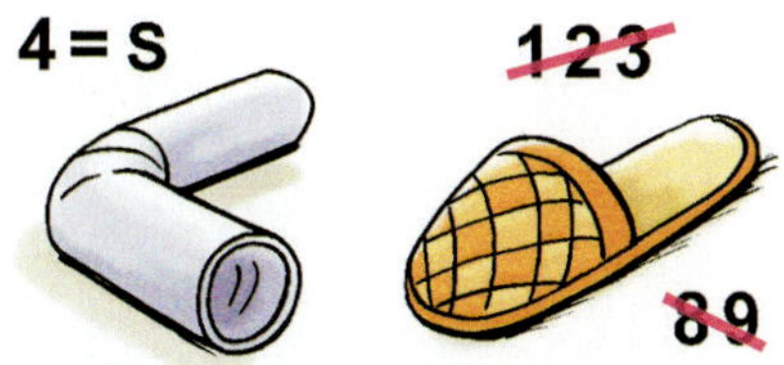

a

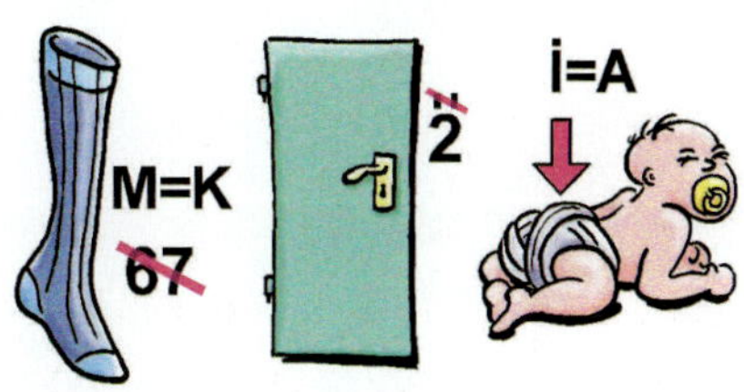

b

***8* Vom Rohstoff zum Endprodukt**
Bringe folgende Produkte in die richtige Reihenfolge:
Dose, Kalk, Feinstblech, Roheisen, Koks, Eisenerz, Rohstahl, Weißblech, Stückerz.

***9* Zum Knobeln**
Welche Stadt steht oft auf dem Tisch?

Training

Verkehr in Europa

Überall in Europa sind Menschen und Güter unterwegs – zu Land, zu Wasser und in der Luft. Dies wird ermöglicht durch ein dichtes Verkehrsnetz, das große Teile Europas überzieht und verbindet. Vor allem für die wirtschaftliche Entwicklung der einzelnen Regionen in Europa ist eine gute Verkehrsanbindung von großer Bedeutung.
Doch wie lange vertragen Mensch und Umwelt noch einen ständig zunehmenden Verkehr. Werden die Staaten Europas hier gemeinsam intelligente Lösungen finden?

8

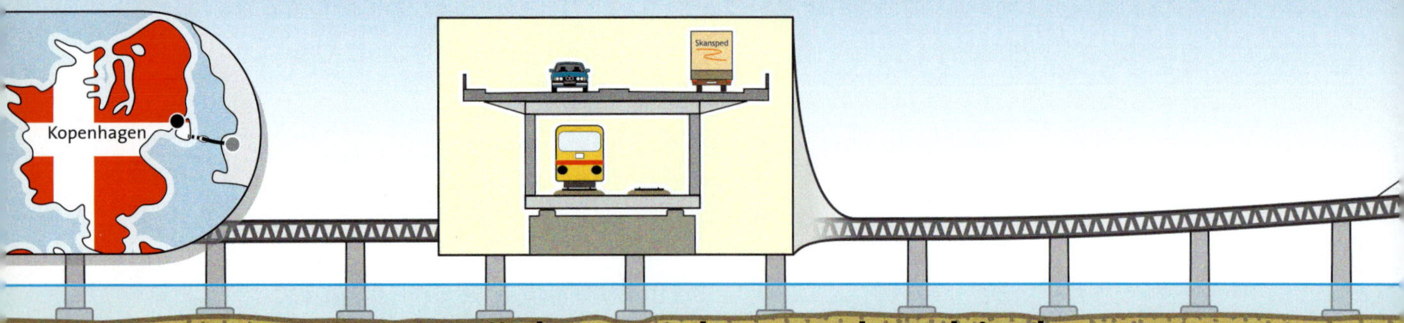

Brücken und Tunnel verbinden

Kaum zu glauben

Vor 10 000 Jahren konnte man noch zu Fuß von Frankreich nach England gelangen. Erst nach Abschmelzen der Gletscher am Ende der letzten Eiszeit stieg der Meeresspiegel . So entstand der Ärmelkanal.

Seit 1990 sind fast überall in Europa die Zollhäuschen verschwunden. Wo früher die einzelnen Länder ihre Grenzen streng bewacht und für die Einfuhr von Gütern Gebühren (Zoll) verlangt haben, läuft heute der Verkehr fließend weiter. Was also trennt die Länder Europas überhaupt noch von einander?
Sicherlich die verschiedenen Sprachen, die unterschiedliche Mentalität und manchmal auch natürliche Grenzen wie Gebirge, Flüsse, Seen oder Meere. Aber gerade die natürlichen Grenzen verschwinden immer mehr, weil mit hohem finanziellem Aufwand Brücken und Tunnel gebaut werden, um die Regionen Europas miteinander zu verbinden.

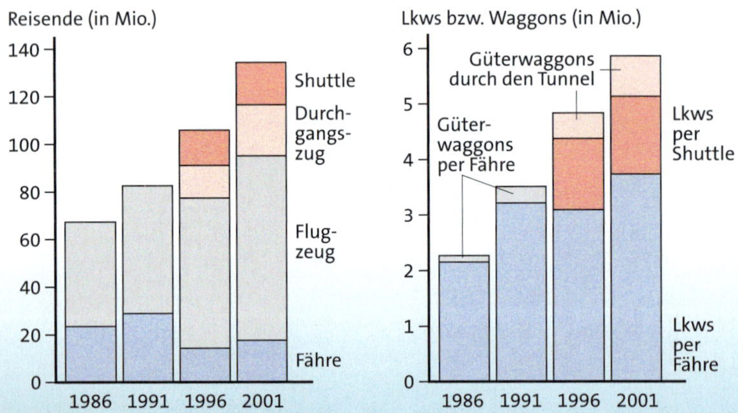

❶ ***Entwicklung des Kanalverkehrs***

Der Eurotunnel
Seit 1994 verbindet der Eurotunnel, ein reiner Eisenbahntunnel, Großbritannien mit dem europäischen Festland. Mit dem Hochgeschwindigkeitszug Eurostar können Bahnreisende in nur 132 Minuten von London nach Paris kommen. Lkw-Fahrer, die früher wegen schlechten Wetters oft lange auf eine Fähre warten mussten, fahren jetzt zu den Verladestationen des Euroshuttle, setzen ihren Lkw in den Huckepackzug und können nach einer 50 km langen und 35-minütigen Fahrt 40 m unter dem Meeresboden auf der anderen Seite des Tunnels wieder weiter rollen. So liefern sie schneller und verlässlicher. Auch Privatpersonen, die mit ihrem Pkw den Ärmelkanal überqueren wollen, können den Euroshuttle nutzen. Zur Ferienzeit im Sommer kostet eine Hin- und Rückfahrt 340 Euro – nicht sehr viel mehr als eine Fahrt mit der Fähre.
Der Eurotunnel, dessen Bau 13 Milliarden Euro verschlang, ist somit ein wichtiger Bestandteil des europäischen Verkehrsnetzes geworden – sowohl für den **Personenverkehr** als auch für den **Güterverkehr.** Für den europaweiten Verkehr noch wichtiger und noch teurer wird der Bau des Gotthard-Basistunnels sein.

Öresund-Brücke

Aufgrund seiner Lage wurde Dänemark früher gelegentlich auch „Brücke zwischen Mitteleuropa und Skandinavien“ genannt. Seit dem 1. Juli 2000 gibt es tatsächlich eine feste Verbindung von Dänemark nach Schweden. Nachdem bereits 1935 eine Brücke über den kleinen Belt gebaut wurde, führen jetzt Brücken und Tunnel auch über den Großen Belt und den Öresund. Mit Auto, Lkw und Bahn kann das natürliche Hindernis Ostsee damit problemlos überwunden werden. Durch den schnelleren und einfacheren Personenverkehr und Warenaustausch wächst die gesamte Öresund-Region, also der dänische und der schwedische Teil, zusammen.

Natürlich hat auch dieses Projekt zur Verbesserung der Verkehrsinfrastruktur sehr viel Geld gekostet, allein die zirka 16 km lange Verbindung über den Öresund knapp zwei Milliarden Euro. Deshalb muss für die Befahrung der Verbindungen Maut gezahlt werden. Für einen Pkw kostet die einfache Fahrt über den Öresund 31 Euro.

Il Ponte sullo Stretto di Messina

Auch im Süden Europas bemühen sich die Länder um immer bessere Verkehrsverbindungen. Seit Jahren wird über die „Stretto di Messina“ im Mittelmeer diskutiert, eine Brücke, welche die Spitze des italienischen „Stiefels“ mit Sizilien verbinden soll. Allein die Vorstellung einer solchen Brücke mit über 3000 m Spannweite macht schwindlig: An jedem Ufer riesige Pfeiler mit 370 m Höhe, das wären die höchsten Bauwerke Europas. Dazwischen gespannt gigantische Seile mit einer Stärke von 1,24 m. Daran aufgehängt die 60 m breiten Fahrbahnen für Pkw, Lkw und Bahn. Im Hafen von Messina kann man dieses gigantische Werk fast schon vor sich sehen. Trotz aller Bedenken hat die italienische Regierung 2004 beschlossen, solch eine Brücke bauen zu lassen.

1 *Eine Reise von Stuttgart nach London: Beschreibe die Fahrtstrecke.*
2 *Diagramm 1: Vergleiche die Zahlen der Reisenden und der Lkws 1986 und 2001.*
3 *Fasse die Daten zum Eurotunnel und zur Öresundbrücke tabellarisch zusammen.*
4 *Verfolge die Entwicklung beim Bau der „Stretto di messina“ im Internet.*

Öresund-Region
Einwohnerzahl: 3,5 Mio.
Fläche: 21000 km²

Aktuelle Preise
www.scotland.de/anreise/a-etunnel.htm
www.aferry.de

Surftipp
www.eurotunnel.com
www.oeresundsbron.com
www.strettodimessina.it

→ *Gotthard-Basistunnel, Seite 179*

1

2

Verkehrsknoten Frankfurt

Kleine Verkehrsgeschichte von Frankfurt am Main

1222 *erste Brücke über den Main*
1839 *Frankfurt erhält den Eisenbahnanschluss*
1933 *Der erste Autobahnbau in Deutschland führt von Frankfurt nach Heidelberg*
1936 *Eröffnung des Rhein-Main-Flughafens*
1958 *Frankfurt wird erster Düsenverkehrsflughafen Deutschlands*
1999 *Eröffnung des ICE-Bahnhofes am Frankfurter Flughafen*

Über 1200 Starts und Landungen und mehr als 1300 Züge am Tag, weit über 50000 gezählte Fahrzeuge pro Stunde am Frankfurter Kreuz und 12000 Tonnen Güterumschlag pro Tag im Mainhafen sind sichtbare Zeichen für die große Bedeutung Frankfurts als herausragender **Verkehrsknoten** in Deutschland und Europa.

Warum gerade Frankfurt?
Entscheidend waren die Lage in der Mitte der alten Bundesländer, die weite Ebene zwischen den ringsum gelegenen Mittelgebirgen und der Entschluss der Amerikaner, ihren zentralen Militärflughafen hier anzulegen. So bündeln und kreuzen sich hier nicht nur mehrere Bundesautobahnen, sondern auch die Routen der Binnenschifffahrt, die Fernbahnstrecken und vor allem die nationalen und internationalen Fluglinien.

Schienenverkehr
In 1300 Zügen kommen Tag für Tag 350000 Reisende und Pendler am Frankfurter Hauptbahnhof an oder fahren von hier aus ab. Möglich machen dies etwa 12000 Menschen, die auf dem Bahnhof arbeiten. Der neue ICE-Bahnhof direkt neben dem Flughafen verstärkt die Bedeutung Frankfurts als Eisenbahnknotenpunkt.

3

Straßenverkehr

Frankfurt entstand am Schnittpunkt wichtiger Fernhandelsstraßen aus dem Oberrheingebiet, der westhessischen Senke, dem Maintal und vom Vogelsberg. Diese Verkehrsbedeutung wurde auch später deutlich, als von hier aus die erste Autobahn gebaut wurde. Heute zieht sich um die Main-Metropole ein dichtes Netz von bis zu achtspurigen Autobahnen, die schnelle Verbindungen in alle Richtungen ermöglichen.

Flugverkehr

Der Frankfurter Flughafen hat heute die Ausmaße einer eigenen Stadt, in der nahezu 60 000 Menschen rund um die Uhr arbeiten. Nirgendwo sonst in Deutschland finden sich auf so kleinem Raum so viele Arbeitsplätze. Jährlich fliegen fast 50 Millionen Passagiere zu über 300 Zielen in 110 Ländern der Erde. Auf dem Frachtflughafen wird alles, was man per Luftfracht transportieren kann, verladen: Autos, Maschinen, Obst und Gemüse bis hin zu Blumen und Tieren.

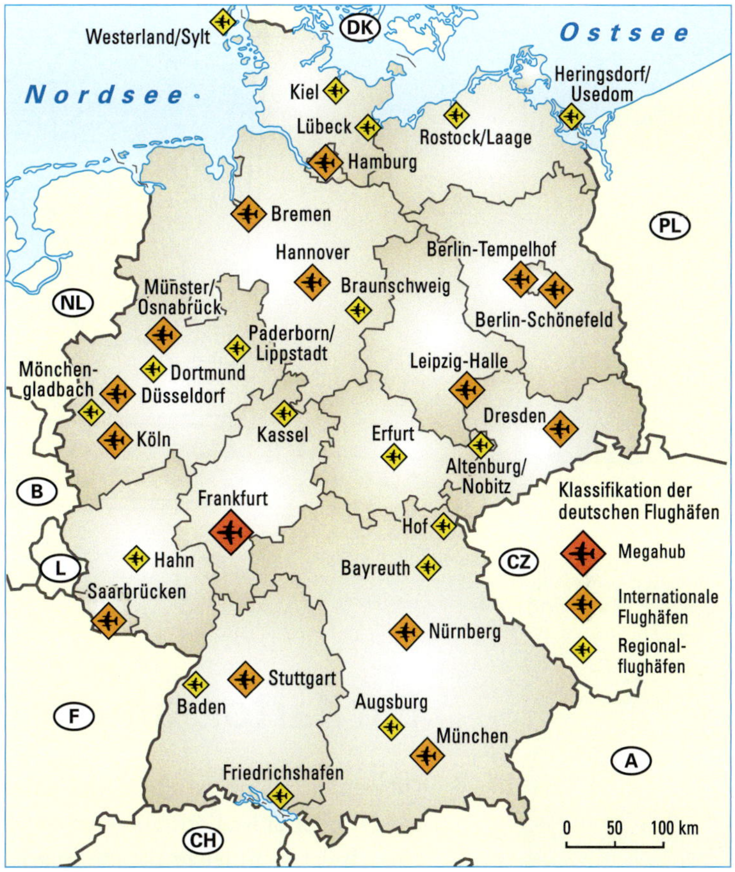

4 ***Flughäfen in Deutschland***

5 Die größten europäischen Flughäfen 2002

Flughafen	Passagiere (in Millionen)	Fracht (in Tsd. t)
London H	63,4	1280
Frankfurt	50,2	1730
Paris CdG	48,4	1480
Amsterdam	40,7	1250
Madrid B	33,9	297
London-G	29,6	320
Rom LdV	25,3	130
München	23,8	156
Paris-Orly	23,2	102
Zürich	22,5	430
Barcelona	20,5	82
Moskau (alle)	17,6	k. A.
Berlin (alle)	13,3	13
z. V. Prag	6,3	103
Budapest	4,9	89

Hub (gesprochen „hab"), *aus dem Englischen, bedeutet: (Rad-)Nabe, im übertragenen Sinne: Mittelpunkt, Zentrum*

Frankfurter Flughafen und Umwelt: www.klett-verlag.de/geographie/terra-extra

1 *Beschreibe das Foto 2.*

2 *Berichte, welche Entwicklung der Frankfurter Flughafen in den vergangenen Jahren durchlaufen hat. Beschaffe dir die aktuellen Zahlen aus dem Internet unter www.flughafen-frankfurt.de oder www.fraport.de und erstelle ein Diagramm.*

3 *Vergleiche mithilfe der Tabelle 5 die größten europäischen Flughäfen. Zeichne dazu geeignete Diagramme.*

4 *Erläutere, warum Frankfurt als Verkehrsknoten gilt.*

5 *a) Inwieweit hat die besondere Verkehrssituation Frankfurts Nachteile für die Umwelt und die hier lebenden Menschen? Nutze dazu terra-extra.*

b) Erstelle dazu eine Liste.

Ein Kartogramm ist die Verbindung von einem Diagramm und einer einfachen Karte. Die Anordnung der Diagramme auf einer Karte ermöglicht die räumliche Zuordnung und Orientierung.

Ein Kartogramm erstellen

Oft werden in Tabellen und Diagrammen Länder oder Städte miteinander verglichen. Es ist nicht leicht die Informationen dem jeweils richtigen Land zuzuordnen. Um den Vergleich anschaulich zu machen, kann man die entsprechenden Angaben, wie z. B. die Einwohnerzahl in einer Umrisskarte in das jeweilige Land eintragen bzw. einzeichnen. Eine Kombination von einfacher Karte und Diagrammen oder anderen Informationen wird Kartogramm genannt. Ein Kartogramm ist nur sinnvoll, wenn Informationen über mehrere Länder miteinander verglichen werden sollen.

Ein Kartogramm erstellen

1. Schritt: *Zeichne eine Umrissskizze der Länder, die miteinander verglichen werden sollen.*

2. Schritt: *Wähle eine geeignete Darstellungsart für den zu vergleichenden Sachverhalt (Piktogramm, Säulendiagramm, Kreisdiagramm usw.) aus.*

3. Schritt: *Zeichne die gewählte Darstellung an der entsprechenden Stelle der Kartenskizze ein.*

4. Schritt: *Erstelle eine Legende und eine Überschrift für das Kartogramm.*

1 *Nenne die Vorteile der Darstellung als Kartogramm bei den Karten 5 und 6*

2 *Zeichne nach den Angaben in Tabelle 4 ein Kartogramm der Anteile der Verkehrsträger in den Ländern Frankreich, Deutschland, Niederlande und Belgien. Wähle dazu einen geeigneten Diagrammtyp für die Darstellung.*

❶ **Anteil der Verkehrsträger im Jahr 2000 am Güterverkehr in Millarden Tonnenkilometer**

	PL	SK	CZ	H
Schiene	55	10	17	8
Straße	71	5	37	18
Wasser	1	2	1	2
Gesamt	126	17	55	28

❷ **Anteil der Verkehrsträger am Güterverkehr im Jahr 2000 in %**

	PL	SK	CZ	H
Schiene	43	59	31	29
Straße	56	29	67	64
Wasser	1	12	2	7

❸

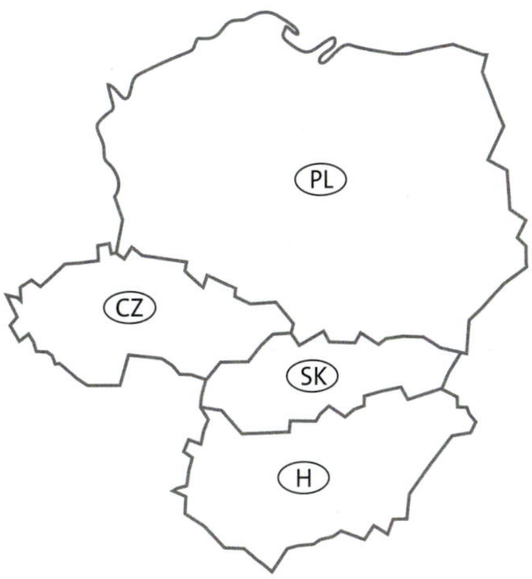

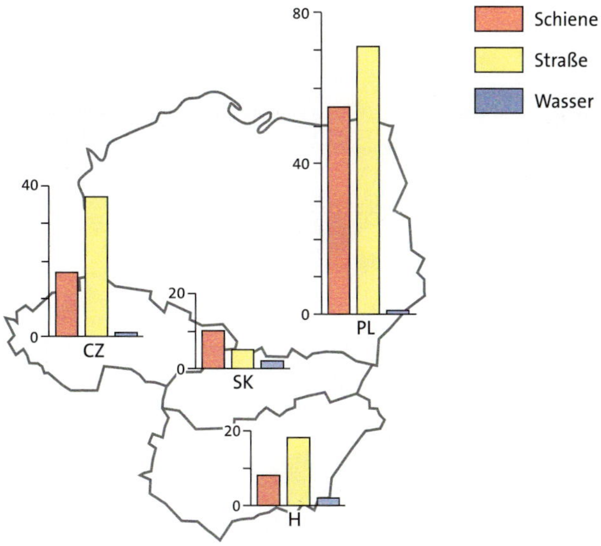

❺ ***Anteil der Verkehrsträger im Jahr 2000 am Güterverkehr in Millarden Tonnenkilometer***

→ *Verkehrsträger, Seite 143*

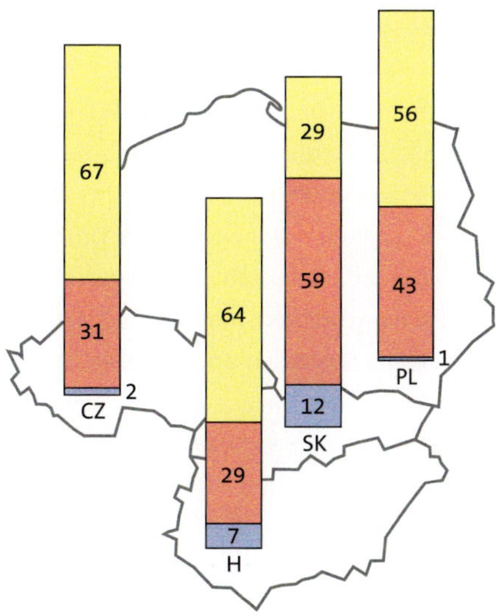

❹ **Anteil der Verkehrsträger im Jahr 2000 am Güterverkehr in Millarden Tonnenkilometer**

	F	D	NL	B
Schiene	55	76	4	8
Straße	7	66	41	6
Wasser	267	346	46	33
Gesamt	329	488	91	47

❻ ***Anteil der Verkehrsträger am Güterverkehr im Jahr 2000 in %***

① **MS Vera**

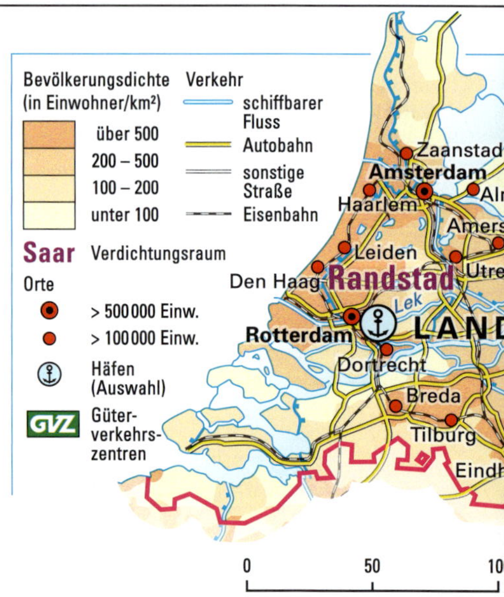

④ **Verkehrsachse Rhein**

Auf Europas wichtigster Wasserstraße

② ***Güterverkehr auf wichtigen europäischen Wasserstraßen (in Mrd. Tkm)***

Deutschland	*66,5*
Niederlande	*41,3*
Frankreich	*7,3*
Belgien	*6,3*
Österreich	*2,4*
Finnland	*0,5*
Luxemburg	*0,3*
Großbritannien	*0,2*
Italien	*0,2*

Tkm = Tonnenkilometer

→ *Transportleistung Schiff-Bahn-Lkw, Seite 149*

→ *kombinierter Verkehr, Seite 179*

③ **Mit der Vera unterwegs**

Stockdunkel ist die Nacht, als die 600 km lange Reise vom Mannheimer **Binnenhafen** zum Rotterdamer **Seehafen** startet. Die gewaltigen Ladedecks des Frachtschiffes „Vera" sind eine „schwimmende Landstraße". Die Ladung besteht aus: 169 in Mannheim hergestellten John-Deere-Traktoren für Japan, Australien und die USA, 20 vollbepackten Lkw-Trailern, sechs nagelneuen IVECO-Lkw-Zugmaschinen und zwei knallgelben Mähdreschern für Großbritannien. Man stelle sich vor, wie viele Sattelschlepper oder Eisenbahnwaggons man für den Transport bräuchte. Der Kapitän der „Vera", Adrie van Groth, erklärt die Vorteile: „Mit nur 1 PS Motorleistung bewegen wir 4000 kg; die Bahn schafft nur 500 kg, ein Lkw sogar nur 150 kg. Entsprechend wenig schädliches Kohlendioxid pusten wir aus."

Beim Deckrundgang wird klar, wie leise das Frachtschiff auf dem Rhein dahingleitet. Für den Kapitän ist das nur einer von vielen weiteren Vorteilen der Binnenschifffahrt: „Für uns gilt kein Sonntagsfahrverbot. Ein Trailer, der freitags in Rotterdam an Bord kommt, kann schon am Montagvormittag in Mannheim beim Empfänger entladen werden. Am Wochenende sind wir also auf dem Rhein genauso schnell unterwegs wie ein Lkw." Auf der wichtigsten Wasserstraße Europas werden pro Jahr über 40 Mrd. Tonnenkilometer Güter befördert. Das sind zwei Drittel des gesamten Güterverkehrs auf deutschen **Binnenwasserstraßen**.

Die Frachtschiffe und Schubverbände befördern Baustoffe, Mineralölprodukte, Erze, Schrott, Kohle, chemische Erzeugnisse und **Container** mit Waren. Sie alle sind auf dem Weg zu einem **Güterverkehrszentrum (GVZ)**, wovon es am Rhein über 20 gibt. Dort können die per Schiff angelieferten Waren entweder auf die Bahn verladen oder vom Lkw im Nahbereich an die Empfänger weitertransportiert werden. Statt 700 km sind die Brummis somit nur 100 bis 200 km zur „Feinverteilung" unterwegs. Dies ist ein Beispiel für den **kombinierten Verkehr**, weil zum Transport der Waren verschiedene Verkehrsmittel eingesetzt werden.

5 ***Binnenhafen Duisburg***

Aus dem Verkehrslexikon

Verkehrsträger: Medium, das ein Verkehrsmittel „trägt“: Diese sind Straße, Schiene, Wasser, Luft oder Rohrleitung.

Verkehrsmittel: Transportmittel, z. B. Pkw, Lkw, Schiff oder Bahn, mit dem Personen und / oder ein Gut befördert werden.

1 Atlasarbeit: Suche Wasserstraßenwege von Rotterdam nach Marseille und von Duisburg nach Prag.

2 a) Erläutere die Vorteile der Binnenschifffahrt gegenüber anderen Verkehrsträgern.

b) Bei welchen Gütern ist der Transport mit Binnenschiffen besonders vorteilhaft? Begründe.

3 Beschreibe die Stellung der Binnenschifffahrt in den einzelnen Ländern der EU. Setze dazu die Daten aus Tabelle 2 in ein Diagramm um und begründe die Wahl des Diagrammtyps.

4 Beschreibe und erkläre mithilfe von Diagramm 6 die jüngste Entwicklung des Anteils der Binnenschifffahrt am gesamten Güterverkehr in Deutschland.

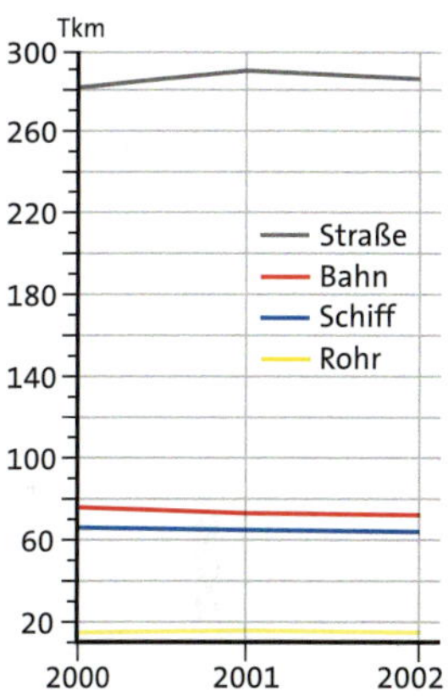

6 ***Verteilung des Güterverkehrs in Deutschland nach Verkehrsträgern in Tkm***

Surftipp

www.binnenschiff.de

1 GRIESHABER INTERNATIONALE SPEDITION

Spedition Grieshaber
Jahresumsatz: 70 Mio. Euro
Anzahl Beschäftigte: 600
Davon 150 Lkw-Fahrer
120 eigene Lkws

Anteile der Geschäftsteile am Umsatz
Binnenverkehr: 40 %
Transit und grenzüberschreitender Transport: 30 %
Logistik: 30 %

Anteil der verschiedenen Verkehrsträger an den Transportleistungen
Lkw: 85 % (40 % eigene)
Bahn: 5 %
Schiff: 8 %
Flugzeug: 2 %

Niederlassungen
Bad-Säckingen
Weingarten
Ravensburg
Schlüchtern
Kerpen-Türnich
Hombourg (Frankreich)
Basel (Schweiz)

2 ***Herr Kienle an seinem Arbeitsplatz***

3 ***Fuhrpark Grieshaber***

Auf Routensuche durch das Transitland Deutschland

Unterwegs auf der A4 von Braunschweig nach Berlin: Auf der rechten Fahrspur Lkw an Lkw. Wenn man genauer hin schaut, entdeckt man nicht nur deutsche sondern auch viele ausländische Kennzeichen und Werbesprüche in fremden Sprachen.
So wie auf der A4 sieht es auf vielen Autobahnen in Deutschland aus. Durch seine Lage im Herzen Europas ist unser Land zu einer richtigen Drehscheibe des Verkehrs geworden. Vor allem seit der Öffnung der Grenzen innerhalb der europäischen Union wächst der Verkehr scheinbar grenzenlos.

Das Beispiel Grieshaber
Auch für die **Spedition** Grieshaber aus Weingarten wird der ständig zunehmende Verkehr auf Deutschlands Straßen immer mehr zu einem Problem. Grieshaber organisiert den Transport von Gütern nicht nur innerhalb Deutschlands sondern zum Beispiel auch von den großen Seehäfen an der Nordsee nach Osteuropa und umgekehrt. Dann ist Deutschland für die Spedition eigentlich nur ein **Transitland**, das möglichst schnell und kostengünstig durchquert werden muss.
Herr Kienle, Angestellter bei Grieshaber, ist dort zuständig für internationale Transporte. Er sucht geeignete Routen und wählt Fuhrunternehmen aus, die den eigentlichen Transport übernehmen, wenn Grieshaber das mit den eigenen Lkws nicht leisten kann. „Bei dem Wahnsinnsverkehr auf der Straße sind wir gezwungen immer häufiger auf die Nachtstunden auszuweichen. Außerdem überlegen wir uns stets, ob nicht

auch Schifffahrt oder Bahn eine kostengünstige Alternative sein können. Vor allem seit sich die Technik des **Güterumschlags** so rasant entwickelt, wird es einfacher, verschiedene Verkehrsmittel miteinander zu verknüpfen."

Auf dem Schreibtisch von Herrn Kienle liegen zwei Anfragen, die per Mail bzw. per Fax eingetroffen sind.

Die Anfragen will er gleich beantworten. Die Wahl der Route wird entscheidend davon abhängen, welche Verkehrsmittel zum Einsatz kommen. Dazu muss er die verschiedenen Möglichkeiten zunächst grob durchrechnen. Auf zwei Blättern trägt er die wichtigsten Informationen zusammen. Du findest sie auf den folgenden Seiten.

Was meinst du? Straße, Schiene oder Wasser? Für welchen Verkehrsträger wird sich Herr Kienle entscheiden? Mit welchen Kosten werden seine Kunden rechnen müssen?

Binnenverkehr
Verkehr innerhalb einer Stadt oder eines Landes.

Grenzüberschreitender Verkehr
Verkehr über die Grenzen eines Landes hinweg.

Transitverkehr
Verkehr, der auf dem Weg von einem Land in ein anderes durch ein Drittland (Transitland) führt.

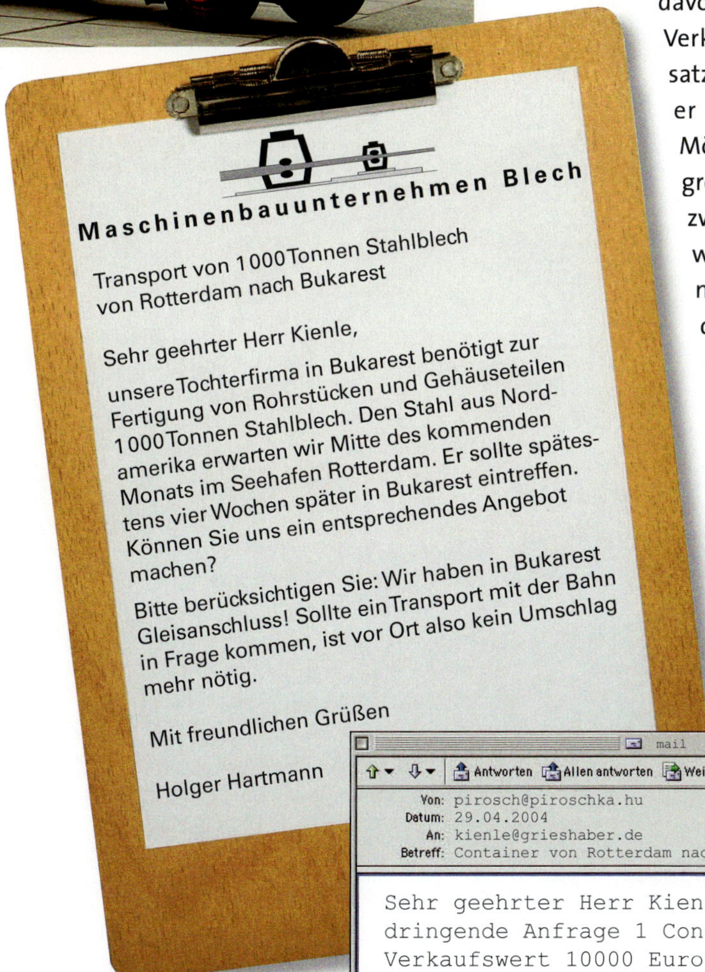

Maschinenbauunternehmen Blech

Transport von 1000 Tonnen Stahlblech von Rotterdam nach Bukarest

Sehr geehrter Herr Kienle,

unsere Tochterfirma in Bukarest benötigt zur Fertigung von Rohrstücken und Gehäuseteilen 1000 Tonnen Stahlblech. Den Stahl aus Nordamerika erwarten wir Mitte des kommenden Monats im Seehafen Rotterdam. Er sollte spätestens vier Wochen später in Bukarest eintreffen. Können Sie uns ein entsprechendes Angebot machen?

Bitte berücksichtigen Sie: Wir haben in Bukarest Gleisanschluss! Sollte ein Transport mit der Bahn in Frage kommen, ist vor Ort also kein Umschlag mehr nötig.

Mit freundlichen Grüßen

Holger Hartmann

④ Fax von deutschem Maschinenbauunternehmen Blech

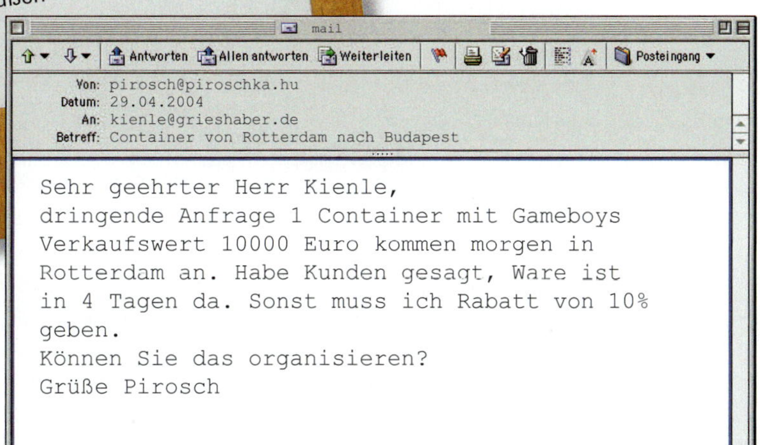

mail

Antworten | Allen antworten | Weiterleiten | Posteingang

Von: pirosch@piroschka.hu
Datum: 29.04.2004
An: kienle@grieshaber.de
Betreff: Container von Rotterdam nach Budapest

Sehr geehrter Herr Kienle,
dringende Anfrage 1 Container mit Gameboys Verkaufswert 10000 Euro kommen morgen in Rotterdam an. Habe Kunden gesagt, Ware ist in 4 Tagen da. Sonst muss ich Rabatt von 10% geben.
Können Sie das organisieren?
Grüße Pirosch

⑤ Mail von Herrn Pirosch aus Budapest

6 ***Route Rotterdam – Bukarest***

Strecke Rotterdam – Bukarest
- Schifffahrtsweg
- Autobahn
- Fernverkehrsstraße
- Eisenbahnstrecke

übrige Strecken
- Schifffahrtsweg
- Autobahn
- Fernverkehrsstraße
- Eisenbahnstrecke
- GVZ Güterverkehrszentrum

0 50 100 150 km

8 ***Hafen Regensburg***

1 000 Tonnen Stahlblech Rotterdam – Bukarest

Lkw

Route: Köln – Nürnberg – Passau – Wien – Budapest – Oradea – Bukarest (Staumeldungen berücksichtigen!)
Transportleistung: 20 Tonnen pro Lkw
Transportkosten: 2 500 Euro pro Lkw
Transitzeit: 5 Tage

Bahn

Route: Köln – Nürnberg – Passau – Wien – Budapest – Oradea – Bukarest
Transportleistung: 50 Tonnen pro Waggon
Transportkosten: 110 Euro pro Tonne
Transitzeit: 10 Tage
Gleisanschluss vorhanden!

Binnenschiff

Route: Mainz – Bamberg – Regensburg – Bukarest (z. B. Ruse) Vorsicht!!! Umschlag in Regensburg und Nachlauf in Bukarest
Kosten: Rotterdam – Regensburg: 30 000 Euro (inclusive Schleusengebühren); Umschlag in Regensburg 12 000 Euro; Strecke Regensburg – Bukarest: 35 000 Euro; Nachlauf in Bukarest: Umschlag auf Lkw: 10 Euro pro Tonne; Transport bis zum Empfänger: 20 Tonnen pro Lkw, 200 Euro pro Lkw
Transitzeit: Rotterdam – Regensburg: 7 Tage; Zwischenlagerung auf Kai in Regensburg: bis zu 5 Tage (Warten auf das Schiff aus Bukarest); Regensburg – Bukarest: 7 Tage; Nachlauf in Bukarest: 2 Tage

7

Ein Container Rotterdam – Budapest

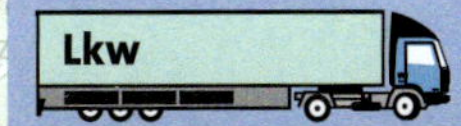

Route: Köln – Nürnberg – Passau – Wien – Budapest (Staumeldungen berücksichtigen!)
Streckenlänge: ca. 1500 km
Kosten: 1,50 Euro pro km
Transitzeit: 3 Tage

Route: Streckenlänge: ca. 1 500 km
Kosten: 1 Euro pro km
Nachlauf in Budapest:
Umschlag auf Lkw: 100 Euro
Transport zum Händler: 200 Euro
Transitzeit: Rotterdam – Budapest 6 Tage
Nachlauf in Budapest: 2 Tage

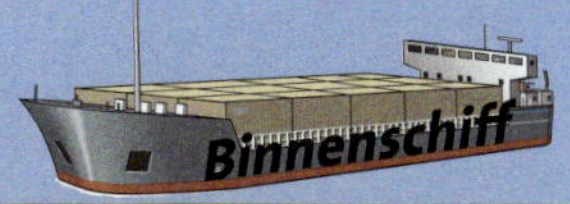

1 *Suche die Routen, die Herr Kienle für die verschiedenen Verkehrsmittel vorschlägt.*

2 *Lkw, Bahn oder Binnenschiff? Für welches Verkehrsmittel wird sich Herr Kienle entscheiden? Berechne mithilfe der Informationen die anfallenden Kosten und vergleiche.*

3 *Bewerte die Wahl des Verkehrsmittels aus ökologischer Sicht.*
Weshalb hat Herr Kienle für das Budapest-Angebot keine Angaben zum Binnenschiff gemacht?

4 *Neue Aufträge für Herrn Kienle:*
a) 50 gebrauchte Baumaschinen von Nürnberg nach Bukarest;
b) Ein riesiges Flugzeugteil von Köln nach Wien;
c) Eine zerlegte Papiermaschine von Düsseldorf nach Belgrad;
d) Ein Container mit Schulbüchern von Stuttgart nach Novi Sad;
e) Ein Container mit Textilien aus Asien von Rotterdam nach Prag.
Entscheide dich für eine Route und begründe.

Nicht nur Brücken und Tunnel sorgen dafür, dass die Menschen in Europa immer einfacher und schneller zueinander kommen können. Auch durch den Ausbau des Schienen- und Straßennetzes und der Flughäfen werden die Reisezeiten zwischen den großen Städten Europas immer kürzer. Fast könnte man meinen „Europa schrumpft“.

❶ ***Hochgeschwindigkeitszüge in Europa***

Verkehr

Was vor 30 Jahren noch undenkbar schien, ist heute Realität: Paris–London in zweieinhalb Stunden, Paris–Marseille in drei Stunden, Stuttgart–Hamburg in fünf Stunden – mit der Bahn! Möglich machen das die Rennpferde auf Europas Gleisen, die so genannten Hochgeschwindigkeitszüge. Mit bis zu 300 km/h rauschen der französische TGV (Train à Grand Vitesse), der deutsche ICE (InterCity Express) und der spanische AVE (Alta Velocidad Española) auf eigens für sie gebauten Schienenstrecken dahin.

Damit wollen die Bahnen wieder eine Alternative zum Flugzeug werden. Viele Menschen wählen jedoch das Flugzeug, obwohl es gegenüber Straße und Schiene mit Abstand die größten Umweltbelastungen verursacht. Geringe Preise für Flugreisen und immer größere, immer modernere Flughäfen haben das möglich gemacht.

2 Güterverkehr in Europa im Jahr 2000 (in Milliarden Tonnenkilometern)

Land	Eisenbahnverkehr	Binnenschifffahrt	Straßengüterverkehr	Summe	Anteil an EU in %
A	16,1	2,4	17,5	36,0	2,1
B	7,7	6,3	32,5	46,5	2,7
D	76,0	66,5	346,3	488,8	28,5
DK	2,0	0,0	17,8	19,8	1,2
E	11,5	0,0	117,5	129,0	7,5
F	55,4	7,3	266,5	329,2	19,2
FIN	10,1	0,5	27,5	38,1	2,2
GR	0,4	0,0	18,4	18,8	1,1
I	22,8	0,2	244,0	267,0	15,6
IRL	0,5	0,0	6,5	7,0	0,4
L	0,6	0,3	2,4	3,3	0,2
NL	3,8	41,3	45,7	90,8	5,3
P	2,2	0,0	14,7	16,9	1,0
S	15,4	0,0	32,4	47,8	2,8
UK	18,3	0,2	158,0	176,5	10,3
Ges. (EU)	242,8	125,0	1347,7	1715,5	

Um einen Verkehrskollaps verhindern zu können wird also auch das Straßennetz weiter ausgebaut werden müssen. Gesucht sind aber vor allem intelligente Lösungen, wie Teile des Straßenverkehrs schnell und kostengünstig auf Schiene oder Wasserstraße verlagert werden könnten. Sonst gilt: Europa wird zwar kleiner, aber die Straßen werden immer voller.

Verkehrsnetz
Gesamtheit aller Verkehrswege des Wasser-, Straßen-, Schienen- und Flugverkehrs

Natürlich sind auch die Unternehmen an schnellen Verbindungen interessiert, da sie ihre Güter möglichst rasch und zuverlässig an den Zielort bringen und für die Mitarbeiter und Kunden gut und schnell erreichbar sein müssen.

Vor allem die Staaten in der Mitte Europas werden versuchen, die Fernverkehrsverbindungen in die angrenzenden Länder zu verbessern, da hier insbesondere auf der Straße mit einer starken Zunahme des Verkehrs gerechnet werden muss.

1 *Nenne Hochgeschwindigkeitsstrecken in Europa. Erläutere deren Bedeutung.*

2 *Plane eine Reise von deinem Heimatort nach London. Vergleiche Zug mit Flugzeug hinsichtlich Reisezeit und Preis. Nutze dazu auch das Internet.*

3 *Welche Regionen innerhalb Deutschlands werden besonders unter dem zunehmenden Verkehr leiden? Begründe.*

4 *a) Setze Tabelle 2 in ein Diagramm um.*
b) Beschreibe und erkläre die unterschiedlich großen Anteile der Verkehrsträger am Güterverkehr.

Surftipp
www.bahn.de

1 Routen planen ...

a) *Plane Zug- und Auto-Reisen von deinem Heimatort zu verschiedenen Großstädten in West-, Nord- und Ostdeutschland. Suche dazu über das Internet Verbindungen der Bahn und vergleiche die Strecken mit den Angaben eines Autoroutenplaners.*

b) *Verfahre ebenso mit den europäischen Hauptstädten.*

c) *Findest du auf diese Art die großen Verkehrsknoten in Deutschland und Europa? Begründe deine Antwort.*

1

2 Güter befördern, aber wie und womit?

Du bist Angestellter einer Spedition und musst folgende Aufträge bearbeiten:

a) *Ein Container muss von Bremerhaven nach Prag geliefert werden.*

b) *Ein gebrauchter Mähdrescher muss von Amberg (Bayern) nach Bukarest überführt werden.*

2

3 Vervollständige die Sätze:

a) *Seit 1994 verbindet der ... Großbritannien mit dem europäischen Festland.*

b) *In den ... werden Güter auf ein anderes Verkehrsmittel umgeladen.*

c) *Unter den verschiedenen Verkehrsmitteln verbraucht ... mit Abstand am wenigsten Kohlendioxid pro ... .*

3

4 Güterverkehrszentrum unter der Lupe

a) *Ordne den Fotos 1 bis 3 folgende Begriffe zu: Schüttgut, Containerumschlag, Roll-on-Roll-of-Anlage, Stückgut, Massengut, Kombinierter Verkehr, Wasserstraße, Schiene, Straße.*

b) *Arbeite mit Grafik 4. Ein Unternehmer in A benötigt zur Fertigung Teile von Betrieben in B, C, D und E. Begründe, weshalb ein GVZ die Kosten senken kann.*

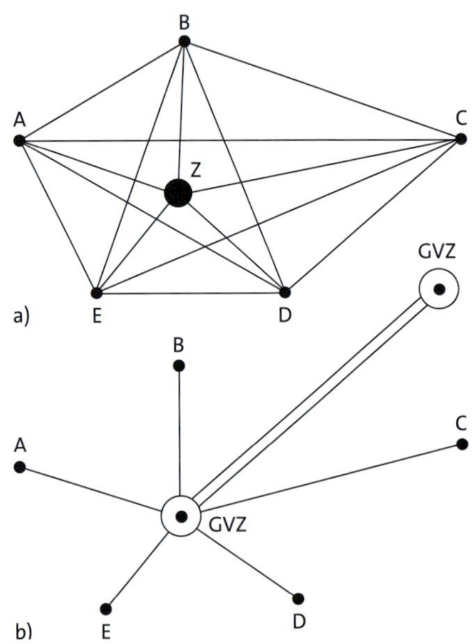

4 **Verkehrswege ohne und mit GVZ**

5 Richtig oder falsch?

Die folgenden Aussagen sind entweder richtig (r) oder falsch (f). Notiere den entsprechenden Buchstaben. Von oben nach unten gelesen ergeben die dazugehörigen Buchstaben den gesuchten Begriff.

a) Der Anteil des Bahnverkehrs und der Binnenschifffahrt am Güterverkehr hat in den letzten Jahren in Deutschland zugenommen. (r: E/f: V)

b) Auf Binnenschiffen können vor allem Massengüter und besonders sperrige Güter kostengünstig transportiert werden. (r: E/f: R)

c) Der Transitverkehr durch Deutschland wird in den kommenden Jahren deutlich abnehmen. (r: F/f: R)

d) Die europäischen Hochgeschwindigkeitszüge erreichen eine Geschwindigkeit von 700 km/h. (r: A/f: K).

e) Die Bahn besitzt den großen Vorteil, dass man mit ihr Güter problemlos in die Fläche verteilen kann. (r: V/f: E)

f) Beim Güterumschlag müssen die Standzeiten so gering wie möglich bleiben (r: HR /f: RH)

6 Bilderrätsel

a) Löse die Bilderrätsel.

b) Erkläre Begriff b.

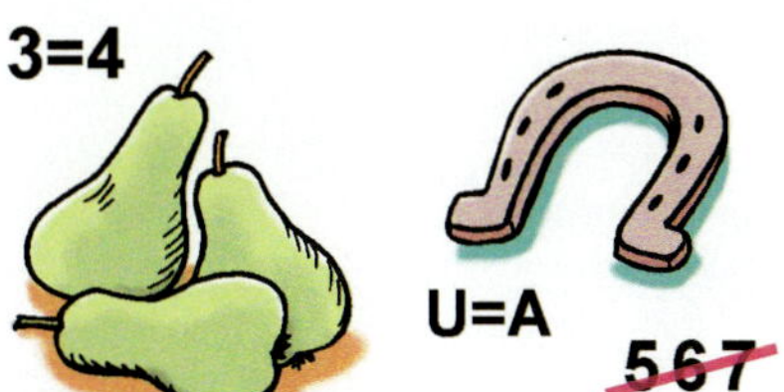

a

b

5

7 Verkehrsprobleme lösen

Was würdest du dem Autofahrer in der Karikatur 5 antworten.

8 Statistisches Amt der EU (April 2002)

Länge des Verkehrsnetzes in der EU:

	1990	1999
Bahnnetz	160 000 km	153 600 km
Autobahnnetz	39 000 km	49200 km

a) Stelle diese Entwicklung in einem Säulendiagramm dar.

b) Beurteile diese Entwicklung.

9 Zum Knobeln

Welche Wasserstraße ist hier abgebildet?

6

Teste dich selbst

mit den Aufgaben 2b, 3c, 5d, 6b

Städte in Europa

Städte haben eine eine große Ausstrahlung. Einige Städte Europas sind weit über die Grenzen ihres Landes und des Kontinents hinaus bekannt und von Bedeutung.
Als Zentren von Kultur, Politik und Wirtschaft besitzen sie eine starke Anziehungskraft.

9

Metropole Paris

1

Paris – eine Stadt mit vielen Gesichtern. Kim, Martin und Elena aus der 6a besuchen ihre Austauschpartner am Collège Georges Braque. Jeder hat sich diesmal etwas Besonderes vorgenommen.

2 **Elena: Spaziergang durch Paris**
Tour Eiffel – Arc de Triomphe – Champs-Elysées – Place de la Concorde – Madeleine – Opéra – Pyramide du Louvre – Hôtel de Ville – Notre-Dame

Metropole
(griech. Metropolis = Mutterstadt, Hauptstadt) bedeutende Groß- oder Hauptstadt, die innerhalb eines Landes ein politisches und wirtschaftliches Zentrum darstellt.

3 **Kim: Shopping ohne Ende**
Mode- und Schmuckgeschäfte am Place Vendôme – Kaufhäuser am Boulevard Haussmann und an der Rue de Rivoli – Flohmarkt an der Porte de Clignancourt – Arabermärkte am Boulevard de la Chapelle – Bouquinistes am Seineufer – Straßenhändler am Eiffelturm – Artisten am Centre Pompidou – Maler auf Montmartre

4 **Martin: In der Metro**
7 Millionen Menschen täglich – über 360 Stationen – zum Umsteigen unterirdische Gänge – Musiker, Zauberer und Bettler – viele Nationalitäten und Völker, vor allem Araber und Afrikaner – Pause nur zwischen 1 Uhr und 5 Uhr morgens – ohne Metro: Verkehrschaos an der Oberfläche – gleicht riesigem Ameisenhaufen.

5

6

7

8

Schon im 16. Jahrhundert war Paris mit 200 000 Einwohnern nach Konstantinopel die zweitgrößte Stadt Europas. Heute wohnen hier mehr als 10 Millionen Menschen. Paris ist Hauptstadt, hat mehrere internationale Flughäfen, ist Sitz der UNESCO, der OECD und der ESA, beherbergt die wichtigsten Universitäten, Forschungseinrichtungen, Verwaltungen und Firmenzentralen Frankreichs. Und: jährlich kommen mehr als 20 Millionen Touristen. Täglich mehr als 1 Million Einpendler. Damit ist Paris nicht nur die bedeutendste Stadt Frankreichs, sondern auch eine Weltstadt und **Metropole**. Die Bedeutung der französischen Hauptstadt wird erst richtig deutlich, wenn man das Umland, die Ile de France, mit hinzunimmt. Denn längst ist Paris über seine Stadtgrenzen hinausgewachsen.

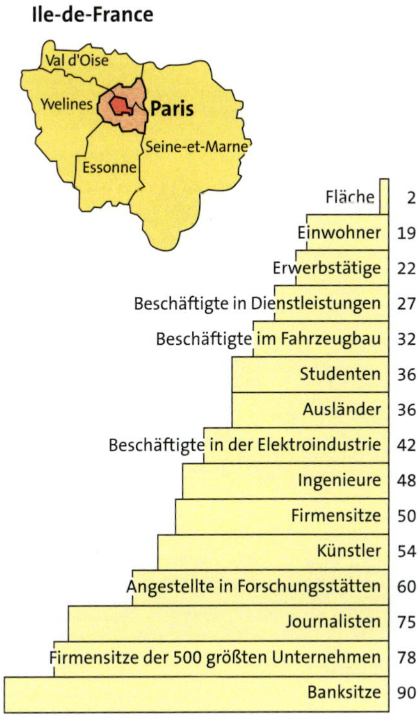

10 ***Bedeutung Region Ile-de-France innerhalb Frankreichs in Prozent***

UNESCO =
(U.N. Educational, Scientific and Cultural Organisation) Organisation der UN für Erziehung und Wissenschaft
OECD =
(Organisation for Economic Cooperation and Develepement) Organisation für wirtschaftliche Zusammenarbeit und Entwicklung
ESA =
(European Space Agency) Europäische Weltraumorganisation

9 **Stadtentwicklung**

52 v. Chr. Die Römer erobern das gallische Lutetia auf der Seine-Insel
12. Jh. Ausdehnung auf das rechte Ufer der Seine
15. Jh. Bau des Louvre
18. Jh. Paris reicht von der Place de l'Etoile (West) bis zur Place de la Nation (Ost)
Ende 19. Jh. Modernisierung; Ausbau großer Boulevards, Bau der Metro
1889 Bau des Eiffelturms zur Weltausstellung
1970–2000 Bau der modernen Sehenswürdigkeiten von Paris: Centre Pompidou, Forum des Halles, Glaspyramide, La Grande Arche de la Défense u.a.

1 *Verfolge Elenas Spaziergang auf einem Stadtplan und ordne die Fotos den besuchten Sehenswürdigkeiten zu.*

2 *Fertige eine Tabelle der von Kim genannten Einkaufstipps an und suche sie auf dem Stadtplan im Atlas.*

3 *Berichte über Martins Eindrücke von der Untergrundbahn.*

4 *Erläutere am Beispiel der französischen Hauptstadt den Begriff „Metropole".*

1 ***La Défense***

Paris und sein Umland

Kaum zu glauben

Jeder fünfte Franzose lebt in der Region Ile-de-France, das bedeutet:
20 % der französischen Bevölkerung lebt auf 2,2 % der Fläche Frankreichs.
Täglich pendeln eine Million Menschen nach Paris, um in der Metropole zu arbeiten.
Zwischen dem 1. Juli und 31. August verlassen 75 % der Einwohner die Stadt, um in die Ferien zu fahren.
Jährlich wird Paris von 14 Millionen Touristen besucht.

Bis 1960 wuchs Paris ungebremst. Der enorme Bedarf an neuen Wohnungen führte zu einer Ausdehnung der Stadtgrenzen ins Umland. Industrie und Gewerbebetriebe verschlangen immer mehr freie Flächen. Im Stadtzentrum stiegen die Mieten für Wohnungen und Büros ins Unermessliche. Verkehrs- und Umweltprobleme waren kaum noch zu bewältigen. Deshalb beauftragte der damalige französische Staatspräsident de Gaulle seinen Experten für Raumplanung: „Delouvrier, bringen Sie mir Ordnung in das Chaos!“ Delouvrier erarbeitete zwei Lösungen: den Bau von Entlastungsstädten und die Errichtung von Büro- und Dienstleitungszentren.

Entlastungsstädte: Villes Nouvelles

Die Entlastung der Metropole konnte nur gelingen, wenn die Menschen außerhalb von Paris sowohl wohnen als auch arbeiten können. Deshalb wurden die fünf Villes Nouvelles Cergy-Pontoise, St-Quentin-en-Yvelines, Évry, Melun-Sénart und Marne-la-Vallée als eigenständige Städte im Umkreis von Paris errichtet.

Dort gibt es alle städtischen Funktionen: günstige Wohnungen, genug Arbeitsplätze, vielfältige Einkaufsmöglichkeiten und Freizeitangebote. Dennoch sind die Entlastungsstädte nicht so gewachsen, wie die Planer es erhofft hatten.

Viele Menschen wollen nicht in einer geplanten modernen Stadt mit außergewöhnlicher Architektur wohnen. Zwar hat Euro-Disney in Marne-la-Vallée in zehn Jahren etwa 12 000 Arbeitsplätze geschaffen, doch infolge der vielen Besucher hat sich das Verkehrsaufkommen vervielfacht. Die Lärm- und Abgasbelastung für umliegende Ortschaften sowie die Mietpreise sind gestiegen.

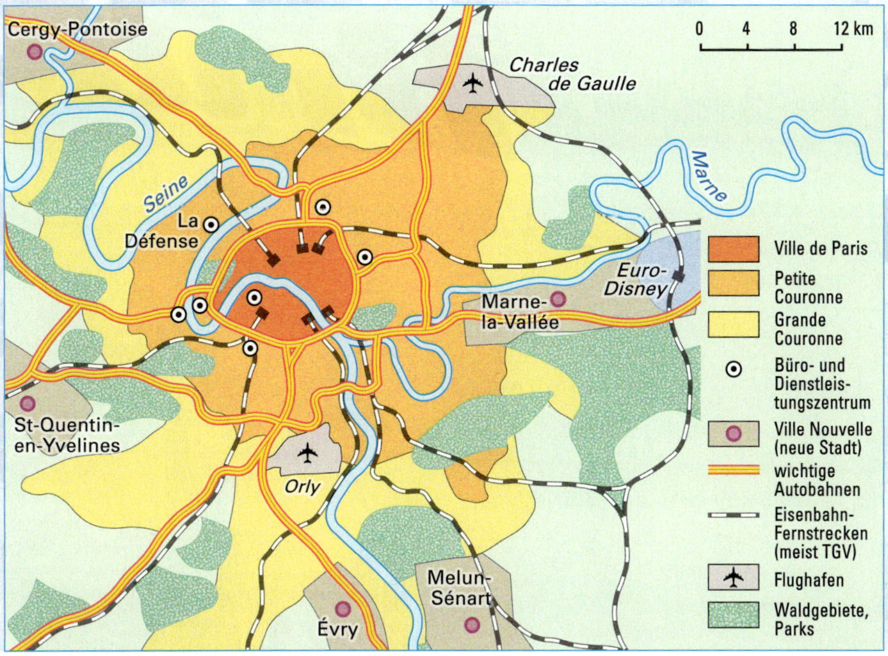

2 Paris und sein Umland – räumliche Entwicklung

Büro- und Dienstleistungszentren: La Défense

Zusätzlich zu den Villes Nouvelles entstanden Büro- und Dienstleistungszentren am Rand der Kernstadt. Das bedeutendste darunter ist La Défense.

Auf dem Stadtplan ist das Dienstleistungszentrum leicht zu finden. Seine Hauptachse ist die Verlängerung vom Louvre über die Avenue des Champs-Elysées und den Triumphbogen nach Nordwesten. Krönender Abschluss ist der als modernes Gegenstück zum Arc de Triomphe gedachte Grande Arche. Es ist mit weißem Marmor verkleidet und besteht aus zwei 110 m hohen Betontürmen, auf denen eine riesige Betonplatte frei zu schweben scheint. Ein weiterer Büroturm erreicht 400 m Höhe.

In La Défense wird vor allem gearbeitet, Wohnungen findet man selten. Fabriken wurden nicht zugelassen, da sie aufgrund der Umweltbelastung 50 km vom Stadtgebiet entfernt liegen müssen.

3 Im Stadtzentrum von Marne-La-Vallée

1 Beschreibe mithilfe der Karte 2 die Lage der neuen Büro- und Dienstleistungszentren und der Villes Nouvelles.

2 Nenne die Unterschiede und die Gemeinsamkeiten zwischen den beiden Planungsmaßnahmen.

3 Untersuche mithilfe des Diagramms 4, ob die Villes Nouvelles tatsächlich zur Entlastung der französischen Hauptstadt beigetragen haben.

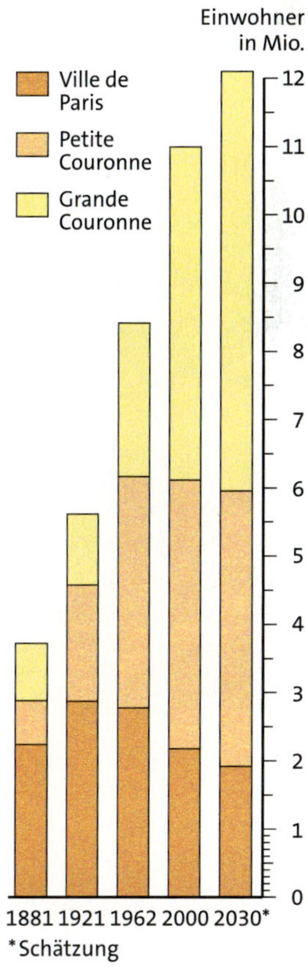

4 Bevölkerungsentwicklung Paris und Umland

The Britkid

Visit us at: www.britkid.org

Hello. My name is John.
I take you to an interesting church in London near the Houses of Parliament. Every king or queen of the UK is crowned there.

I am Tzu Lee.
I lead you to Madame Tussaud's. Do you know what you can see in this museum?.

Hi, there. My name is Nat.
London is also a business centre. For example, a building at West India Docks is very important. Can you tell me the name?

Hi, I am Bal.
I show you „Cutty Sark", one of the fastest old English teaships. Nearby we can visit the National Maritime Museum and one meridian of the world. Tell me its number!

Hi, I am David.
On our tour we'll go to a very busy place in London with lots of people, cars and buses. It is part of Soho.

My name is Megan.
I give you some information about the history of London. At the time of the Romans, London was a small town called Londinium. In the 9th century, King Alfred of England made London the capital of his kingdom. Over the centuries London has become an important metropolis which surrounds the City of London and the City of Westminster. Today more than seven million people live in London.

My name is Anand.
London used to be a famous seaport. But in later centuries the ships grew bigger and bigger. Then the port became too small. Today there are offices, hotels and blocks of flats. What's the name of this part of London?

Hello. My name is Dani.
What about the British Museum? Come on, we are going to visit it now. London is wellknown for its museums, theatres, galleries and concerthalls. Can you find one of the most important museums in the City of London?

Hi, my name is Taz.
Let's go to Marble Arche. We will find it near a big park with the famous „speaker`s corner". What`s the name of this park?

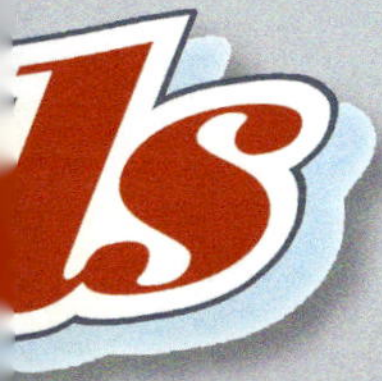

1 Mit den Britkids auf Tour durch London: Bestimme mithilfe eines Stadtplans von London (Atlas) die von ihnen vorgestellten Sehenswürdigkeiten.

1

3 *City of London*

London: eine Metropole aufpolieren

Kaum zu glauben

Die Londoner Börse verdient am Schlaf der anderen. Der Vorteil der Londoner Börse ist ihre Lage: Sie arbeitet schon, wenn in Tokio die Börse schließt, und noch, wenn die New Yorker Börse öffnet.

2 **Bevölkerungsentwicklung (City und Gesamt-London)**

Jahr	City of London	Gesamt-London
1800	120 000	1,1 Mio.
1900	27 000	6,5 Mio.
2000	5 000	7,5 Mio.

London ist eine bedeutende europäische Metropole. Sie hat nicht nur die politische, kulturelle und wirtschaftliche Spitzenstellung im eigenen Land inne, sondern ist darüber hinaus eine Stadt mit Weltgeltung. Dies bemerkt man vor allem in der Innenstadt, der „City of London". Hier ist das größte Handels- und Finanzzentrum der Welt. Über 500 Auslandsbanken beschäftigen mehr als 40 000 Angestellte. Rohstoffe und Geldwerte werden an der internationalen Börse gehandelt. Weltbekannte Versicherungskonzerne wie etwa Lloyds, internationale Auktionshäuser wie Sothebys oder Christies und weltweit arbeitende Unternehmen wie Shell oder BP haben ihren Sitz in der City. Insgesamt sind hier 324 000 Menschen, das sind 97 % aller Beschäftigten, im Dienstleistungssektor tätig. Wegen der extrem hohen Mietpreise können sich in der City aber nur Wohlhabende eine Wohnung leisten.

Docklands – Entlastung für die City

Während in der „City of London" die Grundstücke immer knapper und die Mietpreise immer höher wurden, verfielen in deren Nähe die Docklands, das ehemalige Hafengelände, immer mehr. Jahrhundertelang waren die am Themseufer gelegenen Docklands ein Hafen mit weltweiter Bedeutung. Doch da die immer größer werdenden Seeschiffe den seichten Fluss nicht mehr befahren konnten, wurden 1981 die letzten Hafenanlagen stillgelegt.

Die Revitalisierung

Die verfallenen Docklands mit ihren leerstehenden Gebäuden und funktionslos gewordenen Flächen boten sich dafür an, die aus den Nähten platzende City zu entlasten. Doch dazu waren zunächst einige Vorarbeiten nötig, die von der Regierung finanziert wurden:

– Abriss oder Sanierung der alten Gebäude

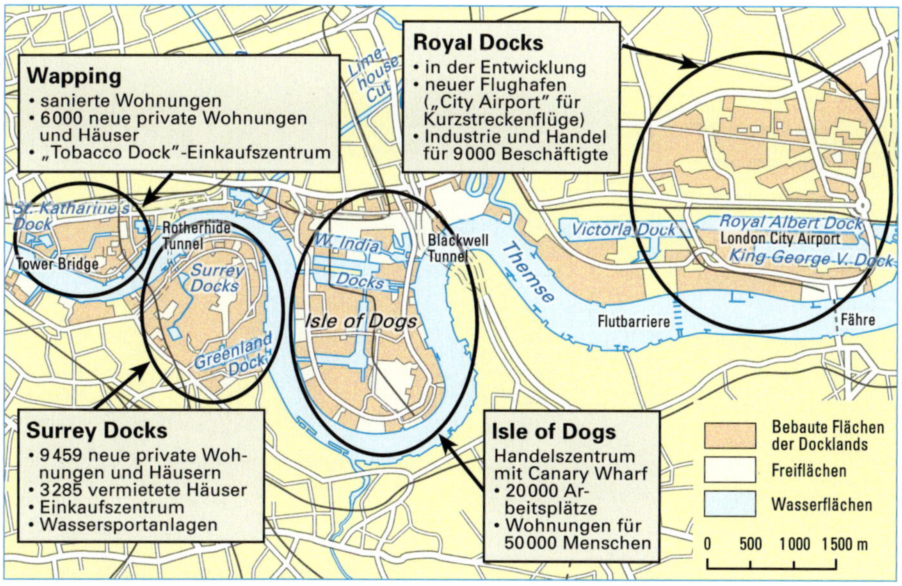

④ ***Entwicklungszonen in den Docklands***

⑦ ***Werbeanzeige***

⑤ ***Nelson Dry Dock vor der Sanierung***

⑥ ***Nelson Dry Dock mit „Cesar Pellis Tower"***

Kaum zu glauben

Der „Cesar Pellis Tower" am Canary Wharf ist mit 249 Metern das höchste Gebäude Europas.

Surftipp

www.toursoflondondocklands.com

- Aufbau eines neuen Strom- und Wassernetzes
- Verbesserung der Verkehrserschließung (Straßen, Zufahrten, Flughafen)

Folgen der Revitalisierung

Viele Unternehmen wechselten daraufhin aus der engen City in die modern und großzügig angelegten Docklands. Daneben siedelten sich auch neue Unternehmen an, sodass Tausende neuer Arbeitsplätze entstanden.

Um Wohnraum in der Nähe der neu geschaffenen Arbeitsplätzen zu bieten, wurden viele Wohnungen in den zum Teil aufwändig renovierten Altbauten der Dockands bereitgestellt.

Allerdings wurden dadurch viele der eingesessenen Docklä nder verdrängt; sie können sich weder die neuen noch die teuer sanierten Wohnungen leisten.

1 *Erkläre, warum London häufig als „Weltstadt" oder „Metropole" bezeichnet wird.*

2 *Beschreibe und begründe die in Diagramm 2 dargestellte Bevölkerungsentwicklung Londons.*

3 *Beschreibe am Beispiel der Fotos 5 und 6, wie sich die Docklands verändert haben.*

4 *Erläutere, warum man in den Docklands nicht nur Firmen ansiedelt, sondern auch viele Wohnungen baut.*

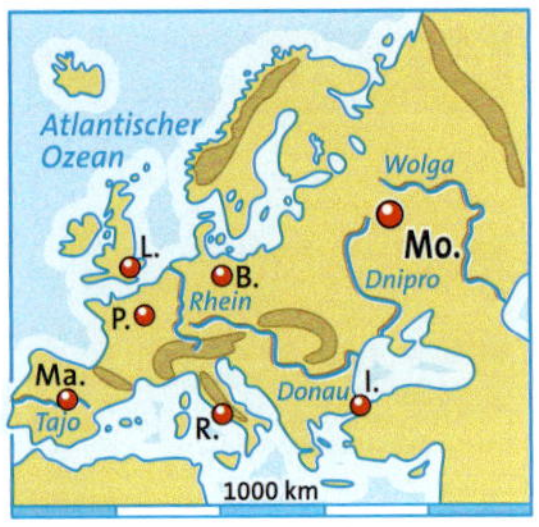

1

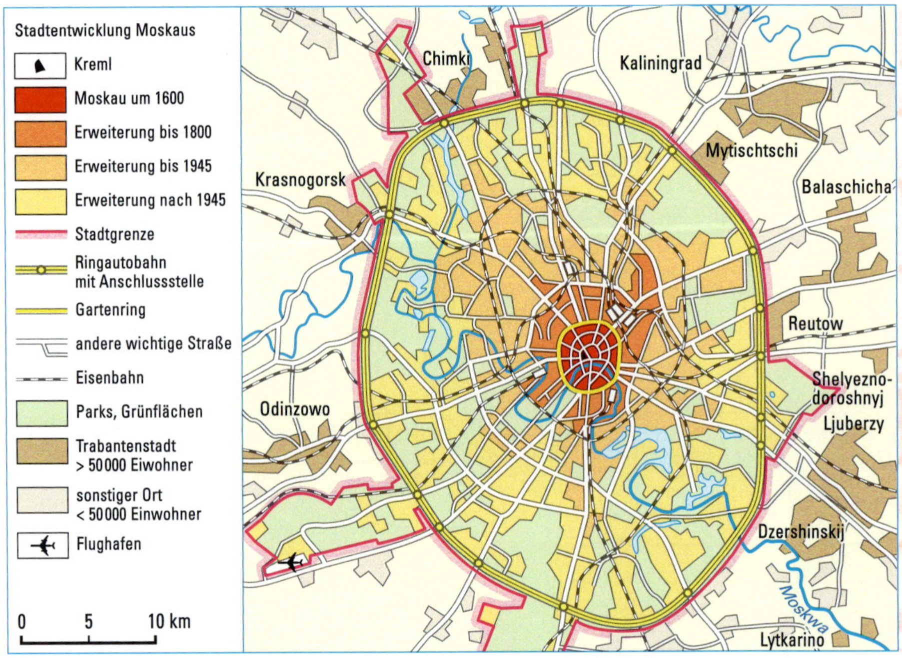

3 *Stadtentwicklung Moskaus*

Metropole Moskau

2 Entwicklung Moskaus

	Einwohner (in 1000)	Fläche (in km²)
1600	35	21
1800	175	50
1917	1854	228
1926	2080	228
1939	4542	310
1965	6443	886
1980	8100	878
1990	8900	878
2000	8638	1004

Die Stadtentwicklung

Die Entwicklung Moskaus begann mit der Burgsiedlung (Kreml) im 12. Jahrhundert. Als Moskau im 15./16. Jahrhundert Zentrum der russischen Fürstentümer wurde, wuchs die Stadt sehr schnell. Boulevardring und Gartenring markieren den Verlauf der damaligen Stadtmauern.

Die Stadt wuchs vor allem entlang der vom Stadtzentrum aus sternförmig verlaufenden Handelsstraßen weiter. Aus diesen Handelswegen wurden Fernstraßen und Eisenbahnlinien. Später baute man Ringstraßen, um die einzelnen Stadtteile an den Ausfallstraßen miteinander zu verbinden und den Durchgangsverkehr aus dem Stadtzentrum fernzuhalten. 1908 entstand die Moskauer Ringeisenbahn und 1960 wurde der 109 Kilometer lange Autobahnring fertig gestellt.

4 ***Neubaugebiet in Moskau***

Durch den verstärkten Wohnungsbau, vor allem in den 60er und 70er Jahren, entstanden am Stadtrand Neubaugebiete in Plattenbauweise. Mit diesen Wohngebieten wuchs die Stadt vor allem entlang der Ausfallstraßen weit über die Stadtgrenze hinaus.

5 **In der Twerskaja-Straße (früher Gorki-Straße),** *der Hauptstraße von Moskau. Hier reihen sich heute Luxus-Hotels, Restaurants, noble Geschäfte und Passagen (Foto) aneinander.*

6 ***Metrostation KOMSOMOLSKAYA***

Wandel im Stadtzentrum

Durch die gesellschaftlichen Veränderungen nach 1990 zog es viele internationale Unternehmen mit gut bezahlten Angestellten nach Moskau. Dadurch stieg die Nachfrage nach Büroflächen und Einzelhandelsgeschäften mit hochwertigen Gütern an. Ein regelrechter Bauboom veränderte die Innenstadt – moderne Einkaufszentren und Bürokomplexe entstanden. Die Stadtplaner sprechen bereits von einer Bürocity. Die gestiegenen Preise führten andererseits zur Verdrängung von Einwohnern mit geringerem Einkommen in die Stadtrandzone.

1 *a) Beschreibe mithilfe der Karte 3 das Wachstum Moskaus seit 1600.*
b) Beschreibe und begründe das Aussehen des Straßen- und Eisenbahnnetzes.

2 *Welche Probleme ergeben sich aus dem Wachstum der Stadt für die dort lebenden Menschen und den Verkehr?*

7 **Die Metro – mehr als eine U-Bahn**

„Vergessen Sie die U-Bahnen in Paris oder New York. Die Metro in Moskau ist nicht nur Verkehrsmittel, sondern auch eine atemberaubende Sehenswürdigkeit. Für umgerechnet dreißig Pfennige kann man erleben, wie es in Moskaus Unterwelt zugeht. Kaufen Sie sich eine Einzel- oder Mehrfachfahrkarte mit Magnetstreifen an der „Kassa" und schon kann sie losgehen, die Reise mit der schnellsten Metro der Welt. Lassen Sie sich beim harten Kampf um den Sitzplatz nicht von den anderen 9 bis 12 Millionen Metroisten zerquetschen, die täglich die Metro benutzen. Rolltreppen, teilweise bis zu 100 Meter lang, schaufeln die Menschenmassen zur Plattform. Bleiben Sie stehen – auf der Gegenseite fahren Ihnen Tausende interessante Gesichter entgegen und vermitteln Ihnen, dass Moskau multikulti ist. Keine Bange: Jeder kommt mit, denn die Züge fahren in Spitzenzeiten im 50-Sekunden Takt."

8 ***Anzahl der Städte mit U-Bahnen nach Kontinenten (2000)***

Europa	*55*
Asien	*45*
Nordamerika	*27*
Süd- und Mittelamerika	*19*
Afrika	*3*
Australien	*2*

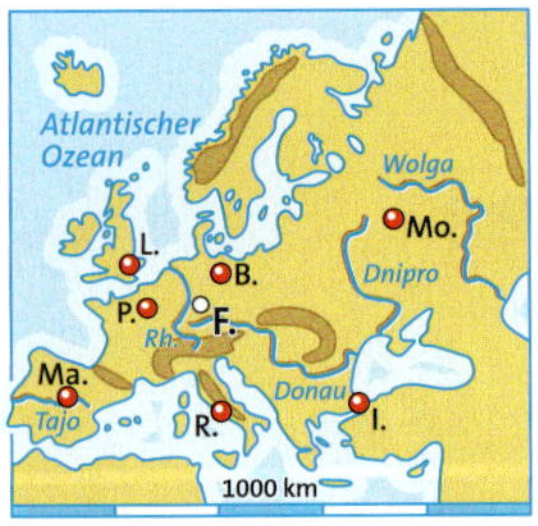

1

2 ***Skyline von Frankfurt am Main***

Finanzmetropole Mainhattan

3 ***Die Europäische Zentralbank***

4 ***Die Deutsche Börse***

Bulle und Bär gelten als Symbol für die Börse. Weil der Bär mit seinen Pranken von oben nach unten schlägt, ist er das Symbol für einen Abwärtstrend. Der Bulle, der mit seinen Hörnern von unten nach oben stößt, steht für den Aufschwung.

„Und nun wieder zum Neuesten von der Börse nach Frankfurt. Der deutsche Aktienindex ist wieder um 100 Punkte gestiegen. Der…“ Es gibt fast keine Nachrichtensendung im deutschen Fernsehen, in der nicht über aktuelle Wirtschaftsnachrichten, vor allem über die Entwicklung der Aktienkurse aus Frankfurt am Main berichtet wird.

Die Stadt am Main ist der wichtigste Banken- und Finanzplatz Deutschlands und Kontinentaleuropas. Nur London ist auf diesem Gebiet in Europa von noch größerer Bedeutung. Frankfurt ist Sitz

- der Europäischen Zentralbank,
- der Deutschen Bundesbank,
- der Hauptverwaltungen wichtiger deutscher Großbanken und
- der Deutschen Börse.

Diese überregional wichtigen Finanzeinrichtungen wirken wie ein Magnet auf andere deutsche und internationale Banken, die sich in Frankfurt niederlassen, um von der Nähe zu diesen großen Institutionen zu profitieren.

5 Die Entwicklung und Bedeutung des Bankensektors in Frankfurt am Main

Jahr	Banken in Frankfurt	Beschäftigt bei Kreditinstituten in Frankfurt (in Tsd.)	Anteil der Bankbeschäftigten an den Gesamtbeschäftigten in %	
			Frankfurt	Bundesgebiet
1992	411	61,9	8,8	2,8
1997	367	66,2	10,0	2,7
2002	320	80,0	11,0	2,8

6 Bankenstatistik Frankfurt am Main 2002

Banken in Frankfurt	*320*
Davon mit Firmensitz in Frankfurt	*196*
Auslandsbanken	*148*

Diese große Zahl von Banken beschäftigt natürlich auch viele Arbeitnehmer. Im Jahre 2002 arbeiteten in den Kreditinstituten von Frankfurt 80000 Menschen. Nahezu jeder zehnte Arbeitnehmer in der Stadt arbeitete damit in diesem Dienstleistungsbereich.

Auf der einen Seite ist es für einen Wirtschaftsraum sicher von Vorteil, wenn ein so wichtiger Wirtschaftszweig stark vertreten ist. Auf der anderen Seite schafft das aber auch eine große Abhängigkeit. Fachleute befürchten, dass der Wirtschaftsstandort Frankfurt Probleme bekommen wird, wenn durch den verstärkten Einsatz von Informationstechnik immer mehr Arbeitsplätze bei den Banken wegfallen oder in andere Teile der Welt verlagert werden.

Deutsche Metropole?

Frankfurt am Main hat als Standort von Banken und Finanzdienstleistungen eine überragende Rolle innerhalb Deutschlands inne. Da sich diese Vorrangstellung, anders als bei London oder Paris, nur auf diesen Zweig beschränkt, kann hier nicht von einer echten Metropole gesprochen werden.

Im Unterschied zu Frankreich oder Großbritannien konnte in Deutschland keine Stadt die alleinige Vorrangstellung erringen. Viele Städte wetteifern auf unterschiedlichen Gebieten um die erste Stelle.

Berlin als Hauptstadt und Regierungssitz hat eindeutig die politische Vormacht. Karlsruhe ist Sitz des höchsten deutschen Gerichts. In Düsseldorf haben viele Industrieunternehmen ihre Verwaltung.

Hamburg, München und Köln ringen um den ersten Platz als Medienstandort. Um die kulturelle Spitzenstellung stehen ebenfalls einige Städte im Wettstreit.

→ *Verkehrsknoten Frankfurt, Seite 138*

1 *Suche nach Gründen, warum sich gerade in Frankfurt am Main so viele Banken niedergelassen haben.*

2 *Arbeite mit Tabelle 5:*

a) Vergleiche die Entwicklung der Zahl der Banken und die der Anzahl der Beschäftigten. Beschreibe die Veränderungen.

b) Tabelle 5 zeigt den Anteil der Beschäftigten im Bankensektor für Frankfurt und für Deutschland. Formuliere die Aussage der Tabelle.

3 *Sucht gemeinsam nach den Ursachen für das Fehlen einer übergeordneten Metropole in Deutschland.*

4 *Arbeitet mit dem Atlas: In welchen anderen europäischen Ländern fehlt ebenfalls eine übergeordnete Metropole?*

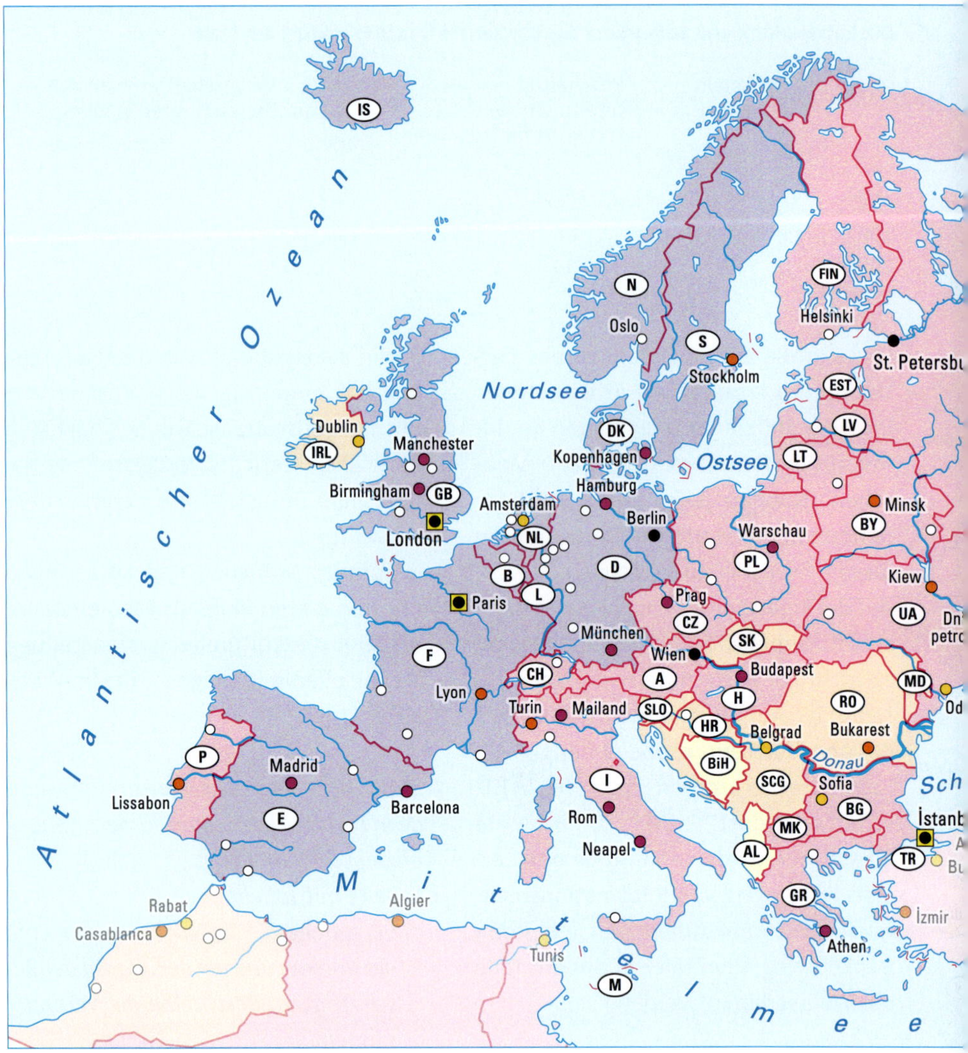

❶ ***Städte in Europa***

Millionenstädte

Vier Millionenstädte gab es vor hundert Jahren in Europa: London, Paris, Wien und Berlin. In der restlichen Welt gab es mit New York, Peking und Tokyo nur noch drei weitere Millionenstädte.
Das Hauptwachstum der großen Städte setzte mit der Industrialisierung ein. Immer mehr Menschen zogen vom Land in die großen Städte, wo sie sich Arbeit und ein besseres Leben erhofften. Mit der Zahl der Menschen, die in den Städten lebten, wuchs auch deren Bedeutung. Vor allem die Hauptstädte wurden zu überragenden kulturellen, wirtschaftlichen und politischen Zentren ihrer Länder.
Früher als auf anderen Kontinenten haben sich in Europa die ersten Metropolen bereits im 19. Jahrhundert herausgebildet. Gründe dafür waren das Entstehen großer Betriebe und die damit verbundene Ballung von Arbeitsplätzen in den

Der Anteil der Bevölkerung, der in Städten lebt, wird immer größer. Wer heute in Europa eine gute Anstellung in einem modernen Beruf finden will, muss meist in die Stadt ziehen. In den großen Städten ballen sich Wirtschaft, Kultur und meist auch die Politik.

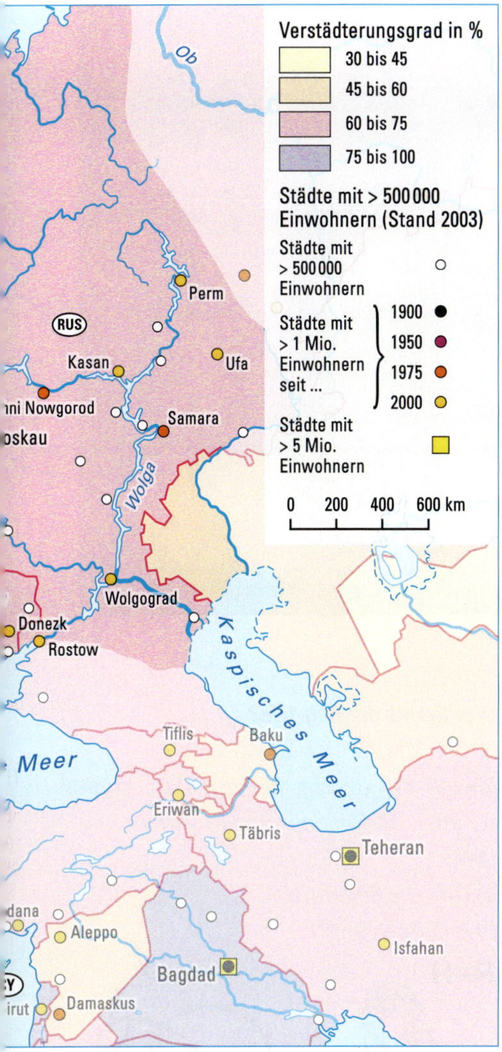

Städten und die Steigerung der landwirtschaftlichen Produktion. Beides ermöglichte erst die Ernährung der städtischen Bevölkerung.

1 *Arbeite mit Karte 1 und dem Atlas:*
a) Schreibe die europäischen Städte mit mehr als 5 Millionen Einwohnern heraus. Wo liegen diese?
b) Notiere die Länder mit mehr als einer Millionenstadt.
c) In welchem Land gibt es die meisten Millionenstädte?

2 *Vergleiche Karte 1 mit einer Wirtschaftskarte im Atlas.*
a) Erläutere, welche Zusammenhänge zwischen der Industrialisierung und der Entstehung von Millionenstädten bestehen.
b) Begründe, warum im 19. Jahrhundert die meisten Millionenstädte in Europa lagen.
c) Suche nach Gründen, warum gerade London, Paris und New York zu den ersten Millionenstädten gehörten.

3 *Fasse die Aussage von Diagramm 2 mit eigenen Worten zusammen.*

Kaum zu glauben
Osteuropa weist mit 15 Millionenstädten die höchste Anzahl an Millionenstädten aller europäischen Teilgebiete auf.

Verstädterungsgrad
ist der Anteil der städtischen Bevölkerung an der Gesamtbevölkerung.

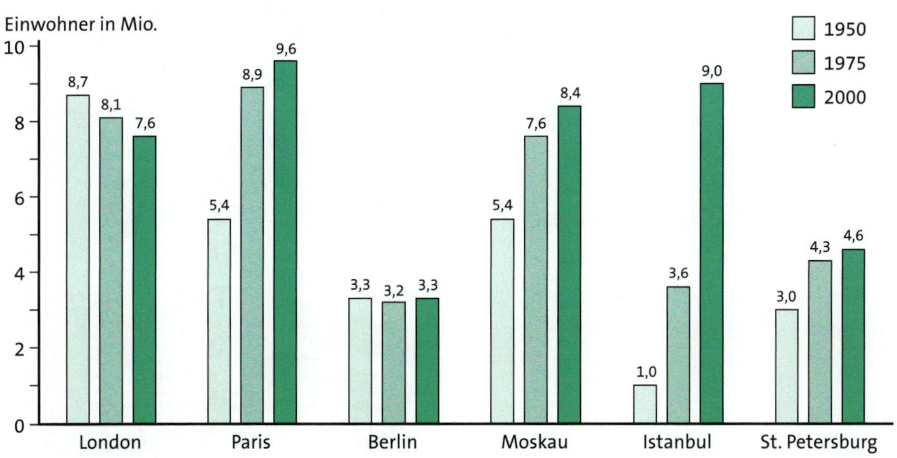

2 ***Entwicklung der Metropolen in Europa***

Surftipp
www.citypopulation.de
www.xist.org/charts/city_agg2000.php

1 *Europa bei Nacht*

Wichtige Begriffe
Dienstleistungs-zentrum
Entlastungsstadt
Hauptstadt
Metropole
Revitalisierung
Ville Nouvelle

1 Metropolen in Europa

a) Bestimme mithilfe der Satellitenkarte 1 und einer Atlaskarte die Städte 1–9.

b) Suche im Atlas nach den Namen anderer Städte und Regionen, die dir durch Ihre helle Beleuchtung auf der Nachtkarte Europas auffallen.

2 Lagebeziehungen beschreiben

Schreibe die Sätze ab und vervollständige sie.

a) Moskau liegt im ... Teil ... an der ...;
b) Paris liegt ... in ... an der ...;
c) Wien liegt in ... an der ...;
d) Der ... Teil Istanbuls wird durch den ... von ... getrennt;
e) Berlin liegt im ... Tiefland an den Flüssen ... und ...;
f) Helsinki liegt im ... Finnlands am... ...;
g) Lissabon liegt im ... der ... Halbinsel an der ...;

3 Wer kennt die Begriffe?

In den drei Bilderrätseln versteckt sich jeweils ein Begriff, der mit dem Kapitel über Städte in Europa in Verbindung steht.

a) Löse die Bilderrätsel.
b) Erkläre Begriff b.

a

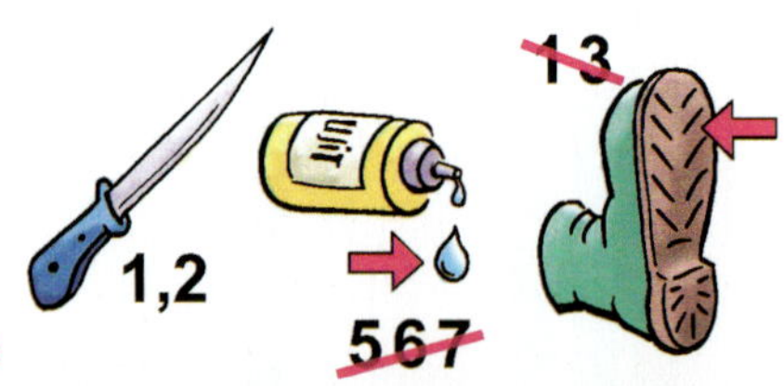

b

c

4 Errätst du die Städte?

In den Texten a–f wird jeweils eine europäische Stadt beschrieben. Am Schluss der Texte steht jeweils eine Ziffer. Wenn du den entsprechenden Buchstaben nimmst, ergibt sich, von oben nach unten gelesen der Name einer deutschen Stadt, die gerne Metropole sein würde.

a) Sie ist die Hauptstadt eines europäischen Landes, in dem zwei Sprachen gesprochen werden. Hier werden von Politikern aber auch Entscheidungen getroffen, die für viele Länder Europas Bedeutung haben. (1)

b) Bis 1918 war es das Zentrum eines Kaiserreiches, das viel größer war als der Staat, dessen Hauptstadt sie noch immer ist. Durch die Erweiterung der EU hat diese Stadt wieder sehr an Bedeutung gewonnen. Eine Wurst und ein Tanz sind nach ihr benannt. (3)

c) Für eine christliche Religionsgemeinschaft gilt, dass alle Wege in diese Stadt führen. In einem Kleinstaat innerhalb der Stadt ist der Sitz des Oberhauptes dieser Religionsgemeinschaft. Im Altertum war hier das Zentrum eines Weltreiches, dem es aber nicht gelang, ein kleines gallisches Dorf zu unterwerfen. In diesem wurde sogar behauptet, dass die Menschen aus dieser Stadt spinnen. (1)

d) In ihrer Geschichte wechselte diese Stadt mehrmals ihren Namen. Obwohl dort heute eine andere Sprache gesprochen wird, stammt der jetzige Name aus dem Griechischem und bedeutet übersetzt „Das ist die Stadt". Weiter ist zu sagen, dass sie ein Goldenes Horn hat und auf zwei Kontinenten liegt. (8)

e) Als Hauptstadt liegt diese Stadt wirklich genau in der Mitte des Landes. Weltbekannt ist ein Fußballclub, der, glaubt man seinem Namen, wirklich königlich ist. (5)

f) Sie ist eine der zwei Städte Europas, in der bereits zweimal olympische Sommerspiele stattfanden. Überragt wird sie von einem Berg, auf dem die beeindruckenden Reste von Tempelanlagen stehen. Einer der Tempel ist der Göttin geweiht, nach der die heutige Hauptstadt des Landes benannt wurde. (5)

5 Wer erkennt die Metropole?

Begründe jeweils deine Wahl.

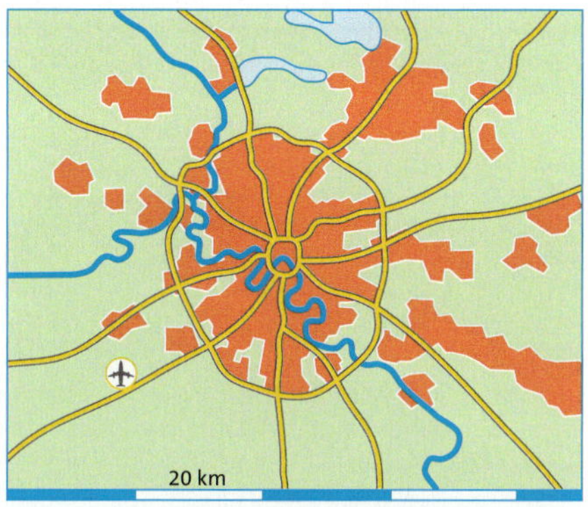

❷

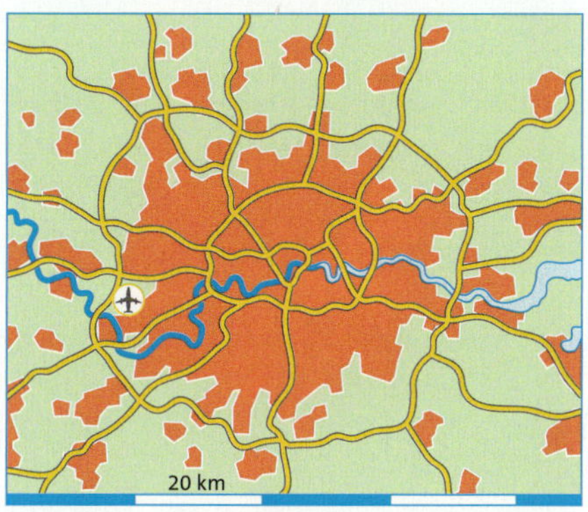

❸

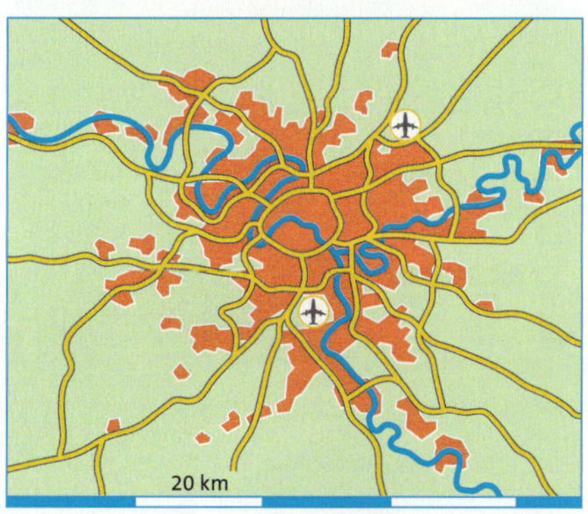

❹

Teste dich selbst

mit den Aufgaben 1a, 2b, 3b, 4a

Training

Die Alpen

Die Alpen sind einer der vielfältigsten Natur- und Wirtschaftsräume Europas. Mehr als 10 Millionen Menschen wohnen und arbeiten in diesem einzigartigen Hochgebirgsraum. Über 40 Millionen Menschen verbringen hier jedes Jahr ihren Urlaub und noch mehr durchqueren die Alpen auf dem Weg nach Süden und nach Norden.

10

❶ ***Reiseroute***
Tirano: ab 9.30 Uhr
Ospizio Bernina:
an 11.18 Uhr

Höhenstufen in den Alpen

Mit der Berninabahn vom Frühling ...
Surrend und brummend setzen die Elektromotoren der Triebwagen ihren Zug in Bewegung. Das Thermometer im Bahnhof von Tirano zeigt bei der Abfahrt 18 °C an. Der Blick aus dem Fenster fällt auf Palmen und blühende Büsche. Am Stadtrand fährt der Zug an Obstgärten vorbei. An den Hängen sind Weinberge zu erkennen. Mais- und Gerstenfelder bilden den Talgrund zwischen den weißgetünchten Häusern bei Poschiavo. Quietschend durchfährt der Zug die ersten Spitzkehren, es geht steil bergauf und der Zug verschwindet im Wald. Eichen und Bergahorn sind entlang der Strecke zu sehen. Der Zug schraubt sich immer weiter bergauf. Fichten, Lärchen und Kiefern bestimmen nun das Erscheinungsbild des Waldes. Bei Cadera weidet das Vieh der wenigen Talbauern auf einer Wiese.

... in den Winter
Ein Blick auf den Höhenmesser zeigt 1 500 m, die Nadelbäume werden kleiner, teilweise krummwüchsig. Der Wald lichtet sich und gibt den Blick frei auf die Matten. So nennt man die Bergwiesen mit vereinzelten niedrigen Sträuchern oberhalb der Nadelwaldgrenze. Hier finden Kühe und Schafe im Sommer für kurze Zeit Futter. Nach der letzten Kehre erreicht der Zug eine richtige Winterlandschaft. Das Thermometer zeigt nun –2 °C. Der Lago Bianco hat noch eine Eisdecke und die weißen Gipfel um den Gletscher des Piz Bernina glitzern in der Sonne.

❷

❸

❹

❺

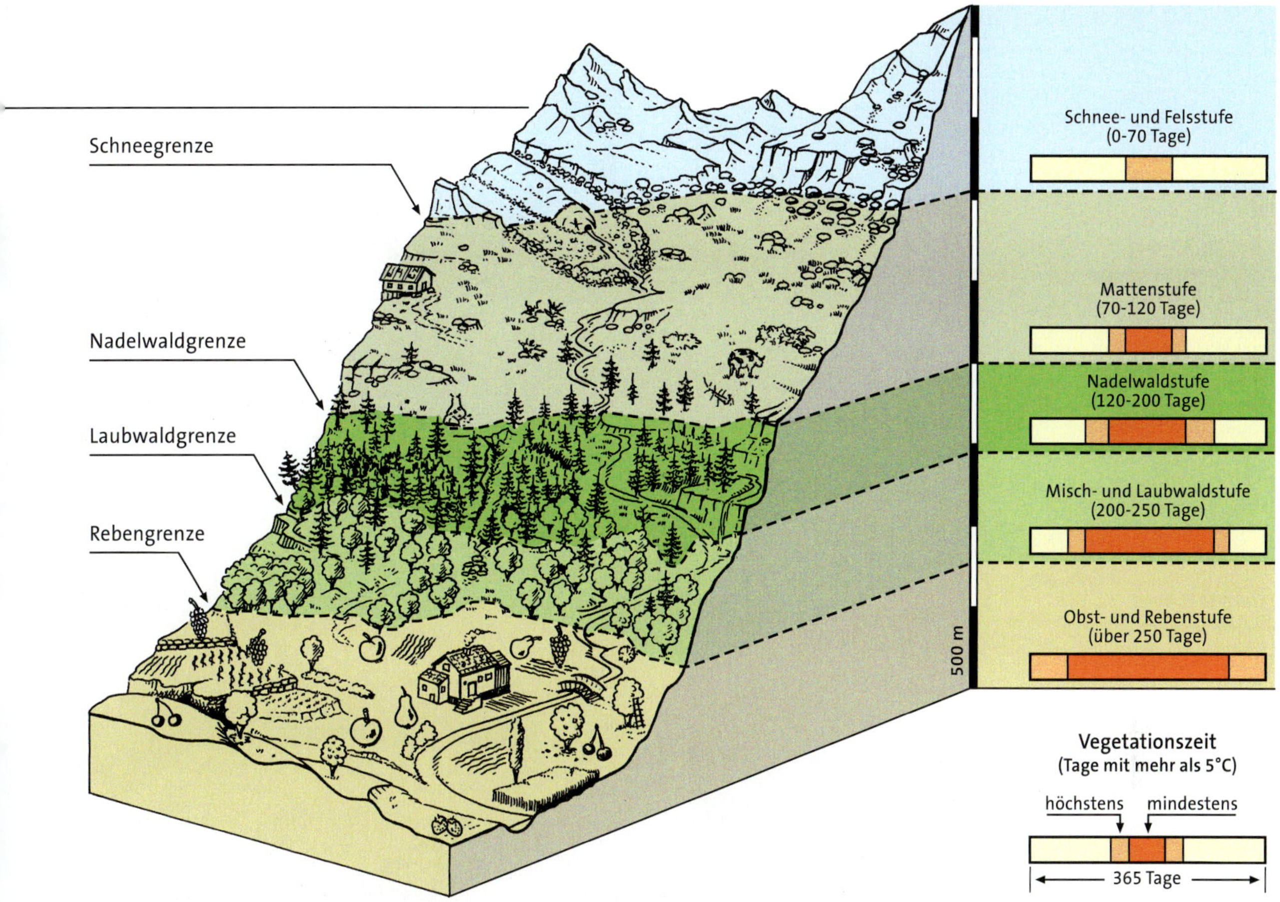

6 ***Modell der Höhenstufen und Höhengrenzen in den Südalpen***

Höhenstufen

Luft, die aufsteigt, erfährt eine Temperaturänderung. Die Temperatur nimmt bei trockener Luft etwa 1 °C pro 100 Meter Höhe ab, bei feuchter Luft etwa 0,6 °C pro 100 Meter Höhe. Folglich wird die Wachstumszeit für die Pflanzen mit der Höhe immer kürzer. Dadurch bilden sich **Höhenstufen** mit einer bestimmten Vegetation. Den Grenzbereich zwischen zwei Höhenstufen nennt man **Höhengrenze**. Diese verläuft in unterschiedlicher Höhe. Das liegt zum Beispiel daran, dass ein Südhang mehr Sonnenstrahlung abbekommt als ein Nordhang.

Warum wird es in der Höhe kalt?

Die Luft wird immer „dünner", das heißt, mit zunehmender Höhe gibt es immer weniger Luftteilchen. Diese haben dann mehr Platz um sich zu bewegen und kühlen sich dadurch ab. Bei jeder Seilbahnfahrt kannst du es feststellen: Mit Zunahme der Höhe wird es kälter.

1 *a) Berechne den Höhenunterschied, den der Zug von Tirano bis Ospizio Bernina überwindet.*

b) Bestimme mithilfe des Atlas die Höhe des Piz Bernina und bestimme den Höhenunterschied von der Talsohle (Tirano) bis zum Gipfel (Piz Bernina).

2 *In welchen Höhenstufen liegen Tirano, Poschiavo, Alp Grüm und Piz Bernina?*

3 *Ordne die Fotos 2–5 den verschiedenen Höhenstufen zu.*

4 *Lege eine Tabelle an, in der du die Höhenstufen, charakteristische Pflanzen und die Nutzung durch den Menschen notierst.*

Wachstumszeit

Zeitraum, den eine Kultur-Pflanze vom Beginn des Wachstums bis zur Reife braucht: Kartoffel 70 bis 140 Tage, Weinrebe mindestens 220 Tage.
In der Regel die Anzahl der Tage mit einer mittleren Tagestemperatur von über 10 °C.

Vegetationszeit

Zeitraum, in dem die Naturpflanzen wachsen: in der Regel die Anzahl der Tage mit einer mittleren Tagestemperatur von über 5 °C.

① ***Wie Gletschereis entsteht***

→ *Entstehung eines Trogtals, Seite 20*

②

Gletscher – Eis in Strömen

Reto, der Bergführer, empfängt uns auf der 2973 Meter hohen Diavolezza. Zuerst bekommen wir Helme und Steigeisen, die unter den Sohlen der Stiefel befestigt werden. Dann müssen wir uns anseilen. Vor uns liegt der Morteratsch-**Gletscher** wie eine weiße Decke zwischen den scharfen Graten und Gipfeln . Im Tal lässt sich schon die Gletscherzunge erkennen.

Immer wieder kommen wir nahe an Gletscherspalten heran. Reto erklärt uns, dass dort das Eis über ein Hindernis fließt, so dass es an der Oberfläche aufreißt. Weiter talabwärts finden sich dann Steine unterschiedlicher Größe auf dem Eis, das nur noch an einigen Stellen unter einer schmutziggrauen Schicht hervorschimmert. An den Seiten des Gletschers begleiten uns nun zwei hohe Schuttwälle, die das Eis überragen, die Seitenmoränen. Reto zeigt in Richtung der Endmoränen, die heute weit vor der Gletscherzunge liegen. Am Gletschertor geht unsere Tour zu Ende. Hier tritt der milchig-trübe Gletscherbach zutage und strömt durch das vom Gletscher während der Kaltzeiten ausgehobelte Trogtal dem Inn zu.

Wie entstehen Gletscher?

Gletscher können nur dort entstehen, wo die Temperaturen unter 0 °C bleiben und ausreichend Schnee fällt. Diese Bedingungen sind nur oberhalb der Schneegrenze, im **Nährgebiet**, erfüllt. Über viele Jahre fällt dort mehr Schnee als im kurzen Sommer abschmelzen kann. Mit zunehmender Schneehöhe wandelt sich der Lockerschnee zuerst in Firn und dann in Gletschereis um. Das Gletschereis kann in Form von Gletscherzungen weit in die Alpentäler vorstoßen. Große Alpengletscher schaffen 30 bis 200 m im Jahr. Im Sommer bekommen die Gletscher weniger Nachschub.

3 *Tschierva-Gletscher*

Unterhalb der Schneegrenze, im **Zehrgebiet**, schmelzen die Gletscher ab. Die im Gletscher mitgeführten Gesteinsbrocken werden dann als Moränen aufgeschüttet.

1 *a) Zeichne eine Skizze von Profil 2 in dein Heft.*
b) Bezeichne die Ziffern im Profil 2.

2 *Erkläre mithilfe von Grafik 1, wie sich Gletschereis bildet.*

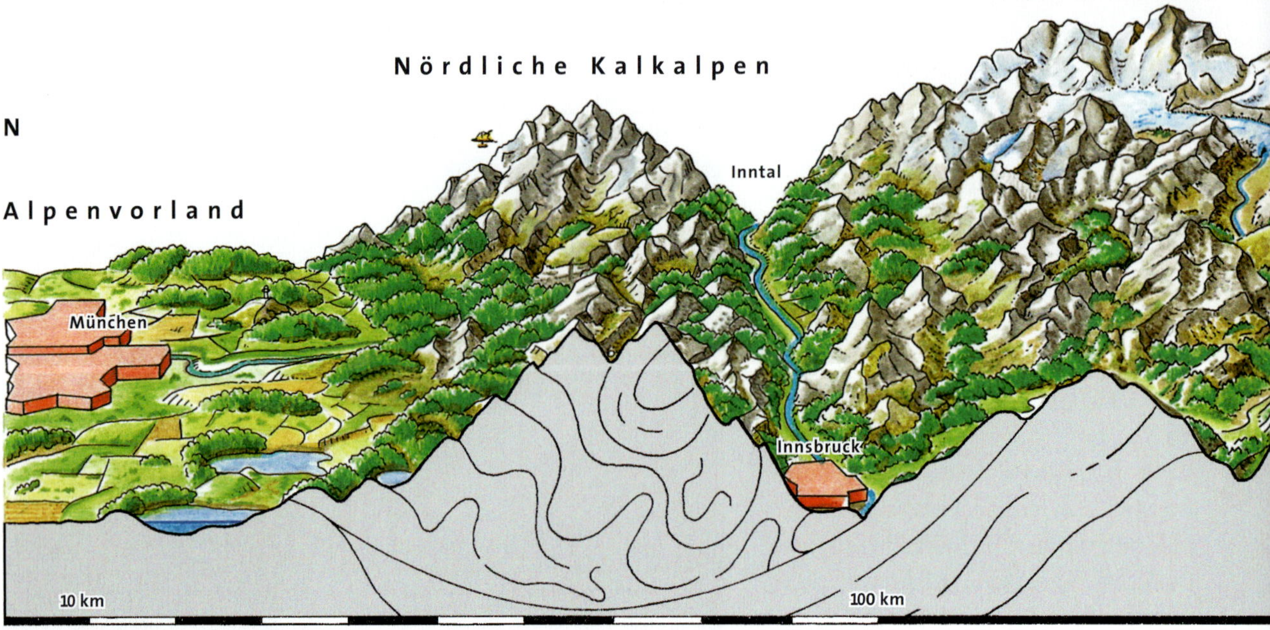

① **Nord-Süd-Profil durch die Alpen**

Die drei Gesichter der Alpen

②

Europas größtes und höchstes Gebirge erstreckt sich in mehreren Gebirgsketten von Nizza bis Wien. Für Geologen ist es ein junges Gebirge. Vor etwa 100 Millionen Jahren gehörte das Gebiet der Alpen noch zu einem Meer. Als sich der Kontinent Afrika dem damaligen Europa näherte, wurden die Meeresablagerungen zum Teil zu mächtigen Falten zusammengepresst. Bei diesem Vorgang schoben sich ganze Gebirgsfalten als Decken über andere Gesteinsschichten. Im Tertiär wurde das Gestein zu einem Hochgebirge herausgehoben. So entstand das **Faltengebirge**. Der Höhe nach sind die Alpen ein **Hochgebirge** mit spitzen, scharfkantigen Bergformen.

Geologie
Wissenschaft vom Aufbau der Erde und den Kräften, die sie gestalten

Tertiär
Erdzeitalter (65 Mio Jahre bis 1,8 Mio Jahre vor heute)

1 *Beschreibe mithilfe des Landschaftsprofils 1 die drei Gesichter der Alpen.*
2 *Ordne die Fotos 3 und 4 den Landschaften im Profil zu und begründe.*
3 *Erkläre mithilfe der Profilabfolge 5 die Alpenentstehung.*

③ ***Appenzeller Alpen***

④ ***Dolomiten***

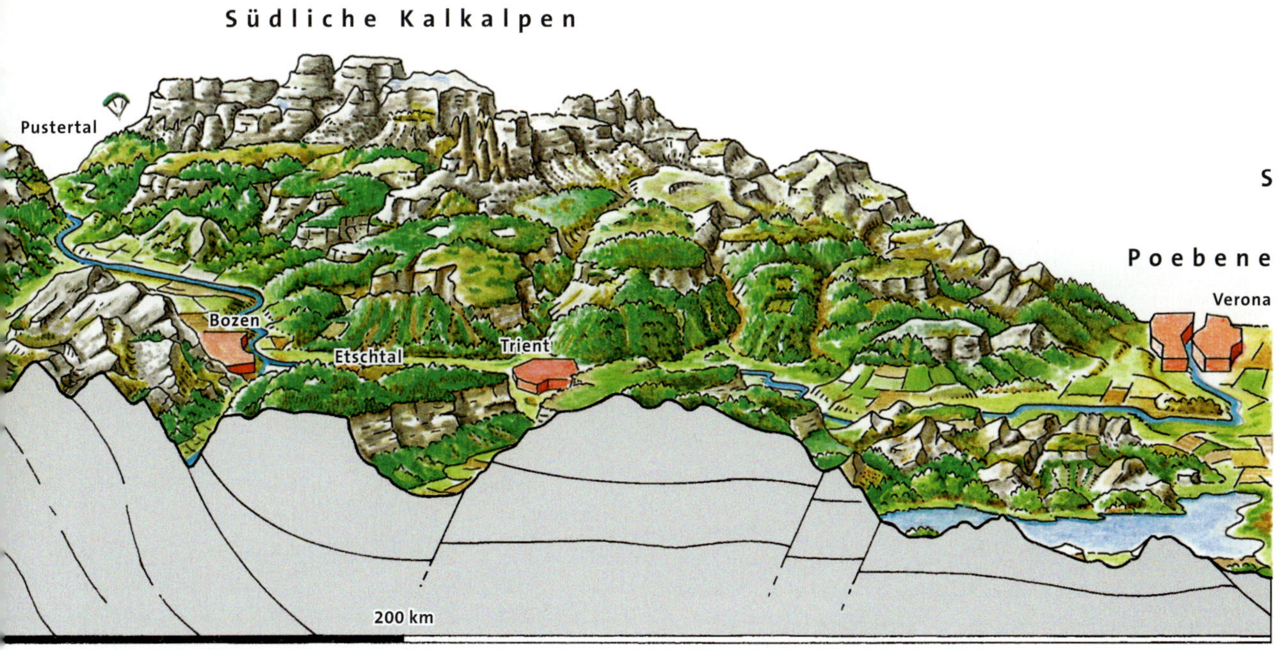

Heute
Durch den Wechsel von Hebung und Abtragung erhalten die Alpen ihre heutige Form – die drei Gesichter.

Vor 25 Millionen Jahren
Infolge der Überschiebung werden die Kalksteinschichten im Norden gefaltet. Die Umwandlungsgesteine werden nach oben gepresst, die Heraushebung der Alpen beginnt. Im Norden werden die Kalksteinschichten weiter gefaltet, im Süden bleiben sie meist flach liegen, aber in der Mitte werden sie fast vollständig abgetragen.

Vor 50 Millionen Jahren
Durch gewaltige Kräfte bewegt sich Afrika auf Europa zu. Dabei werden die Ablagerungen des südlichen Alpenmeeres von der Erdkruste abgeschert und nach Norden geschoben.

Vor 150 Millionen Jahren
Zwischen Europa und Afrika dehnen sich zwei Meere aus, in denen sich mächtige Ablagerungen aus Ton, Sand und Kalk gebildet haben. Im nördlichen Meer steigt aus der Tiefe Magma empor.

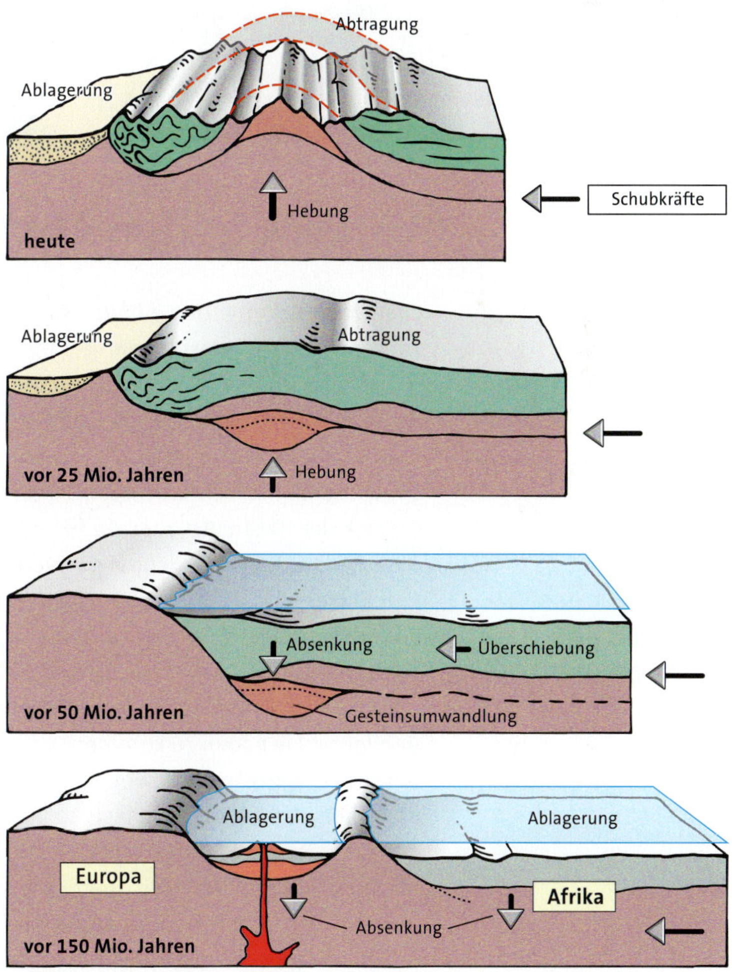

5 ***Entstehung der Alpen***

❶ ***Reusstal nahe Amsteg***

Verkehr in den Alpen

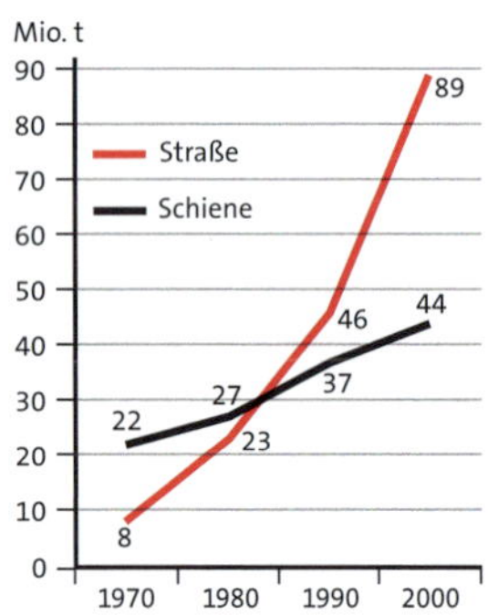

❷ ***Transitgüterverkehr in den Alpen 1970–2000 in Mio. t***

→ *Transitland Deutschland Seite 144/145*

Die Überquerung der Alpen war in früheren Jahrhunderten ein gefährliches Abenteuer. Nur die Alpenbewohner kannten die wenigen Stellen, an denen man das Gebirge passieren konnte. Vorbei an tiefen Schluchten trugen sie das Gepäck der Kaufleute oder sie führten die beladenen Maultiere über die wenigen **Pässe**. So hatten sie einen Nebenerwerb zur kargen Landwirtschaft. Für Reisende war die Gefahr trotzdem groß, durch Steinschlag, Lawinen oder Wetterunbilden zu Schaden zu kommen.
Besonders günstige Passwege wurden ab Anfang des 19. Jahrhunderts so ausgebaut, dass auch Postkutschen darauf fahren konnten. Kurze Zeit später baute man die ersten Eisenbahnstrecken durch die Alpen, die zum Teil durch lange Tunnels führten.

Mit zunehmender Motorisierung wurden mehr **Passstraßen** notwendig, von denen einige zu Autobahnen ausgebaut wurden. Gewagte Brückenkonstruktionen und kilometerlange Tunnels machen den Straßenbau in den Alpen zu einer teuren Angelegenheit.

Das Verkehrsproblem

Jährlich fahren immer mehr Touristen mit ihren Fahrzeugen über die Alpenstraßen. Dazu kommen 10 Millionen Lastwagen. Ungefähr die Hälfte aller Lastwagen sind allerdings im **Transitverkehr** unterwegs. Dabei wird ein Land nur durchquert, um in ein anderes zu gelangen. Auf dem Weg von Deutschland nach Italien wäre Österreich das Transitland. Der Transitverkehr konzentriert sich auf wenige Routen, die auch

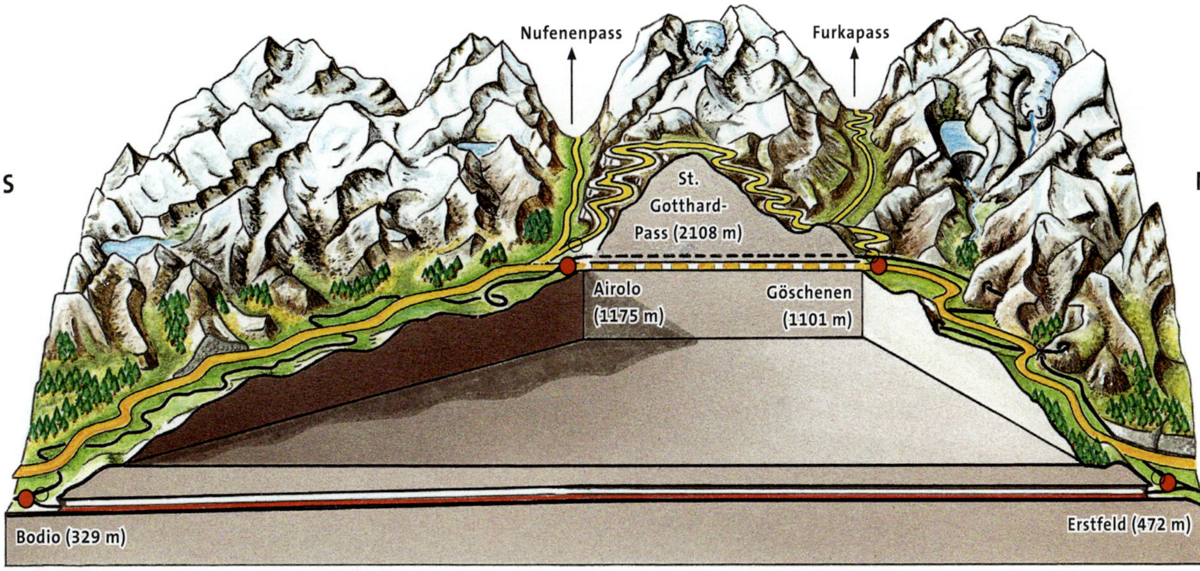

Eisenbahntunnel .... 15 km
Autobahntunnel .... 16,8 km
Gotthard Basistunnel *(Eisenbahn)* – in Bau .... 57 km
Eisenbahn
Autobahn
Passstraße

3 ***Verkehrswege am St. Gotthard***

im Winter genutzt werden können, wenn die hoch gelegenen Pässe wegen großer Schneemengen gesperrt werden müssen. Die engen Hochgebirgstäler verstärken die Lärm- und Abgasbelastung, die für die Bewohner kaum zu ertragen ist. Und auch der Bergwald, bisher natürlicher Schutz geben Lawinen und Erdrutsche, erkrankt

Naht die Lösung?

Auch die Alpen sollen in das europäische Hochgeschwindigkeitsnetz der Eisenbahnen eingebunden werden. Die vorhandenen Strecken erlauben aber keine hohen Geschwindigkeiten. Tief unter dem bereits vorhandenen Autobahntunnel am St. Gotthard entsteht nun der längste Tunnel der Welt. 57 km lang wird der **Basistunnel** sein, damit Personenzüge mit 250 km / h und Güterzüge mit 160 km / h auf einer steigungsarmen Strecke das Bergmassiv durchqueren können. Die Fahrzeuge können auf bis zu 60 Waggons „Huckepack" mitgenommen werden. Der Transport auf Schienen ist nicht nur besonders umweltfreundlich, sondern nimmt auch die geringste Fläche in Anspruch.

1 Beschreibe mithilfe von Diagramm 2 die Entwicklung des Verkehrs in den Alpen.

2 Informiere dich im Internet:
a) Werte die aktuelle Tabelle zum alpenquerenden Güterverkehr aus.
b) Nenne die wichtigste Transitroute für Frankreich, Österreich und die Schweiz.

3 Ein Lkw-Fahrer muss die Stationen in folgender Reihenfolge anfahren: München, Triest, Innsbruck, Mailand, Bern, Genf, Bozen, Wien. Welche Tunnel und Pässe wird er befahren?

4 Stelle die Vorteile eines Basistunnels im Vergleich zu anderen Verkehrswegen dar.

4 ***Kombinierter Verkehr***

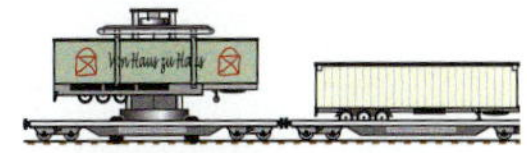

Huckepack: unbegleiteter Sattelanhänger

Huckepack: „rollende Landstraße"

Surftipp
www.alptransit.ch
www.litra.ch

1

2 *Serfaus 1937*

Vom Bergdorf zum Ferienzentrum

Surftipp
www.serfaus.de
www.serfaus.com
www2.riskommunal.net/serfaus

Schon immer auf der Sonnenseite?
Serfaus, der sonnigste Ort Tirols, liegt auf einer Ebene im oberen Inntal auf 1427m Höhe. Diese Höhenlage war früher dafür verantwortlich, dass viele Serfauser Bauern Not litten, da die Landwirtschaft nur einen geringen Ertrag einbrachte.

3 **Die Schwabenkinder von Serfaus**
„Die Landwirtschaft des 17. und 18. Jahrhunderts konnte oft gerade einmal zwei Erwachsene ernähren. Wegen dieser Not schickten viele Eltern des oberen Inntals ihre Kinder im Sommer in das reichere Süddeutschland, um sich als Hütekinder für Schweine und Ziegen oder als Gehilfen für die Feldarbeit anstellen zu lassen. Als Lohn bekam jedes Kind neue Kleider, ein paar Schuhe und ein wenig Geld, das es zu Hause abliefern musste. Die Eltern waren froh, einen Esser weniger am Tisch zu haben."

Heute dagegen ist die Lage von Serfaus in der reizvollen Landschaft der entscheidende Gunstfaktor für die wirtschaftliche Situation. Tausende Touristen strömen Jahr für Jahr in den Fremdenverkehrsort. In der **Wintersaison** stehen 53 Liftanlagen und 160km präparierte Skipisten im Skigebiet, das mit den Nachbargemeinden Fiss und Ladis betrieben wird, zur Verfügung.
In der **Sommersaison** hat Serfaus etwa 100km Wanderwege, Schwimmbäder, Tennisanlagen sowie spezielle Bergsport- und Gleitschirmprogramme zu bieten. Der **Massentourismus** wurde so stark, dass das Dorf mit seinen alten Holzhäusern und der markanten Kirche im Verkehr zu ersticken drohte. Als Lärm und Luftbelastung unerträglich wurden, entschloss man sich, eine unterirdische Bahn zu bauen, die die Skifahrer von der Bahnstation zu den Seilbahnen befördert. Gleichzeitig wurde der Straßenverkehr fast ganz aus dem Dorf verbannt.

4 ***Serfaus 2000***

5 **Bevölkerungs- und Wirtschaftsentwicklung in Serfaus 1960–2000**

Jahr	1960	1970	1980	1990	2000
Einwohner	710	850	920	1040	1102
Bettenzahl	800	2640	3185	4100	5071
Übernachtungen pro Jahr	80000	285000	442000	532000	771000
Lift- und Seilbahn-Beförderungen pro J.	60000	875000	3306000	4900000	7940000
Zahl der Skilehrer	30	50	140	190	250
Aktive bäuerliche Betriebe	63	57	45	42	40

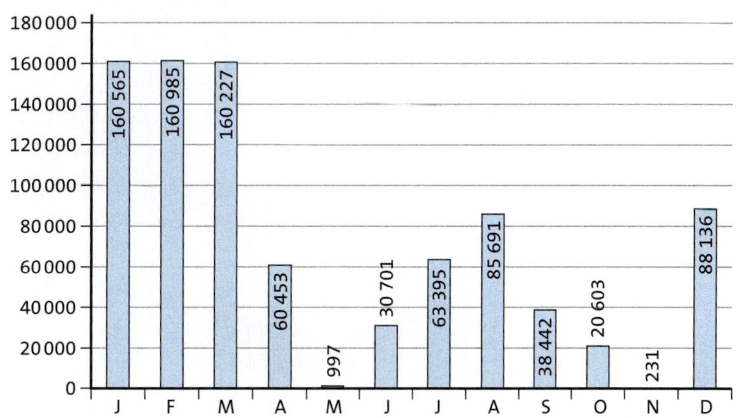

6 ***Übernachtungen in Serfaus im Jahr 2003***

Es gibt kein zurück!

Der Ausbau der öffentlichen Versorgungseinrichtungen wie auch die Erschließung der Skigebiete haben viel Geld gekostet. Serfaus ist heute auf die Einnahmen aus dem Tourismus angewiesen. Beschneiungsanlagen sorgen deshalb dafür, dass die Wintersportler auch bei schneearmer Witterung gute Bedingungen vorfinden.

1 *Stelle dir vor du bist ein Schwabenkind vor 200 Jahren. Liste deine materiellen und nicht-materiellen Bedürfnisse auf.*

2 *Vergleiche mithilfe der Fotos 2 und 4 sowie der Tabelle 5 Serfaus früher und heute. Achte dabei auf das Dorfbild, die ausgeübten Berufe und die wirtschaftliche Lage der Dorfbewohner.*

3 *Vergleiche die Übernachtungszahlen für die Winter- und Sommersaison in Serfaus. Begründe die Unterschiede.*

4 *Informiere dich im Internet über das Angebot, das Serfaus den Touristen bietet.*

Alp(en)traum

Ort und Konflikt

Der Wettbewerb zwischen Skiregionen ist hart. Deshalb haben die Gemeinden Serfaus, Fiss und Ladis ihre Skigebiete durch aufwändige Lift- und Seilbahnanlagen zusammengelegt. Im benachbarten Paznauntal liegt die Gemeinde See. Ihr kleines Skigebiet gilt als schön, aber abgelegen.

See will nun sein Skigebiet erweitern und mit dem von Serfaus–Fiss–Ladis zusammenschließen. Dazu wäre der Bau von zwei großen Seilbahnanlagen und einigen Skiliften nötig. Das bisher fast unberührte hintere Urgtal um die Ascher–Hütte würde zum Skigebiet.

Da die Maßnahme in der Bevölkerung sehr umstritten ist, hat der Bürgermeister von See zu einer Bürgerversammlung eingeladen. Einziger Tagesordnungspunkt: der Zusammenschluss der Skigebiete von See und Serfaus–Fiss–Ladis.

❶ **Andy Winkler,**
Schüler, 16:
Nach dem Schulabschluss will er eine Ausbildung als Mechaniker machen. Wenn er in See keine Ausbildungsstelle findet, wird er in eine größere Stadt abwandern. Sein Großvater war noch Bergbauer. Sein Vater aber betreibt die Landwirtschaft nur noch im Nebenerwerb. Eigentlich lohnt sich für ihn die Landwirtschaft überhaupt nicht mehr. Eine Seilbahn käme ihm recht.

❷ **Monika Schranz,**
Landwirtin, 28:
Ihr Jungvieh verbringt den Sommer auf den Hochweiden (Almen) im hinteren Urgtal. Das Gras auf Skipisten ist aber weniger wertvoll. Der Schnee wird nämlich durch Pistenraupen und Skifahrer zusammengepresst. Er vereist und bleibt länger liegen als normal. Durch Schneekanonen wird die Schneedecke unnatürlich erhöht. Manche Gräser haben nach der Schneeschmelze nicht mehr genügend Zeit zum Wachsen.

❸ **Katharina Hess,**
Rentnerin, 64:
Sie ist engagiertes Mitglied im österreichischen Alpenverein. Naturschutz ist ihr ein wichtiges Anliegen. Für sie hat das hintere Urgtal eine wilde Ursprünglichkeit mit Bachmäandern und Seen, Murmeltieren, Gämsen und Alpenschneehühnern sowie seltenen Pflanzen. Immer häufiger werden Wildtiere von Skifahrern aufgeschreckt.

4 **Lara Ederer,**
Postbotin, 45:
Sie ist noch unentschlossen. Mehr Touristen bedeuten mehr Hotels, mehr Autos, mehr Lärm, mehr Müll. Das Ortsbild hat sich so verändert, dass sie sich gelegentlich nicht mehr wohl fühlt. Ihre Nachbarin führt ein großes Hotel, eine andere Freundin ein Andenkengeschäft. Sie weiß um deren Sorgen, wenn zu wenig Gäste kommen und sie dann schließen müssten.

5 **Tanja Stumpf,**
Angestellte der Seilbahngesellschaft, 35:
Die Seilbahngesellschaft steckt in großen finanziellen Schwierigkeiten. Deshalb stehen ihr Arbeitsplatz und noch weitere in ganz See auf dem Spiel. Nach dem Zusammenschluss wäre das Skigebiet von See der attraktivste und der größte Skizirkus im Umkreis. Ihrer Meinung nach wollen die meisten Touristen spektakuläre Skigebiete. Ski und Fun ist immer mehr gefragt, am Tag auf der Piste und abends in der Disko.

6 **Hans Höllhuber,**
Gastwirt, 55:
Er hat treue Stammkunden, die nach See kommen, weil sie hier abseits des großen Trubels Urlaub machen können. Seiner Meinung nach sollten lieber die jetzigen Stärken besser verkauft werden: die Möglichkeit Skitouren in abgelegene einsame Gebiete zu unternehmen und ohne Rummel zu wandern.

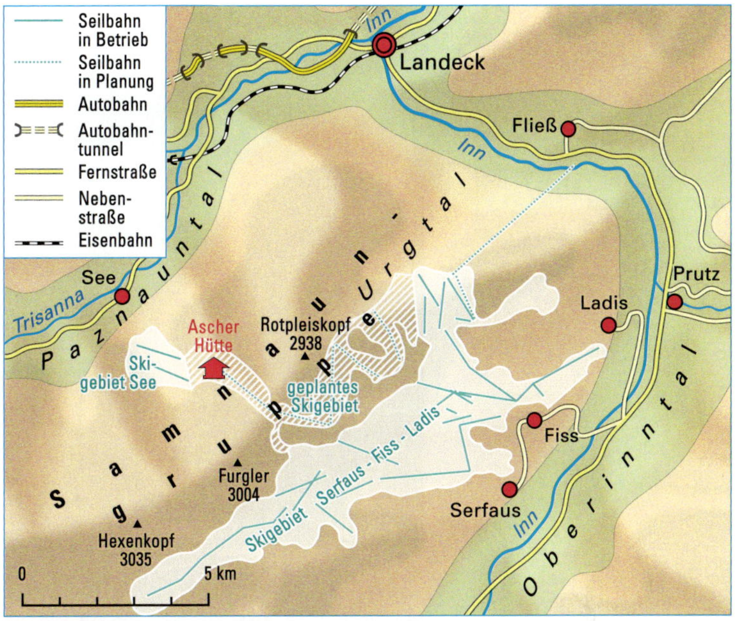

7 ***Skigebiet Serfaus–Fiss–Ladis und See***

8 **Ausstattung der Skiregion**	**Serfaus–Fiss–Ladis**	**See**
Gesamtlänge der Skipisten	160 km	50 km
Lifte und Seilbahnen	53	6
Kapazität pro Stunde	65 000 Personen	7 100 Personen

Das sind die Fakten:

- Landwirtschaft ist für See wichtig, da Landwirte die Wiesen offen halten und Sommertouristen das ländliche Idyll von See suchen.
- Durch Investitionen für Seilbahnen könnten in See Arbeitsplätze im Gastgewerbe und Einzelhandel entstehen.
- In Serfaus bleiben schon Sommergäste fern, weil sie über die Naturzerstörung im Skigebiet entsetzt sind.
- Wildtiere verbrauchen auf der Flucht vor Skifahrern sehr viel Energie. Da Gämsen dann mehr Zweige und Knospen fressen, wird der Bergwald auch in Rückzugsgebieten geschädigt.

Weitere Informationen zum Projekt
www.alpenverein.at

1 *Führt ein Rollenspiel zum Thema durch.*

❶ ***Bei Davos***

❷ ***Eine Staublawine rast ins Tal***

Die weiße Gefahr

Kaum zu glauben

Eine Lawine kann eine Geschwindigkeit von bis zu 350 km/h erreichen.

Surftipp

www.bayern.de/lfw/lwd/ (Lawinenwarndienst für Bayern)

❸ **Galtür, 23. Februar 1999, 16.15 Uhr**

Eine Staublawine donnert aus 2 700 Meter Höhe auf den 1 400 Meter hoch gelegenen Tiroler Wintersportort. Sie begräbt auf einer Breite von etwa 400 Metern 23 Häuser unter sich. Erst bei der Dorfkirche kommt die Lawine zum Stillstand. 53 Menschen werden unter den fest zusammengepressten Schneemassen und Trümmern von zerstörten Häusern verschüttet. Nur noch 15 Personen können von den Rettungskräften befreit werden. Die Lage wird dadurch erschwert, dass nach den lang anhaltenden Schneefällen die Rettungsspezialisten mit ihren Suchhunden nicht in das von der Außenwelt abgeschnittene Tal vordringen können. Um 23 Uhr werden immer noch 30 Menschen vermisst.

Lawinen sind für Hochgebirge nichts Ungewöhnliches, über Jahrhunderte haben die Alpenbewohner mit der Natur des Hochgebirges leben gelernt.

Wie entstehen Lawinen?

Lawinen entstehen an steilen, vor allem waldfreien Hängen. **Staublawinen** bilden sich nach ausgiebigen Schneefällen. Der Pulverschnee bewegt sich nach dem Abgleiten am Hang durch die Luft und erreicht dabei Geschwindigkeiten über 350 km/h. Seine zerstörerische Wirkung bezieht dieser Lawinentyp durch den entstehenden Luftdruck.
Grundlawinen entstehen vor allem im Frühjahr bei Tauwetter. Der feuchte Schnee beginnt abzurutschen. Dabei reißen die Schneemassen alles mit, was im Weg ist: Boden, Geröll und Pflanzendecke, ja sogar ganze Bäume.
Bei einer **Schneebrettlawine** reißt in einer bestimmten Höhe eine ganze Schneeschicht parallel zum Hang ab und gleitet mit Geschwindigkeiten bis zu 100 km/h an diesem ab. Häufig wird dies durch Skifahrer verursacht.

4 ***Von einer Mure zerstörte Almhütten***

5 **Geplante Lawinenschutzmaßnahmen am Nordhang des Grießkogel bei Galtür**
- Verbauung mit Stahlschneebrücken
- zwei Natursteinwälle mit Stahlbeton gefüllt als „Lawinendämme" mit einer Höhe bis zu 12 Meter
- Aufforstung bis in 2 200 Meter Höhe
- geplante Gesamtdauer: 10 Jahre
- geschätzte Kosten: 10 Millionen Euro

6 ***Experiment: Eine Lawine im Klassenzimmer***

Material: *Pappkarton, Stift, Schrauben, Mehl, Holzbrett*

Durchführung: *Zeichne auf dem Karton eine Mittellinie ein. Durchbohre eine Seite des Kartons mit Schrauben und befestige den Karton auf dem Brett. Verteile das Mehl gleichmäßig auf der Oberfläche. Hebe das Brett langsam an einer Seite an.*

Auswertung:

Beschreibe, wie sich das Mehl auf beiden Seiten verhält. Begründe Unterschiede.

Auch im Sommer drohen Gefahren in den Alpen, so zum Beispiel durch **Muren**. Nach langem Regen hat sich der Boden wie ein Schwamm mit Wasser vollgesaugt. Hierbei können hunderte Tonnen von Schlamm und Geröll in Bewegung geraten und zu Tal rutschen. Überall dort, wo der Bergwald geschädigt ist und den Boden nicht mehr schützen kann, ist die Gefahr hoch.

1 *a) Beschreibe die Lawinenfotos 1 und 2.*
b) Bestimme den Lawinentyp und begründe.

2 *a) Ergänze Experiment 6: Errichte mit Wollfäden kleine Schutzzäune. Beschreibe deine Beobachtungen nach einer erneuten Durchführung.*
b) Übertrage das Experiment in die Wirklichkeit. Erläutere die Funktionen einzelner Bestandteile (Mehl, Nägel, ...).

3 *Erkläre die Schutzfunktion auf den Fotos 7 und 8. Zeichne dazu jeweils eine Skizze.*

4 *a) Skifahrer und Snowboarder sind häufig Opfer von Lawinen. Begründe.*
b) Gestalte ein Poster mit Regeln für richtiges Verhalten beim Skifahren.

7 ***Galerie und Bannwald***

8 ***Lawinenverbauung***

9 ***Wirkungsweise des Bannwaldes***

Stirbt der Bergwald?

1 *Aus dem Protokoll zur Durchführung der Alpenkonvention von 1991:*
Ziel (...) ist es, den Bergwald als naturnahen Lebensraum zu erhalten, erforderlichenfalls zu entwickeln oder zu vermehren und seine Stabilität zu verbessern. (...)

Unterzeichnerstaaten der Alpenkonvention
Österreich
Schweiz
Deutschland
Frankreich
Liechtenstein
Italien
Monaco
Slowenien

Staus auf Alpenstraßen, nicht versiegende Touristenströme, Zersiedelung der Täler, mehrstöckige Betonbauten bis in die Gipfelregion – sieht so die Zukunft der Alpen aus?
Seit 1989 treffen sich alle Umweltminister der Staaten mit Anteil an den Alpen. Bisher haben Sie gemeinsame Nutzungskonzepte zu Themen wie Naturschutz, Berglandwirtschaft, Bergwald, Tourismus und Verkehr entwickelt und 1991 in einem Vertrag, der so genannten **Alpenkonvention**, festgelegt.

Besiedlung und Wirtschaft
Für die Menschen der Alpen ist der Bergwald schon immer von besonderer Bedeutung. Ohne sein Holz wäre die Besiedlung der Alpen nicht denkbar. Auch heute ist Holz als Baumaterial noch sehr gefragt. Aber zu starke Nutzung schadet dem Bergwald. Zu einer Schädigung kann es auch durch zu viel Wildtiere und die Waldweide kommen, indem Tiere Jungpflanzen abfressen oder zertreten.

Tourismus und Verkehr
Für die Anlage von Bergbahnen und Abfahrtsskipisten müssen breite Schneisen in den Bergwald geschlagen werden. Parkplätze für die zahlreichen Pkws und Busse der Touristen brauchen viel Platz. Die Zunahme des Straßenverkehrs versucht man seit Jahrzehnten mit dem Ausbau von Straßen in den Griff zu bekommen. Doch dem Straßenbau geht die Arbeit mit der Motorsäge voraus. Dem verbliebenen Bergwald droht dann schließlich durch die Zunahme von Luftschadstoffen die Puste auszugehen.

Der Bergwald schützt!
An den Berghängen hat der Wald wichtige Aufgaben für Mensch und Natur. Ohne den Bergwald wäre die Steinschlaggefahr viel höher. Vor allem aber sorgen die Bäume mit ihren Wurzeln dafür, dass Regen nicht den Boden abschwemmt. Dort, wo es keinen Wald mehr gibt, läuft das Wasser 14-mal schneller zu Tal. Nach Starkregen ist die Gefahr durch Muren besonders hoch. Dann bedrohen diese Schlammströme aus Wasser, Boden, Gesteinsschutt und Blöcken die Täler. Siedlungen und Verkehrseinrichtungen sind dadurch immer stärker bedroht. Eine kahle verödete Landschaft verliert ihren Erholungswert, die Touristen bleiben aus. Aber ohne den Tourismus bieten die Alpentäler ihren Bewohnern keine ausreichende Zukunft.

Surftipp
www.forst.bayern.de
www.bergwaldprojekt.ch

② ***Alpen mit Bergwald***

④ ***Alpen ohne Bergwald***

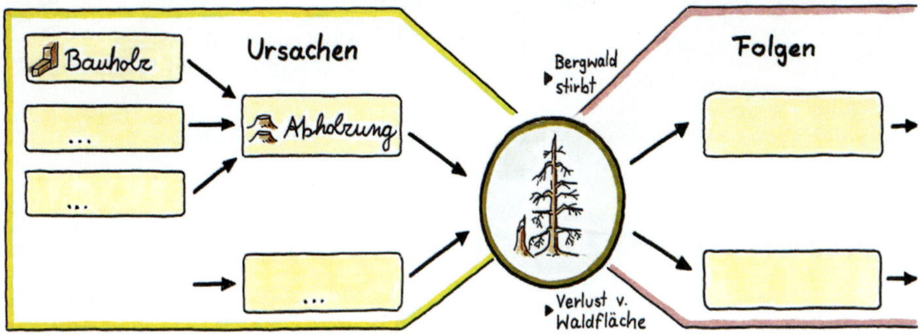

③ ***Wirkungsschema***

Den Bergwald schützen!

Um den Bergwald zu schützen muss heute viel Geld ausgegeben werden. Die Neupflanzung von einem Hektar Bergwald kostet etwa 15 000 Euro. Den nachwachsenden Wald muss man dann noch vor Lawinen schützen, was pro Hektar bis zu 500 000 Euro betragen kann. Dagegen vermehrt sich ein „gesunder" Bergwald kostenlos.

1 *Erläutere mithilfe der Zeichnungen 2 und 4, wie der Bergwald gefährdet wird und welche Folgen dies für die Alpentäler hat.*

2 *Erkläre, warum der Bergwald geschützt werden muss.*

3 *Ergänze das begonnene Schema 3.*

4 *Informiere dich im Internet über den Bergwald und Möglichkeiten zu seinem Schutz.*

① ***Pflegearbeiten an einer Turbine im Laufwasserkraftwerk***

② ***Speicherkraftwerk***

Spitzenstrom aus den Alpen

Wärmekraftwerke
sind Kraftwerke, in denen Wärmeenergie erzeugt und in Strom umgewandelt wird.
Wärmeenergie kann durch Verbrennung von Öl, Kohle, Gas oder Kernspaltung entstehen.
→ *siehe Seite 121*

Es ist früher Morgen. In Millionen Häusern gehen die Lichter an, Kaffee wird gekocht, der Toaster eingeschaltet. Straßenbahnen und Züge bringen die Leute zur Arbeit. In den Betrieben werden die Lichter angeknipst und die elektrisch betriebenen Maschinen eingeschaltet. Wer aber liefert den Strom, der zu dieser Tageszeit in großen Mengen benötigt wird?
Strom kann man leider nicht speichern. Er muss in dem Moment erzeugt werden, in dem er gebraucht wird. Damit Strom entsteht, werden Generatoren in schnelle Drehungen versetzt. Dein Fahrrad-Dynamo ist ein sehr kleiner Generator. In Kraftwerken sind Generatoren mit Turbinen, riesigen Schaufelrädern, gekoppelt. In Laufwasserkraftwerken werden die Turbinen durch fließendes Wasser der Flüsse, in Wärmekraftwerken mit heißem Dampf betrieben. Diese Kraftwerke liefern den Grundbedarf an Strom, die Grundlast. Benötigen wir plötzlich mehr Strom, müssen Speicherkraftwerke tätig werden.

„Batterien“ aus Wasser

Um einen plötzlichen und hohen Strombedarf zu decken, kam man auf die Idee Wasser zu speichern. Dafür bieten sich die Alpen besonders an. Viele Hochtäler wurden durch die Gletscher so geformt, dass man dort Staudämme anlegen kann. Zudem sorgen Regen und Schnee sowie die Gletscher für einen enormen Wasserreichtum. Man fängt also Wasser in hoch gelegenen Speicherseen auf und leitet es auf Abruf zu den Turbinen des im Tal errichteten Kraftwerkes. Durch die große Fallhöhe gerät das Wasser unter starken Druck und gibt die gewaltigen Kräfte an die Turbinen weiter.

4 ***Speichersee am Oberaar-Gletscher (Schweiz)***

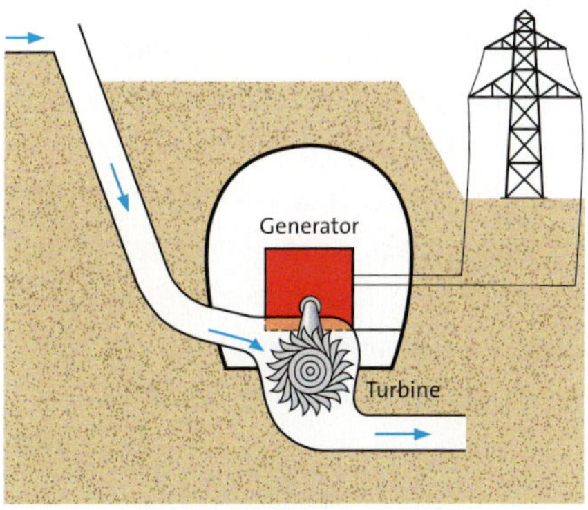

3 ***Schnitt durch ein Speicherkraftwerk***

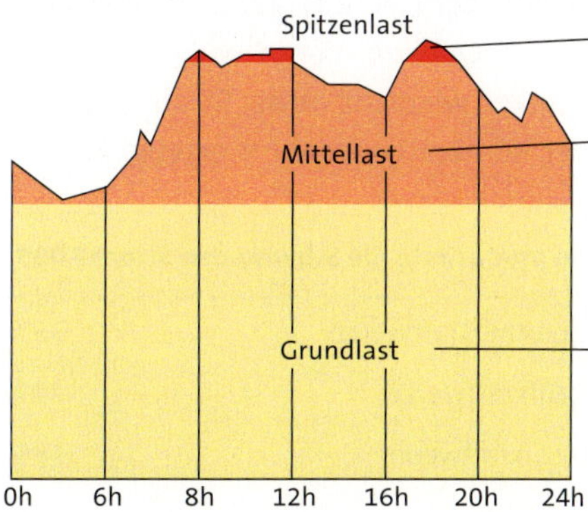

5 ***Wer deckt den Strombedarf im Tagesverlauf?***

Diese **Speicherkraftwerke** bleiben so lange in Betrieb, wie der Spitzenstrom benötigt wird. Heute sind Stromausfälle selten geworden. Denn die Kraftwerke und Stromverbraucher sind im Europäischen Verbundnetz zusammengeschlossen und helfen einander mit Strom aus, falls ein Kraftwerk ausfällt oder das Stromnetz überlastet ist.

Die Nutzung der Wasserkraft kann in den Alpen kaum noch ausgebaut werden, da Großprojekte vor allem im alpinen Raum mehr und mehr auf den Widerstand der Bevölkerung stoßen.

1 *Erkläre die Aussage: Die Alpen bieten für Speicherkraftwerke ideale Bedingungen.*

2 *Beschreibe die Arbeitsweise eines Speicherkraftwerkes. Verwende dazu die Fachbegriffe aus Zeichnung 2.*

3 *a) Schreibe die Kernaussagen von Diagramm 5 in einem Text auf.*
b) Welche spezielle Aufgabe erfüllen die Speicherkraftwerke im Zusammenspiel der verschiedenen Kraftwerkstypen?

4 *Erkläre die Aussage: Wasserkraft ist umgewandelte Sonnenenergie.*

→ *Energieverbund in Europa, Seite 204*

Ein Kreisdiagramm erstellen

Häufig stoßen wir auf Zahlenangaben, die sich aus verschiedenen Anteilen zusammensetzen. Ein Kreisdiagramm hilft uns die Größenordnungen besser vorstellen zu können. Mit mehreren Kreisdiagrammen können wir Sachverhalte vergleichen.

Strom kommt aus ganz unterschiedlichen Quellen. Wenn wir ihn nutzen, merken wir nicht, ob der Strom aus Wasser, Kernkraft oder Kohle erzeugt wurde.

1 So produzierte die Schweiz den Strom 2 000

Speicherkraftwerke:	35 %
Laufkraftwerke:	24 %
Kernkraftwerke:	38 %
Ölkraftwerke:	3 %

2 Streifendiagramm

Um diese Anteile zu veranschaulichen kann man ein Streifendiagramm zeichnen.

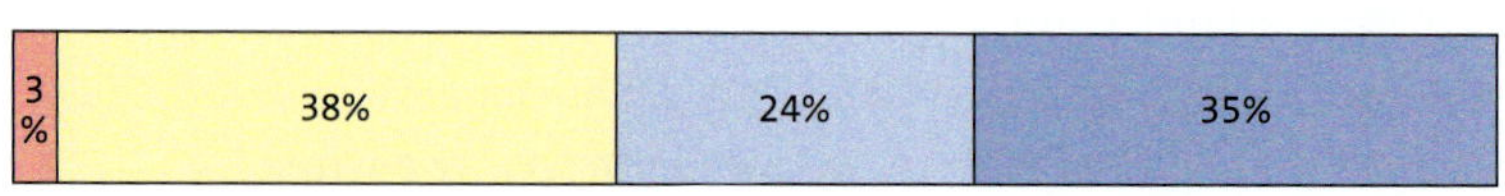

3 Kreisdiagramm

Bei einem Kuchen können wir schnell erkennen, wie viel schon verzehrt wurde. Genauso kann man mit einem Kreisdiagramm Anteile so darstellen, dass sie schnell erfasst werden können. Je größer ein Kreisausschnitt oder Sektor, desto größer ist auch der Anteil des Kraftwerktyps an der Stromerzeugung.

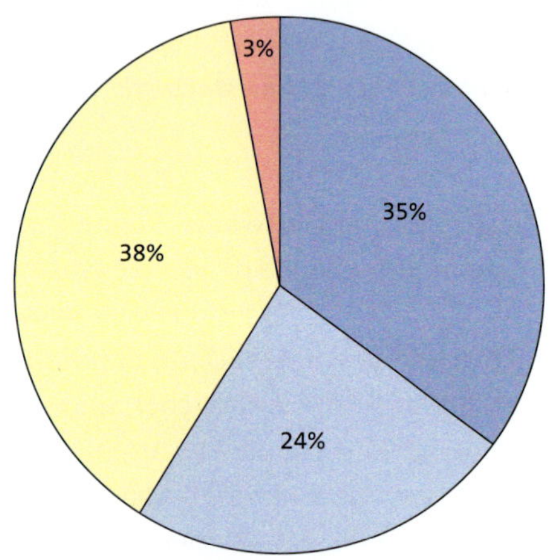

Ein Kreisdiagramm erstellen

Zum Zeichnen eines Kreisdiagramms brauchst du ein Geodreieck, einen Zirkel, einen Bleistift und Buntstifte.

1. Schritt: *Markiere den Mittelpunkt. Zeichne einen Kreis. Wähle einen geeigneten Radius, z.B. im Heft 3 cm.*

2. Schritt: *Berechne nun die Winkel. Erneuerbare Energieträger haben z.B. in Deutschland einen Anteil von 7%.*

1 % entspricht 3,6° also:

7 % entsprechen 3,6° • 7 = 25,2°

Runde auf ganze Grad 25,2° ≈ 25°.

3. Schritt: *Zeichne den ersten Radius nach „oben".*

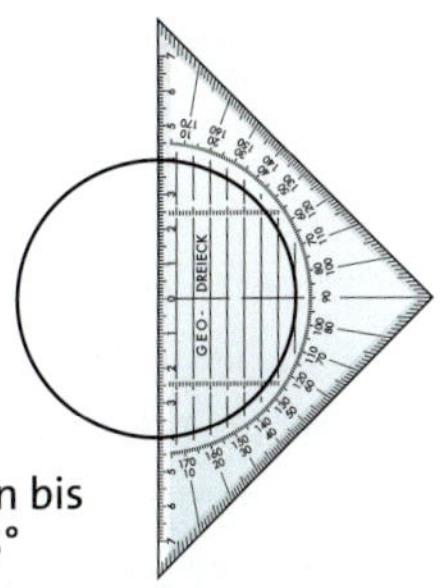

drehen bis α = 25°

4. Schritt: *Trage an diesem Radius den errechneten Winkel an. Lege dazu den Nullpunkt des Geodreiecks auf den Mittelpunkt und seine Kante an den Radius.*

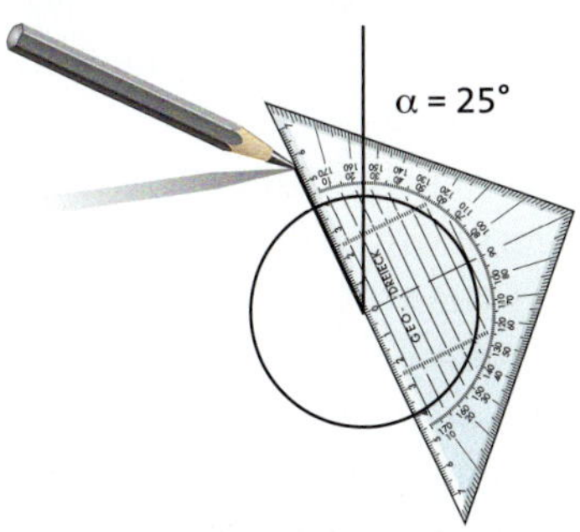

5. Schritt: *Färbe die Kreisausschnitte passend ein. Beschrifte das Diagramm bzw. die Legende.*

4 Anteil der Energieträger an der Stromerzeugung einiger Länder Europas 2000

Land	Kernenergie	Fossile Brennstoffe Kohle, Gas, Öl,	Erneuerbare Energieträger Wasser, Wind Holz
Belgien	57%	40%	3%
Dänemark	–	88%	12%
Deutschland	31%	62%	7%
Finnland	32%	34%	34%
Frankreich	79%	7%	14%
Griechenland	–	91%	9%
Großbritannien	22%	75%	3%
Irland	–	94%	6%
Italien	–	78%	22%
Luxemburg	–	27%	73%
Niederlande	4%	94%	2%
Österreich	–	27%	73%
Portugal	–	71%	29%
Schweden	39%	4%	57%
Spanien	28%	54%	18%
EU der 15	34%	50%	16%
zum Vergleich			
Norwegen	–	1%	99%
Schweiz	38%	3%	59%

1 *a) Stelle den Anteil der Energieträger an der Stromerzeugung Deutschlands in einem Kreisdiagramm dar.*

b) Führe Aufgabe a) mit einem Streifendiagramm aus. Vergleiche!

2 *a) Arbeitet in Gruppen: Veranschaulicht die Stromerzeugung der europäischen Staaten in Kreisdiagrammen. Wählt den Radius so, dass ihr die Diagramme gut vergleichen könnt.*

b) Vergleicht eure Ergebnisse:

Welche Staaten ähneln sich in der Stromversorgung?

Welche Staaten fallen durch große und kleine Anteile auf?

Welche haben eine ähnliche Stromversorgung wie Deutschland?

Tipps

- *Dein Geodreieck hat zwei Zahlenkreise. Zähle immer von der angelegten Kante aufwärts.*
- *Ein Prozent ist der hundertste Teil kurz:* $1\% = \frac{1}{100} = 0{,}01$
- *1% entspricht 3,6°*
- *Rechne mit Brüchen:* $3{,}6 = \frac{36}{10} = \frac{18}{5}$
- *7 % entsprechen also ...* $\frac{18}{5} \cdot 7 = \frac{126}{5} = 25{,}2 \approx 25$

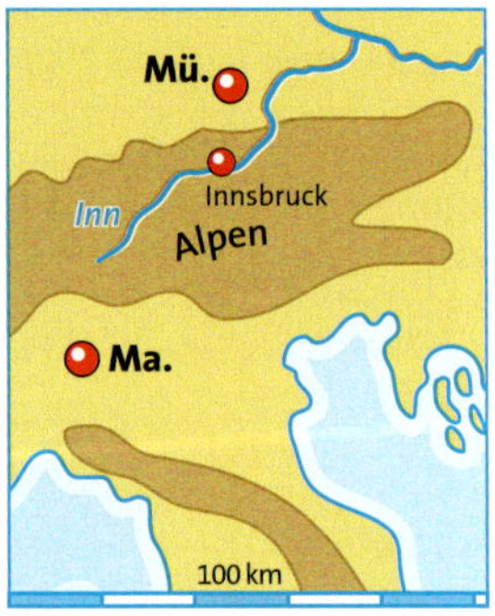

①

② ***Novartis-Konzern 2003 Erforschung, Entwicklung, Herstellung und Vertrieb von Arzneimitteln***

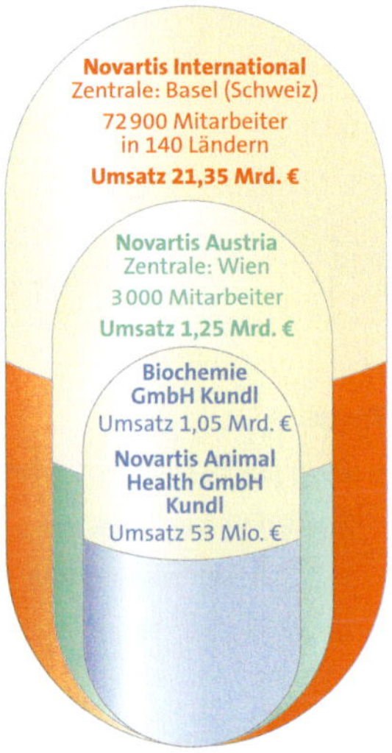

③ ***Biochemie GmbH in Kundl***

Industrie im Inntal

Viele verbinden Skifahren und Bergwandern mit den Alpen. Weniger bekannt ist, dass die Alpenbewohner ihre Heimat auch zu einer bedeutenden Wirtschaftsregion entwickelt haben. Von der Industrie leben in den Alpen mehr Menschen als vom Tourismus und von der Landwirtschaft. Viele Erzeugnisse finden weltweit Absatz. Entlang der verkehrsgünstigen Alpentäler haben sich Industriegassen entwickelt. Das Inntal in Tirol ist ein gutes Beispiel dafür.

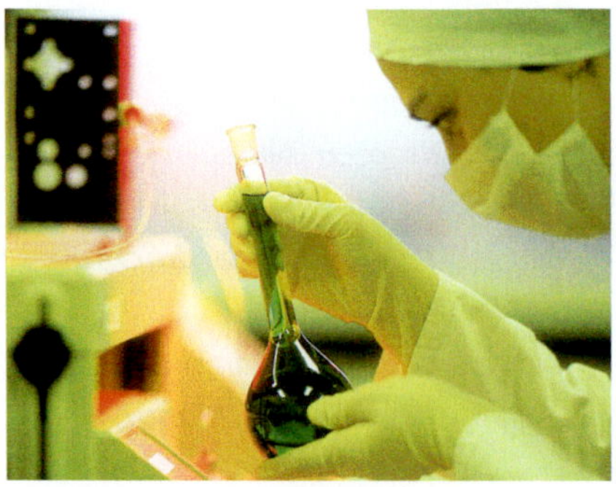

④

Penicillin aus einer früheren Brauerei

Als 1946 die Kundler Bierbrauerei die Biochemie GmbH gründete, ahnte niemand, was aus diesem Unternehmen werden würde. Forschern im Werk gelang es 1951 Penicillin so herzustellen, dass es in einer Tablette statt in einer Spritze verabreicht werden kann. Für viele kranke Menschen in aller Welt verbesserten sich die Heilungschancen. Ein weltweiter Markt für das neue Medikament stand dem jungen Unternehmen aus Tirol offen.

Mittlerweile gehört die Biochemie GmbH dem schweizerischen Arzneimittelkonzern Novartis an. Die Betriebsleitung wurde von Kundl nach Wien verlegt. In Kundl blieben aber die Forschungsabteilung mit nahezu 350 Mitarbeitern sowie die Arzneimittelproduktion mit über 2 000 Beschäftigten. 85% dieser Erzeugnisse werden exportiert. Ein Drittel des Weltbedarfs an Penicillin wird in Kundl hergestellt.

Surftipp

www.novartis.com

Biochemie

In Betrieben der Biochemie arbeiten Biologen, Chemiker und Techniker gemeinsam an der Entwicklung neuer Wirkstoffe, wie zum Beispiel Medikamente.

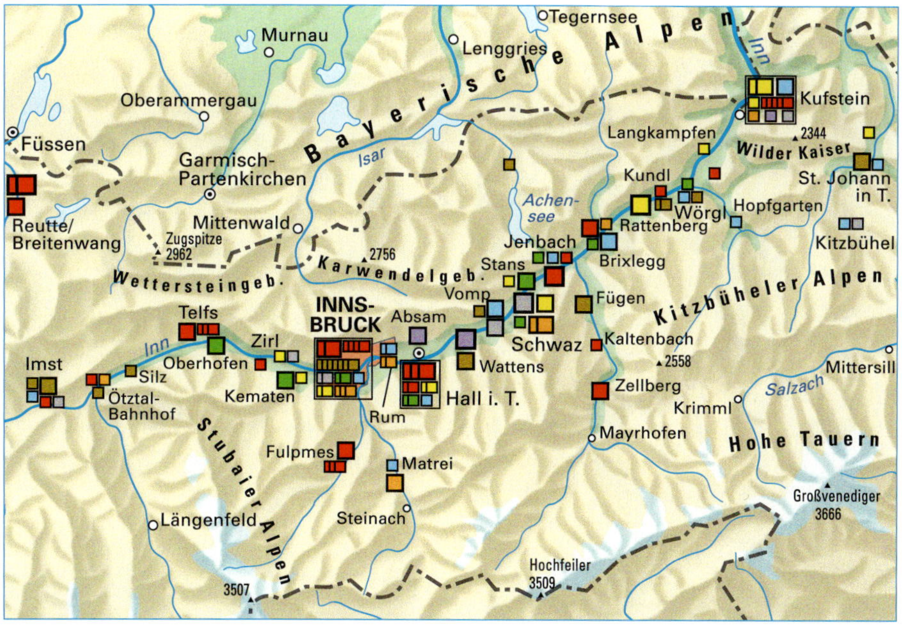

Branchengliederung
- Metallerzeugung und Metallverarbeitung
- Elektrotechnik
- Chemie, Kunststoffe
- Holz, Papier, Druck
- Leder, Textilien, Bekleidung
- Glas, Optik
- Nahrungs- und Genussmittel
- Steine, Baustoffe

Anzahl der Beschäftigten
- 200 und weniger
- 201 – 500
- 501 und mehr

Talaue
Staatsgrenze

0 5 10 15 20 25 km

5 ***Industriebetriebe in Tirol***

Kristallwaren erobern die Welt

1892 erfand der 29jährige Daniel Swarovski in Georgenthal in Böhmen eine Maschine, mit der Kristallschmucksteine industriell geschliffen werden können. Swarovski verließ seine Heimat und gründete 1895 in Wattens in Tirol einen Industriebetrieb. Dort gab es schon eine über hundertjährige Tradition in der Herstellung von Schmucksteinen und außerdem ausreichend Wasser und Wasserkraft.

Weitere Produkte folgten: Schleifscheiben, Ferngläser, Rückstrahler, Figuren aus Kristall, Modeschmuck und selbstklebende Kristalle für Tattoos.

Aus der kleinen Glasschleiferei wurde der weltweit führende Hersteller von geschliffenem Kristall. Das Unternehmen unterhält Produktionsstandorte in 12 Ländern mit insgesamt 14 000 Beschäftigten. Das Stammwerk in Wattens ist mit 5 000 Beschäftigten das größte Industrieunternehmen in Tirol.

1 *Stelle in einer Tabelle die Betriebe Biochemie GmbH Kundl und Swarovski (Stammwerk) gegenüber (Gründungsjahr, Produkte, Beschäftigte).*

2 *a) Bestimme mit Karte 5 die vier bedeutendsten Industrieorte im Inntal.*

b) Erstelle für diese Orte eine Übersicht über die vertretenen Industriezweige.

3 *a) Beschreibe die Einbettung der Biochemie GmbH Kundl in den Novartis-Konzern.*

b) Vergleiche Umsatz und Beschäftigtenzahlen der Biochemie GmbH Kundl und des gesamten Novartis-Konzerns.

4 *a) Welche Gründe gab es früher für ein Industrieunternehmen sich in den Alpen niederzulassen?*

b) Welche Gründe könnten es heute sein? Nutze die Branchengliederung der Karte 5.

6 ***Kristallfigur von Swarovski***

Surftipp

www.swarovski.com

Kaum zu glauben
Ein Bergkäse, wie ihn die Germanns auf ihrer Alm herstellen, wiegt zwischen fünf und acht Kilogramm. Pro Kilogramm Käse werden zehn Liter Milch verarbeitet.
Eine Kuh auf der Alm gibt am Tag durchschnittlich 20 Liter Milch. Folglich wird die Tagesmilchleistung von 4 Kühen benötigt um einen Käse von 8 kg herzustellen.

① ***Familie Germann***

② **Frau Germann:** Zu unserem Betrieb gehören 17,8 ha Grünland und 1,5 ha Wald. Unsere Wiesen und Weiden liegen in unterschiedlichen Höhenlagen. So „ziehen“ wir jedes Jahr zweimal „um“: Den größten Teil des Jahres wohnen wir in unserem Talgut im Hirzboden. Im kurzen Gebirgssommer von Mitte Juni bis Mitte September sind wir mit unseren Tieren, neun Milchkühen, sechs Rindern und bis zu 15 Kälbern, auf der 1650 m hochgelegenen Alm Laueli. Das ist für mich die schönste Zeit im Jahr. Wir stellen dann unseren eigenen Bergkäse her, den wir zusammen mit Brot und Getränken an die Wanderer direkt verkaufen können.

Bergbauern in der Schweiz – wohin?

Alm (Alpe, Alb)
Weideplatz mit hütten und Ställen, der auf Grund der Höhenlage nur in den Sommermonaten als Weideplatz dient.

In den Schweizer Alpen gibt es knapp 20 000 Bergbauernhöfe. Vor 25 Jahren waren es noch doppelt so viele. Viele **Bergbauern** haben ihren Hof schon aufgeben müssen, denn die Naturbedingungen in der Bergregion sind ungünstig für die Landwirtschaft. Viele Bergbauern finden im Alter keine Nachfolger für ihre Höfe. Mit der extensiven Weidewirtschaft kann man nämlich nur wenig Geld verdienen. Die Arbeit im Gebirge ist zudem hart und entbehrungsreich und nicht selten auch gefährlich.
Die Schweizer Familie Germann bewirtschaftet im Berner Oberland einen Bergbauernhof. Wie schaffen sie es als Bergbauern zu überleben? Wie sieht ihr Arbeitsleben aus?

③ **Karl Germann (14 Jahre):** Die Zeit auf der Alm bringt mir viel Arbeit. In den acht Wochen Sommerferien muss ich mich um unsere Tiere und auch um die Touristen kümmern. Manchmal wollen Wanderer unsere Käseherstellung besichtigen. Auch Schlafen im Wildheu in einer Scheune auf unserer Alm kommt bei den Leuten gut an. Mama sagt, dass wir mit der Landwirtschaft und den Touristen allerdings nur etwa ein Viertel unseres Einkommens verdienen. Was mir nicht so gut gefällt ist, dass wir wegen der Tiere nie länger zusammen verreisen können. Wir haben einen Traktor, einen Allradjeep, einen Motormäher sowie ein Heugebläse mit Heubelüftung. Ich hoffe im Herbst eine Lehrstelle als Landmaschinenmechaniker zu bekommen!

4 **Herr Germann:** Während im Sommer die Tiere auf der Alm und anderen hoch gelegenen Weiden sind, wird auf unseren Wiesen im Tal Gras für die Heufütterung im Winter gewonnen.

Weil der Verdienst durch unsere Arbeit als Bauern nicht ausreicht, muss ich noch durch Nebenerwerbstätigkeiten Geld verdienen. Deshalb bin ich Milchkontrolleur des Schweizerischen Bauernverbandes. Die sicheren Einkünfte aus diesem Nebenerwerb machen etwa ein Viertel unseres Verdienstes aus.

Etwa die Hälfte unseres Einkommens sind staatliche Direktzahlungen. Wir bekommen dieses Geld vom Staat dafür, dass wir als Landschaftspfleger die alpenländische Kulturlandschaft erhalten. Das ist wichtig für den Tourismus, der längst zur Haupteinnahmequelle im Alpenraum geworden ist. Außerdem sind wir dabei, unseren Hof auf biologischen Landbau umzustellen und erhalten dafür zusätzliche staatliche Unterstützung. Es ist schon ein komisches Gefühl für uns, dass der Erlös aus unserer landwirtschaftlichen Produktion nur einen geringen Teil unseres Familieneinkommens ausmacht.

6 ***Wohnhaus der Familie Germann im Hirzboden***

7 ***Alm Laueli***

5 *Tagesablauf von Herrn Germann*

4 Uhr:	Aufstehen
bis 6.30 Uhr:	Stallarbeit
bis 8 Uhr:	Milchkontrolle, dann Frühstück
bis 16 Uhr:	Andere Nebenerwerbstätigkeiten
(Mittagessen um 12 Uhr)	
16.00 bis 18.30 Uhr:	Stallarbeit
bis 19.30 Uhr:	Milchkontrolle
ab 21.00 Uhr:	Nachtruhe

1 Erstelle einen Betriebsspiegel für den Bergbauernbetrieb der Germanns.

2 Stelle dir vor, deine Eltern wären Bergbauern. Was würde dir wohl an diesem Leben gefallen, was weniger?

3 Zeichne nach den Angaben im Text ein Diagramm, das die Zusammensetzung des Einkommens der Familie Germann anschaulich wiedergibt.

4 Überlege und begründe, warum die Familie eine so hohe staatliche Unterstützung erhält.

Surftipp

www.bauernverband.ch

TERRATraining

Die Alpen

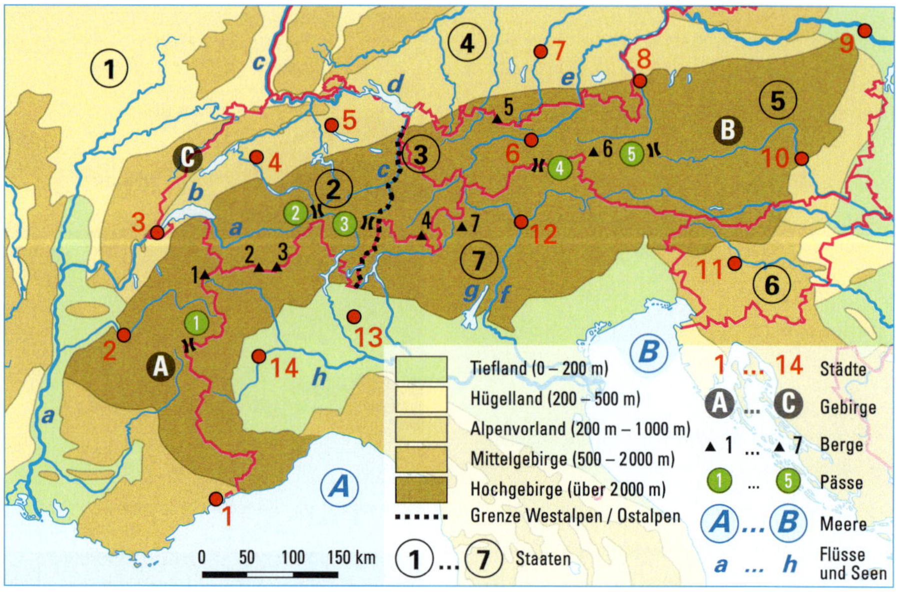

1

1 Wer kennt sich gut aus?

Arbeite mit Karte 1 und benenne

a) die Städte 1 bis 14

b) die Berge 1 bis 7

c) die Flüsse und Seen a bis h

d) die Pässe 1 bis 5

2

2 Gletscherexperte gesucht

In Zeichnung 2 sind sechs wichtige Begriffe, die du in diesem Kapitel gelernt hast, mit Buchstaben versehen. Notiere sie in dein Heft.

3 Dem Fehlerteufel auf der Spur

Schreibe den Text und berichtige.

3

Wirtschaft in den Alpen (Alpenecho)

Jahr für Jahr strömen **Bergbauern** in die Alpen, um sich in den **Industriegassen** Erholung zu gönnen. Besonders Skifahrer kommen dann in der **Kernenergie** voll auf ihre Kosten, während man in der **Wintersaison** die Landschaft erwandern und wild lebende **Kühe** beobachten kann.

Heute sind viele **Skilifte** vom Massentourismus abhängig. Auch mehr **Alpenregionen** sind geplant, aber zum Teil sehr umstritten, da sie die Landschaft verbauen.

Strom wird in den Alpen vor allem mit **Sommersaison** erzeugt. **Kohle und Gas** sowie **Wasserkraft** spielen nur eine Nebenrolle. **Laufkraftwerke** liegen an Stauseen, **Speicherkraftwerke** an den Flussläufen.

Bei der Berglandwirtschaft werden die **Murmeltiere** von den **Touristen** auf hoch gelegene Weiden, die **Fremdenverkehrsorte** getrieben. In den verkehrsgünstigen Tälern haben sich **Almen** gebildet, in denen viele Menschen Arbeit finden.

Wichtige Begriffe

Alpenkonvention
Basistunnel
Bergbauer
Faltengebirge
Gletscher
Hochgebirge
Höhengrenze
Höhenstufe
Kreisdiagramm
Laubwaldgrenze
Lawine
Massentourismus
Mure
Nadelwaldgrenze
Nährgebiet
Passstraße
Saison
Schneegrenze
Seitenmoräne
Speicherkraftwerk
Transitverkehr
Trogtal
Zehrgebiet

④ **Alpen 1974**

⑤ **Alpen 2004**

Teste dich selbst

mit den Aufgaben 1c, 1d, 2 und 4.7

4 *Fachbegriffe haben Vorfahrt!*

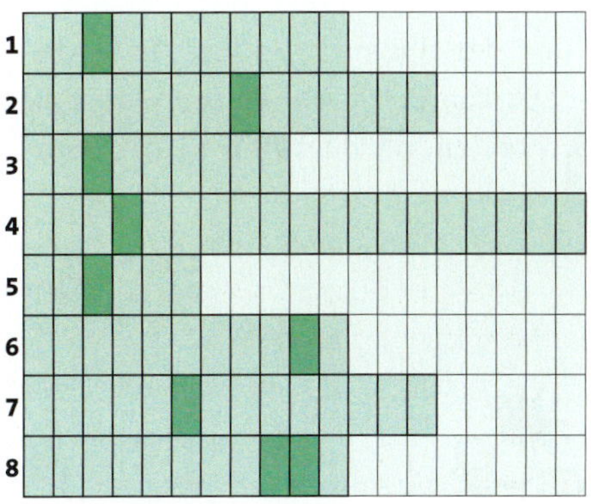

1. *Bedeutendster Pass Österreichs*
2. *Längster Straßentunnel der Alpen*
3. *Er besteht aus einem Nähr- und einem Zehrgebiet.*
4. *Form des kombinierten Verkehrs*
5. *Eine Bedrohung für Verkehrswege*
6. *Steigungsarmes Großprojekt für den Eisenbahnverkehr*
7. *Verkehr durch ein Drittland*
8. *Verkehrswege für Kfz über eine niedrige Stelle im Gebirge*

Die eingerahmten grünen Kästchen ergeben das Lösungswort.

5 *Alpen 1974 und 2004*

a) Beschreibe mithilfe der Zeichnungen 4 und 5 wie der Mensch in den letzten 30 Jahren die Alpen umgestaltet hat. Halte die Veränderungen in einer Tabelle fest.

b) Schlage in einer 3. Spalte Maßnahmen für eine nachhaltige und zukunftsfähige Entwicklung der Alpen vor.

6 *Zum Knobeln*

a) Liegt nicht auf Eis, sondern darunter.

b) Merkwürdig zerstörte Felsbrocken wurden in Graubünden gefunden. Wer war der Täter?

⑥

Lernzirkel – Europa wächst zusammen

Die Lernstationen bieten vorbereitete Aufgaben und Materialien an, die du in beliebiger Reihenfolge und selbsttätig bearbeiten kannst. Jede Station umfasst zwei Seiten im Buch: eine Stationstitelseite mit Kurzinformation und Aufgabenstellung sowie eine Informationsseite. Wie du deine Arbeit organisierst, erläutern dir die Arbeitsschritte.

Europa: über 700 Millionen Menschen in 45 Staaten, eine Vielfalt von Völkern, Religionen und Sprachen, Sitten und Bräuchen, armen und reichen Regionen. Aber wie sollen die Menschen Europas zukünftig zusammenleben? Wie lassen sich die Konflikte lösen? In welchen Bereichen ist eine Zusammenarbeit dringend erforderlich? Welche europäischen Staaten werden Mitglied der EU sein? Vielfalt bewahren und Zusammenarbeit der Menschen fördern, dies ist die Aufgabe Europas für die Zukunft.

Die einzelnen Lernstationen befassen sich mit den Möglichkeiten der Zusammenarbeit in Europa, mit Problemen und der zukünftigen Gestaltung von Europa. Bei Station sieben kannst du testen, ob du schon fit für Europa bist.

1

2

3

4

1. Schritt: Arbeitsregeln erstellen

Bevor ihr mit der Arbeit beginnt, vereinbart, wie ihr arbeiten wollt. Es könnten folgende Regeln sein:

- *Aufgabe vollständig bearbeiten.*
- *Die begonnene Arbeit an einer Station zu Ende führen.*
- *Andere dürfen beim Arbeiten nicht gestört werden.*
- *Das Kontrollblatt erst nach Beantwortung der Fragen benutzen.*

2. Schritt: Laufzettel anfertigen

Erstellt einen persönlichen Laufzettel zur späteren Kontrolle, welche Stationen schon bearbeitet worden sind.

3. Schritt: Stationen gestalten

Baut das Klassenzimmer um. Stellt die Arbeitstische so, dass jede Station doppelt vorhanden ist.

4. Schritt: An den Stationen arbeiten

- *Legt an jeder Station ein Schulbuch aus. Die aufgeschlagene Doppelseite markiert die Station des Lernzirkels.*
- *Löst die Aufgaben und überprüft die Richtigkeit eurer Antworten.*
- *Bearbeitet die Stationen in drei Unterrichtsstunden.*

5. Schritt: Ergebnisse präsentieren und kritisch betrachten

- *Präsentiert anderen eure Ergebnisse.*
- *Betrachtet eure eigenen Ergebnisse kritisch: Was ist mir schwer gefallen? Was fand ich interessant? Was könnte ich an meinem Arbeitsstil noch verbessern?*

Vereinigte Staaten von Europa?

Thema

Wir haben in Europa begonnen, das Misstrauen zwischen den Völkern abzubauen und die Zusammenarbeit zu stärken. Auf dem Weg zum vereinten Europa sind bereits entscheidende Schritte unternommen worden, aber noch viele Hürden sind zu überwinden. Wie soll denn dieses Europa zukünftig aussehen? Ist die EU ein erster Schritt hin zu den Vereinigten Staaten von Europa?

Material

Informationstexte, Blatt Papier
Schreib- und Malstifte

Aufgabe

Wertet die Informationen aus. Listet auf: Was darf der EU-Bürger schon in Europa bzw. was ist in der EU schon Wirklichkeit? Was dagegen ist noch Zukunftsmusik?

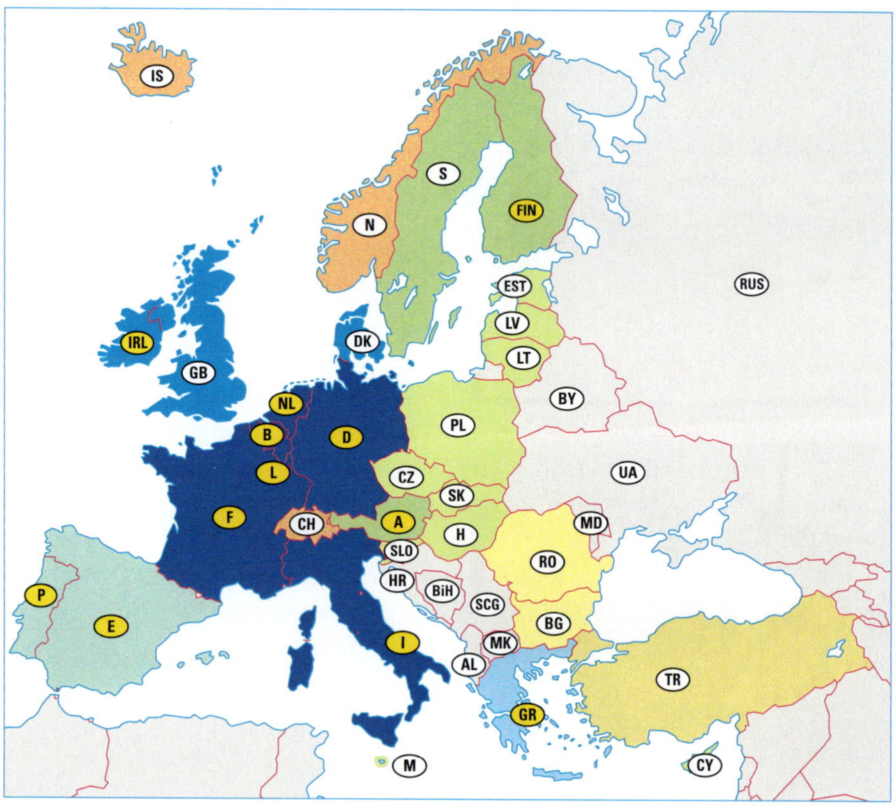

1

- EWG-Gründungsmitglieder 1958
- EG-Mitgliedsstaat seit 1973
- EG-Mitgliedsstaat seit 1981
- EG-Mitgliedsstaat seit 1986
- EU-Mitgliedsstaat seit 1995
- EU-Mitgliedsstaat seit 2004
- EU-Beitrittskandidat
- weiterer Staat mit offiziellem Beitrittsgesuch zur EU
- EFTA-Staaten
- (F) Staat mit Euro-Währung
- (S) Staat ohne Euro-Währung

Stand 1.5.2004

0 200 400 600 800 1 000 km

***EFTA** (European Free Trade Association = Europäische Freihandelsassoziation), Gründung 1960*

2 **In Europa schon Realität?**

„Frau Larsen aus Kopenhagen war unterwegs von London nach Paris. Sie musste kein Schiff besteigen und kein Grenzbeamter kontrollierte ihren Ausweis oder Reisepass, als sie nach Frankreich einreiste. In Paris bezahlte Frau Larsen ihr Hotel und ihre Einkäufe in derselben Währung wie in London. Sie hatte zunächst noch geschäftlich in Luxemburg zu tun, bevor sie nach Frankfurt weiter reiste. Und wieder keine Grenzkontrollen. In Frankfurt ist Frau Larsen zur Zeit als Wirtschaftsinformatikerin beschäftigt. Ihre dänischen Schulzeugnisse galten auch hier ohne Einschränkung: ihre Studienabschlüsse in Karlsruhe und London wurden anerkannt. Ihre Sozial- und Krankenversicherung lief ohne Unterbrechung weiter, obwohl Frau Larsen schon in Rom, Wien und Straßburg gearbeitet hatte. Sie verdiente so viel wie ihr männlicher Kollege, der die gleiche Tätigkeit wie sie im Betrieb inne hatte. Ihr Gehalt bekam sie immer in der gleichen Währung.

Nur wenn sie ihre Heimatstadt Kopenhagen besuchte, benötigte sie dänische Kronen, um ihre Einkäufe zu bezahlen. Ihren nächsten Urlaub wird sie am Plattensee verbringen und mit ihrem neuen Auto anreisen. Dies kaufte sie besonders günstig in der Tschechischen Republik ohne Zoll zu bezahlen. Statt ihres alten Führerscheins beantragte sie den neuen Euroführerschein, der nun in ganz Europa gültig ist."

3 **In Europa schon Realität?**

Deutsche Schüler und Schülerinnen werden auch von Lehrern aus anderen europäischen Ländern unterrichtet und deutsche Lehrer werden im Ausland lehren. Übrigens „Ausland": Im europäischen Binnenmarkt wird es nur noch Inländer geben, keine Ausländer. Niemand wird einem Griechen, Iren oder Italiener verwehren können, in Deutschland zu leben und zu arbeiten. Und wenn ein Deutscher in Griechenland Würstchen verkaufen möchte, dann kann er das auch tun, vorausgesetzt, sie werden gekauft. Niemand braucht seine nationale Herkunft aufzugeben, aber alle können sich zu Hause fühlen im grenzenlosen Europa.

4 **In Europa schon Realität?**

Eine wachsende Zusammenarbeit der europäischen Staaten ist vernünftig und notwendig. Aber welche politischen Aufgaben sollen in Zukunft auf EU-Ebene gelöst werden? Welche Aufgaben behalten die einzelnen Staaten besser bei sich? So könnte das Europäische Parlament das alleinige Recht erhalten

- Gesetze für alle Mitgliedsstaaten verbindlich zu beschließen,
- ein europäisches Staatsoberhaupt zu wählen, das auf internationaler Ebene die Interessen der europäischen Staaten vertritt, oder
- die Einführung einer europäischen Staatsbürgerschaft zu beschließen.

5

6

7

Made in Europe – der Airbus

Thema

Als 1970 die Airbus-Industrie mit Sitz in Toulouse unter Beteiligung von Frankreich, Deutschland, Großbritannien und Spanien gegründet wurde, ahnte man nicht, dass die Airbus-Verkehrsflugzeuge weltweit ein so großer Erfolg sein würden. Jedes Flugzeug ist ein europäisches Kooperationswerk von der Lieferung der Flugzeugteile bis hin zur Endmontage.

Material

Materialien 1 bis 3, Blatt Papier, Atlas

Aufgabe

Informiert euch über den Airbus.
Ordnet in einer Tabelle den Staaten die Produktionsstätten und Flugzeugbauteile zu.
Rechnet aus, wie viele Kilometer die wichtigsten Flugzeugteile bereits unterwegs waren, bevor der A 321 in Hamburg endmontiert wird.

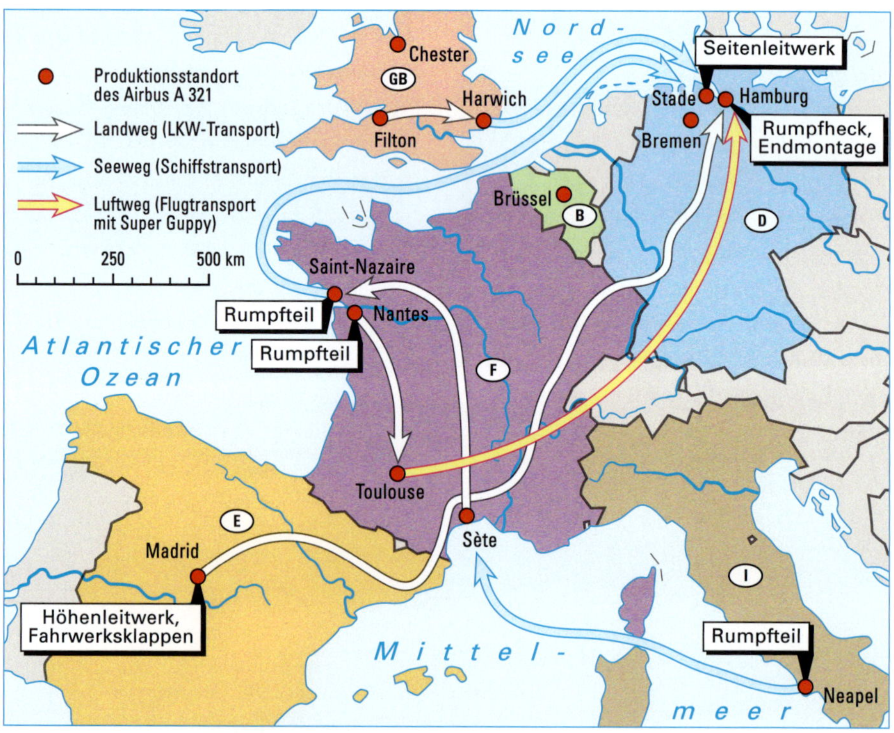

1 Produktionsstätten und Transportwege eines Airbus A 321

2 ***Wer liefert welche Teile?***

3 **Die Erfolgsgeschichte der Airbus-Industrie**

Juli 1967: Frankreich, Deutschland und Großbritannien einigen sich darauf die Entwicklung des Verkehrsflugzeugs für Kurz- und Mittelstrecken A 300 aufzunehmen.

Dezember 1970: Die Airbus-Industrie mit Sitz im südfranzösischen Toulouse wird gegründet. Spanien tritt 1971 der Airbus-Gemeinschaft bei.

Oktober 1972: Jungfernflug des A 300.

Juli 1978: Das A 310 Programm startet.

April 1982: Jungfernflug des A 310.

Februar 1987: Jungfernflug eines A 320.

Oktober 1991: Erstmals hebt das vierstrahlige Langstreckenflugzeug A 340 ab.

März 1993: In Hamburg-Finkenwerder rollt der erste A 321 an den Start. Seit Bestehen der Bundesrepublik Deutschland ist es das erste große Verkehrsflugzeug, das in Deutschland gebaut (endmontiert) wurde. Nur durch die Zusammenarbeit von fünf europäischen Ländern war dies möglich. Ähnlich den anderen Flugzeugen der Airbus-Familie planten sie gemeinsam das Flugzeug und teilten sich die Entwicklungskosten. Die Produktion von Flugzeugteilen ist auf leistungsfähige Betriebe in diesen Ländern verteilt.

September 1998: Der Kaufantrag für das dreitausendste Flugzeug geht ein.

Januar 1999: Es gibt den A 321-200 mit einem maximalen Startgewicht von 93 t.

März 1999: Der zweitausendste Airbus wird ausgeliefert.

Dezember 2000: Bau des 555 sitzigen Großraumflugzeuges A 380 wird beschlossen.

Mai 2004: Endmontage des A 380 beginnt.

4 ***Technische Daten des A 321-100***

Länge: 44,5 m
Spannweite: 34,1 m
Anzahl Passagiere: 185 bis 220
Reichweite: 4 350 km
Geschwindigkeit: 828 km/h
Startgewicht: 83 t

Surftipp
www.airbus.com

Energieverbund in Europa

Thema

An heißen Sommertagen bleiben die Urlaubsinseln Mallorca und Menorca von Stromausfällen nicht verschont. Bei dem letzten totalen „Blackout" mussten 1,5 Millionen Einwohner und Touristen fast zwölf Stunden ohne Strom auskommen. Dies löste heftige Proteste aus. Ursache des Chaos war eine Überlastung des Inselnetzes durch einen Rekordverbrauch angesichts der großen Hitze: Überall liefen die Klimageräte auf Hochtouren. In ganz Mitteleuropa verhindern dagegen die Verbundnetze der Energieunternehmen größere Stromausfälle.

Material

Materialien 1 – 5, Blatt Papier

Aufgabe

Informiert euch über den Energieverbund in Europa.
Ergänze die Mindmap 6.

① ***Europäischer Energieverbund***

2 Strom – immer und überall verfügbar

Um die Einwohner Europas zuverlässig mit elektrischer Energie zu versorgen, wurden in allen Ländern zahlreiche Kraftwerke gebaut.

Strom lässt sich jedoch nur mit großem technischen Aufwand, beispielsweise in Speicherkraftwerken, speichern. Deshalb muss er in Kraftwerken laufend erzeugt werden. Diese aber liefern Strom in recht unterschiedlichen Mengen. So sinkt die Leistung von Wasserkraftwerken im Gebirge im Winter deutlich. In trockenen Sommermonaten müssen Wärmekraftwerke oft ihre Stromproduktion drosseln, weil sie sonst die Flüsse zu sehr erwärmen würden. Kraftwerke müssen auch regelmäßig zur Wartung abgeschaltet werden. Um trotzdem alle Kunden sicher mit Strom versorgen zu können, helfen sich die Energieversorgungsunternehmen in ganz Europa gegenseitig. Alle Kraftwerke sind deshalb mit einem dichten Netz von Leitungen miteinander verbunden. Dies bezeichnet man als Verbundnetz. Da der Stromverbrauch auch während eines Tages und über das Jahr hinweg stark schwankt, speisen zusätzliche Kraftwerke den Spitzenbedarf in dieses Verbundnetz ein.

3 Stromtransporte in Europa 2002 (in GWh = 1 Milliarde KWh)

Land	von D nach	nach D von
DK	2250	1200
S	1200	1000
PL	1300	200
CZ	200	9250
A	7200	6000
CH	10000	6300
F	250	14600
L	4500	750
NL	17000	400
Gesamt	43900	44000

4 Erdöl und Erdgas im europäischen Verbund

Auch für die Verteilung riesiger Mengen von Erdöl und Erdölprodukten sowie von Erdgas wurde Europa mit einem dichten Verbundnetz überzogen. Über die Grenzen der einzelnen Staaten hinweg verlaufen viele hunderttausend Kilometer Rohrleitungen, die so genannten Pipelines. Sie verbinden die Fördergebiete oder die großen Einfuhrhäfen mit den Raffinerien. Dort wird Rohöl aufbereitet und beispielsweise zu Heizöl verarbeitet. Die Erdgasleitungen führen sogar direkt bis zum Verbraucher. Der meist unterirdische Bau der Pipelines kostet zwar viel Geld – bei Ölpipelines bis zu 1 Mio. € je Kilometer –, aber sie gelten als sehr zuverlässiges, wirtschaftliches und umweltfreundliches Transportmittel.

5 Energiebedarf einzelner Verkehrsträger beim Transport von Mineralölprodukten
(Energiebedarf von Pipelines = 1)

Mineralöl-Pipelines	1
Binnenschiff	7
Kesselwagen (Schiene)	9
Straßentankwagen	30

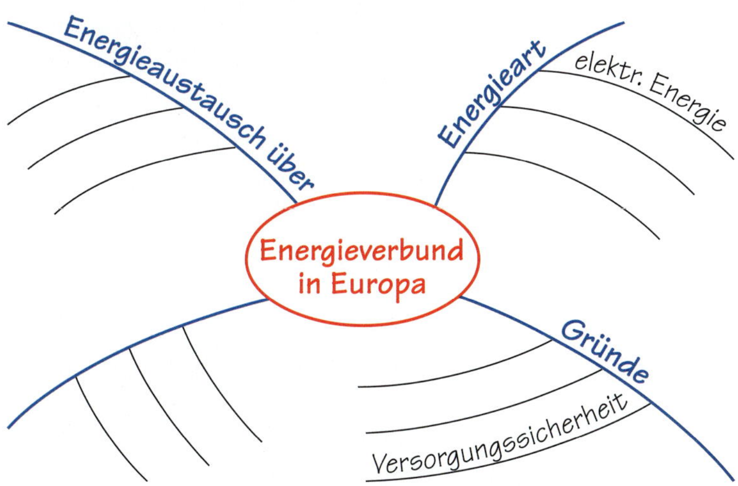

6

Surftipp
www.deutsches-museum.de

Ohne Frieden kein Europa

Thema

In vielen Staaten Europas leben verschiedene Volksgruppen zusammen, friedlich-tolerant oder aber sich gegenseitig bekämpfend. 1991 erschütterte die Nachricht vom Ausbruch des Bürgerkrieges in Jugoslawien die ganze Welt. Der mit großer Grausamkeit geführte Krieg griff in den folgenden Jahren auf weitere Republiken des ehemaligen Jugoslawien über. Friedenstruppen ausländischer Staaten versuchen derzeit den Frieden aufrecht zu erhalten.

Material

Materialien 1–3, Blatt Papier, Papierstreifen

Aufgabe

a) Stelle dar, weshalb es in Bosnien und Herzegowina zum Bürgerkrieg kam.

b) Formuliere eine friedvolle Botschaft für Europa auf einen Papierstreifen und hefte diesen an die Pinnwand.

Sarajevo, den 25.2.1993

Liebe Jasmina,

es geht uns zur Zeit gut, das heißt, wir sind noch am Leben. Omas Wohnung 100 Meter weiter ist durch Artilleriebeschuss zerstört, weil sie an der vordersten Frontlinie lag. Wir sind einige Male hingegangen, um einiges zu retten. Aber alles war von den Granaten zerstört oder war ausgeplündert. Wir hatten 40 Tage keinen Strom und kein Wasser, und die Temperatur fiel auf minus 17 Grad. Irgendwie ist es uns gelungen einen Ofen zu besorgen, sodass wir kochen und heizen konnten. Papa verdient jetzt im Monat 4 DM. Trotzdem leben wir irgendwie.

Unser Sarajevo ist völlig zerstört. Die ganze Stadt ist zerschossen, vor allem die wichtigen Gebäude. Viele, viele Leute haben Sarajevo verlassen. Ich wünschte mir, dass jemand diesen Krieg der ganzen Welt zeigt. Wir sind hier wie Tiere. In der Stadt Zepa haben die Menschen angefangen, vor Hunger die Toten zu essen. Alles wird wieder in Ordnung kommen.

1 ***Brief der 17jährigen Hana an ihre Cousine***

❷ Krieg oder Frieden in Bosnien und Herzegowina?

1991/1992: Der 1918 gebildete Bundesstaat Jugoslawien zerfällt in die fünf Staaten: Slowenien, Kroatien, Jugoslawien (ab 2003 Serbien und Montenegro), Mazedonien sowie Bosnien und Herzegowina.
1992: Am 1. März erklärt sich Bosnien und Herzegowina als unabhängigen Staat und wird international anerkannt. Schon im April prallen die unterschiedlichen Interessen der drei Volksgruppen aufeinander. Die bosnischen Serben streben nach einer Vereinigung mit dem Nachbarstaat Serbien. Die bosnischen Kroaten möchten den Anschluss an das benachbarte Kroatien. Die Moslems kämpfen für den Erhalt des multikulturellen Staates.
1992–1995: Es herrscht ein brutaler **Bürgerkrieg**: Die Serben erobern große Teile des Staatsgebietes, es kommt zu Massenmorden und zur Vertreibung. Gegen sie verbünden sich die beiden anderen Volksgruppen. 1993 zerbricht diese Allianz, nun bekämpfen sich auch Kroaten und Muslime. 1994 gelingt es internationalen Vermittlern, Kroaten und Muslime wieder zur Föderation zu bringen. Gemeinsam können sie den bosnischen Serben widerstehen.
Während des Krieges finden unvorstellbare Greueltaten und Massenmorde an Angehörigen der jeweils anderen Volksgruppe statt. Über die Hälfte der Gesamtbevölkerung flüchtet: Man schätzt 1,3 Millionen Binnen- und ebenso viele Auslandsflüchtlinge. Nach Deutschland kommen 320 000.
1995: Die Vertreter der Kriegsparteien finden sich zu Friedensverhandlungen zusammen. In Dayton/USA kommt es zum Friedensvertrag, der den Bestand des Staates Bosnien und Herzegowina garantiert.

❸ *Volksgruppen in Bosnien-Herzegowina*

1995–2003: Der Sicherheitsrat der Vereinten Nationen (UN) erteilt der NATO den Auftrag, die Einhaltung des Friedensabkommens militärisch zu überwachen. Zur Jahreswende 1995/1996 rücken 60 000 Soldaten nach Bosnien und Herzegowina ein. Im Dezember 1996 entsendet auch Deutschland 3 000 Soldaten zur „Stabilization Force“ (SFOR). 2003 umfasst die Schutztruppe noch 12 000 Soldatinnen und Soldaten aus 26 Staaten. Der Sicherung des Friedens und der Unterstützung beim Wiederaufbau des Landes durch die SFOR ist es zu verdanken, dass 250 000 Flüchtlinge in den Jahren 1996 bis 2003 in ihre Heimat zurückgekehrt sind.

Europäische Grenzregionen

Thema

Das Zusammenwachsen von Europa kann nur gelingen, wenn alle Menschen aufeinander zugehen und anstehende Probleme gemeinsam lösen. Lange Zeit haben Grenzen ein gemeinsames Planen und Handeln verhindert. Innerhalb Europas wird in sehr vielen Grenzregionen zusammengearbeitet. An Deutschlands Außengrenzen sind es derzeit 26 Arbeitsgemeinschaften.

Material

Karte, Computerstation mit Internet, Blatt Papier

Aufgabe

Thomas hat als EU-Beauftragter Gesprächstermine in fünf europäischen Grenzregionen. Wegen Terminproblemen musste er die Reiseroute kurzfristig ändern. Leider sind seine E-mail-Nachrichten an sein Büro wegen eines technischen Defektes lückenhaft. Welche Grenzregionen besuchte er? Was ist den Grenzregionen gemeinsam?

MEUSE-RHIN MAAS-RIJN MAAS-RHEIN

EUROREGION POMERANIA

POLSKA DEUTSCHLAND SVERIGE

REGIO PAMINA
PALATINAT · MITTLERER OBERRHEIN · NORD ALSACE

RIJN-WAAL RHEIN-WAAL EUREGIO

1

<Thomas> 12. Mai
Gespräch über einen Europark in M_ _s_rich_ positiv verlaufen. Region AP
<Thomas> 14. Mai
Besprech_ng zum weiteren A_ _bau der Ver_ehrs_nfrastruk_ _ _ im grenz_ _hen Bereich mit den B_rge_meist_rn aus Deutschland, _ _terreich und Tsc_ _chien war ergiebig, verlasse morgen die Wal_ge_end. Region BP
<Thomas> 16. Mai
Dr_il_ndertreffen zur Wir_schaftsf_rderung und Wirtschaftsk_oper_tion erfolgreich. Mache noch einen Sp_ziergang am _fer der N_i_e. Region CP
<Thomas> 17. Mai
EU-Projekt zur F_ _derung des Touri_ _us in Pom_ern vorgestellt. Region DP
<Thomas> 19. Mai
M_de von der weiten Reise. Neues Pr_jekt zum gr_ _ _übergrei_enden N_turschutz der R_einau_n in Angriff genommen; Antr_ge werden vorbereitet. Genieße jetzt einen elsä_ _ischen Fla_mkuchen unweit von L_ut_rbourg. Region EP

❷ ***Regionen grenzüberschreitender Zusammenarbeit***

❸ **Euroregionen setzen sich folgende Ziele:**

- Zusammenarbeit auf kulturellem Gebiet fördern, z.B. durch Jugendaustausch, gemeinsame Sportveranstaltungen und Theateraufführungen.
- Wirtschaftliche Entwicklung in der gesamten Region fördern, absprechen und verbessern, z.B. durch gemeinsame Gewerbegebiete und Infrastrukturmaßnahmen.
- Zusammenarbeit der Gemeinden und Städte fördern, z.B. bei Feuerwehr, Rettungswesen und Planungsvorhaben
- Gegenseitiges Verständnis fördern, d.h. alle Menschen in der Region als Nachbarn und Partner verstehen.
- Grenzüberschreitende Verkehrsinfrastruktur fördern, z.B. durch gemeinsame Planungen von Straßen, Bahnlinien, Absprache der Fahrpläne.

Surftipp

www.euregio.de
www.euregio.org
www.euregio-egrensis.de
www.euregio.sbg.at
www.euregio-weinviertel.org
www.euregio-rmn.de
www.euregio-mr.org
www.euregio-wald.com
www.bsz-bw.de/eu/bodensee.html

Europa im Kleinen: Das Beispiel PAMINA

Thema

An Deutschlands Außengrenzen gibt es 26 Grenzregionen. Eine davon ist die PAMINA-Region am Oberrhein, an der auch Baden-Württemberg beteiligt ist. Sie besteht seit 1988 und wird ständig mit neuem Leben gefüllt.
Was bedeutet der Integrationsprozess für den Alltag der Grenzbewohner?

Material

Materialien 1–10, Blatt Papier

Aufgaben

a) Erkläre die Bedeutung des Namens PAMINA.

b) Beschreibe die Lage der Euroregion. Fertige mithilfe der Materialien eine Übersicht nach folgendem Muster an:

Lebensbereich	grenzüberschreitende Aktivität
...	...

❶

Teilgebiet	Fläche km²	Einwohner	Bevölkerungsdichte Einwohner/km²
PA = Südpfalz Palatinat (frz. Pfalz)	1 512	296 000	195
MI = Mittlerer Oberrhein	2 137	960 000	449
NA = Alsace du Nord	2 267	264 000	117
Pamina	5 916	1 519 000	257

❷ REGIO PAMINA
PALATINAT - MITTLERER OBERRHEIN - NORD ALSACE

❸ ***Grenzüberschreitender Kooperationsraum PAMINA***

④ ***Elsässische Grenzgänger am Busbahnhof des Lkw-Werkes von DaimlerChrysler in Wörth***

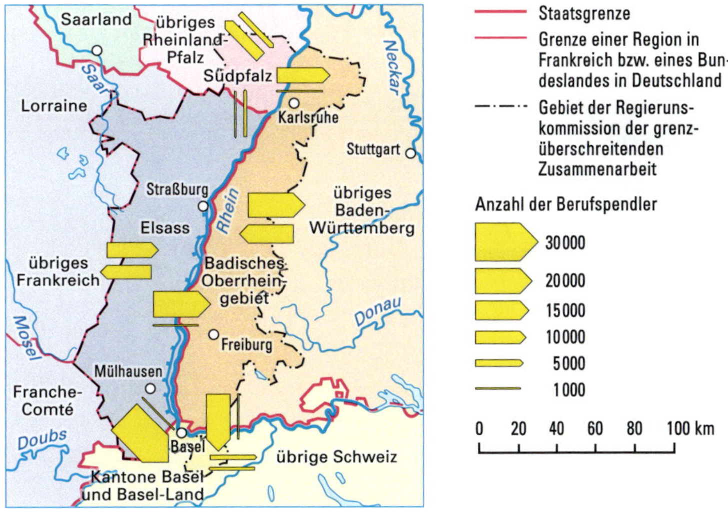

⑦

⑤ Den Wunsch vom eigenen Zuhause erfüllen sich immer mehr Deutsche im benachbarten Elsass. Nach Angaben der elsässischen Departementsverwaltungen haben bereits 11 000 Deutsche ihren Wohnsitz in der Nachbarregion. Die Tendenz ist weiter steigend.

Allein seit 1990 hat sich die Zahl deutscher Bewohner in französischen Orten in Grenznähe fast verdoppelt. Die Schwerpunkte liegen im Norden und Süden des Elsass gegenüber den Ballungsräumen Karlsruhe und Basel. Manchmal wurden 60 % seiner monatlichen Grundstücksgeschäfte von Deutschen getätigt, so ein elsässischer Notar.

⑥ ***Anzeige eines Supermarktes***

⑧ **Begegnungen am Oberrhein**
Echanges dans le Rhin Supérieur

Die deutschen, französischen und schweizerischen Schulverwaltungen im Oberrheingebiet bieten gemeinsam ab 2003 Lehrerinnen und Lehrern sowie Schülerinnen und Schülern aller Schularten neue Formen des Austausches und der Begegnung an, und zwar im Rahmen des Projektes TRISCHOLA.

Für Lehrerinnen und Lehrer:

- Hospitation in einer Klasse der Nachbarregion mit oder ohne selbstständigem Unterricht
- stundenweise Unterricht im Rahmen des Deputats in einer grenznahen Schule
- Arbeitsplatztausch mit einer Lehrkraft
- gemeinsame grenzüberschreitende Fortbildungen im landeskundlichen, sprachlichen, pädagogischen und didaktischen Bereich

Für Ihre Schülerinnen und Schüler:

- Fortsetzung bestehender oder Aufnahme neuer Klassenpartnerschaften mit Schulen im grenznahen Bereich
- Austauschprogramme mit mehrfachen Begegnungen, Aufenthalt in Familien oder Drittortbegegnungen

⑨ ***Gemeinsames Schulbuch***

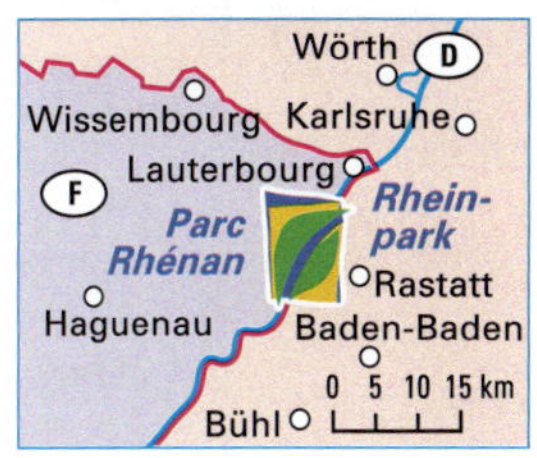

⑩ *PAMINA Rheinpark: die einzigartige Auenlandschaft beiderseits des Rheins als Freilichtmuseum und neun Museen, zwei Naturschutzzentren und über vierzig in der Landschaft markierte Besonderheiten, Stationen am Wegesrand, ein Erlebnis erschlossen durch ein Radwegenetz.*

Fit für Europa?

Thema – Teste dein Wissen über Europa. Beginne erst, wenn du dich europafit fühlst.

Material – Spielplan

Aufgabe – *Wähle die richtige Antwort und der entsprechende Pfeil weist dir die Richtung. Sammle auf deinem Weg die Großbuchstaben. Der Lösungssatz zeigt dir, ob du richtig gearbeitet hast.*

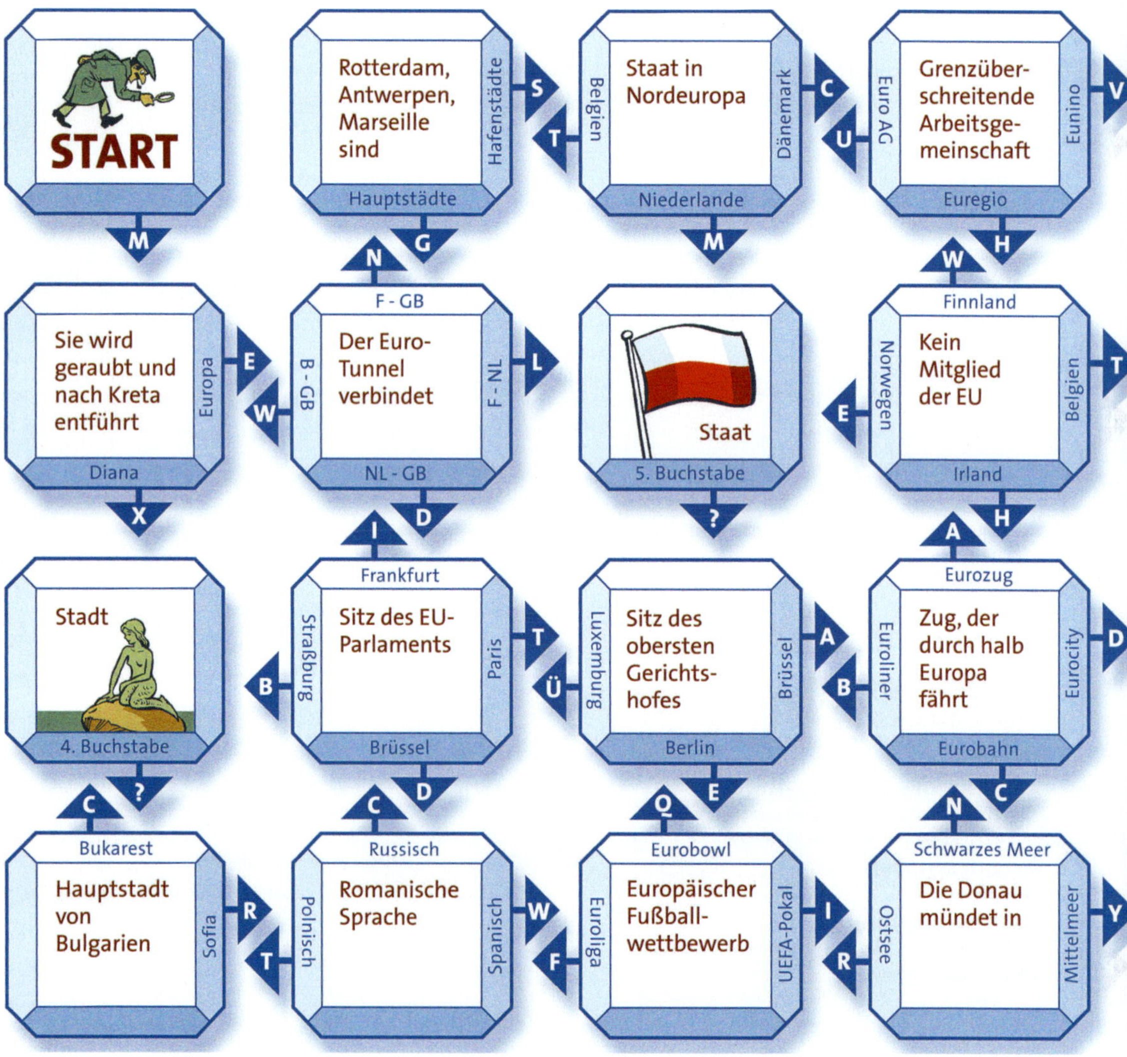

Frage	oben	rechts	unten	links
Zweit-kleinster Kontinent		Europa (N)	Antarktis (Z)	
Europäisches Flugzeug			5. Buchstabe (?)	
Anzahl der Ostsee-anrainer-staaten		neun (U)	acht	sieben (M)
Minder-heiten-sprache in Deutschland			Sorbisch (E)	Sanskrit (C)
Grenzgebirge zwischen Spanien und Frankreich	Pyrenäen (E)	Alpen (A)	Apenninen (K)	
Anzahl der Sterne auf der EU-Flagge	zehn	dreizehn (M)	zwölf (N)	neun (R)
Stadt 	4. Buchstabe (?)			
Längster Fluss Europas	Donau (P)		Wolga (N)	Rhein (F)
Sitz der Europäischen Zentralbank	Frankfurt (Z)	London (M)	Rom (R)	Zürich (R)
 Staat		1. Buchstabe (?)		
Nachbar-staat von Portugal	Spanien (B)	Frankreich (C)	Italien (U)	
Europäisches Weltraum-projekt	Mission (X)		Ariane-Rakete (E)	Euroflug (G)
Einwohner-reichste Stadt Europas	Moskau (N)	London (V)	Paris (E)	Madrid (U)
Höchster Berg Europas	Ätna (D)	Mt. Everest (O)	Hohe Tatra (T)	Montblanc (E)
Geschützte Durchzugs-gebiete für Vögel	Eurosafe (W)		Europa-Reservat (R)	Euroweiden (T)
Bauwerk 				8. Buchstabe (?)
Stadt 			4. Buchstabe (?)	
Mitglied-staaten der EU 1995	fünfzehn (R)	acht (K)	zehn (B)	dreizehn (S)
Das Atomium steht in	Madrid (Y)	Brüssel (O)	Moskau (U)	Wien (H)
Kein Alpenstaat	Schweiz (M)		Ungarn (P)	Italien (B)
Größte Halbinsel Europas		Skandinavien (N)		Iberische H. (R)
Kleinster dieser drei Kontinente	Europa (G)	Asien (S)		Südamerika (A)
FIT FÜR EUROPA?	JA	JA		JA
Stadt 				2. Buchstabe (?)

Europa in Zahlen

Fläche: 10 532 000 km²
Bevölkerung: 715 000 000 Einwohner (11,7 % der Erdbevölkerung)
Die Europäische Union zum Vergleich:
Fläche: 3 232 000 km²
Bevölkerung: 375 000 000 Einwohner

Die flächengrößten Staaten

Russland (einschließlich asiatischer Teil)	
17 075 000 km²	145 500 000 Einw.
Ukraine	
604 000 km²	48 700 000 Einw.
Frankreich	
544 000 km²	59 000 000 Einw.
Spanien	
505 000 km²	40 000 000 Einw.
Schweden	
450 000 km²	8 800 000 Einw.
Deutschland	
357 000 km²	83 000 000 Einw.

Die größten Verdichtungsräume und Städte (Einwohner in Mio.)

	Verdichtungsraum	Stadt
Moskau	13,2	8,4
London	11,8	6,6
Istanbul	10,7	8,3
Paris	9,7	2,1
St. Petersburg	5,5	4,2
Berlin	4,2	3,4
Mailand	3,8	1,3
Madrid	5,1	3,0
Athen	3,1	0,8
(Rhein-Ruhr	11,1)	

Die häufigsten Sprachen in Europa

Russisch	160 Mio. Menschen
Deutsch	94 Mio. Menschen
Französisch	60 Mio. Menschen
Englisch	60 Mio. Menschen
Italienisch	60 Mio. Menschen
Spanisch	42 Mio. Menschen

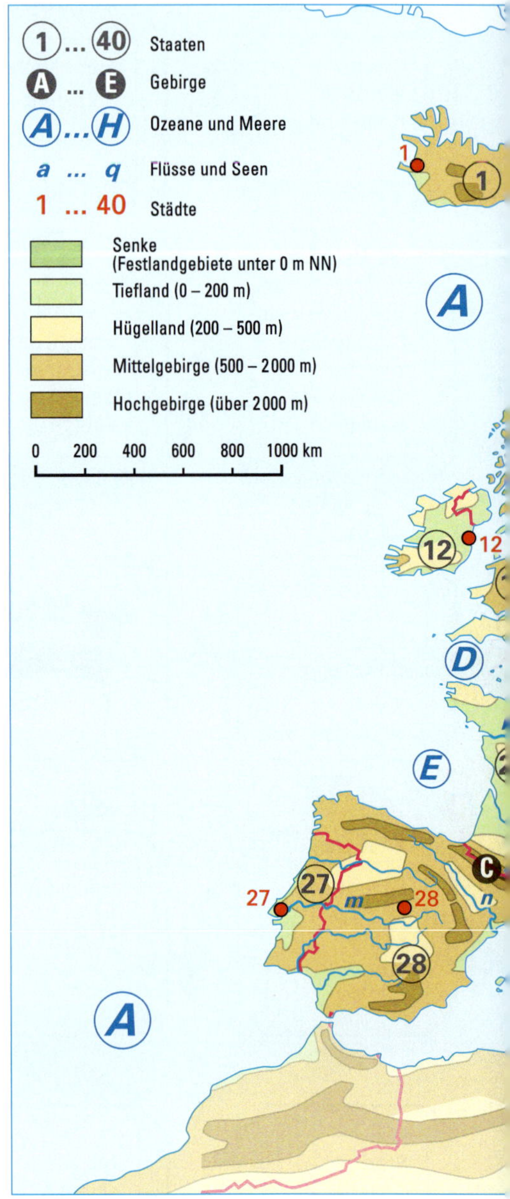

Die höchsten Berge

Alpen: Mont Blanc	4 807 m
Ätna:	3 323 m
Pyrenäen: Pico de Aneto	3 404 m
Apenninen: Gran Sasso	2 914 m
Karpaten: Gerlsdorfer Spitze	2 655 m
Dinarisches Gebirge: Durmitor	2 522 m
Skandinavisches Gebirge:	
Galdhøpiggen	2 489 m
Ural: Norodnaja	1 894 m

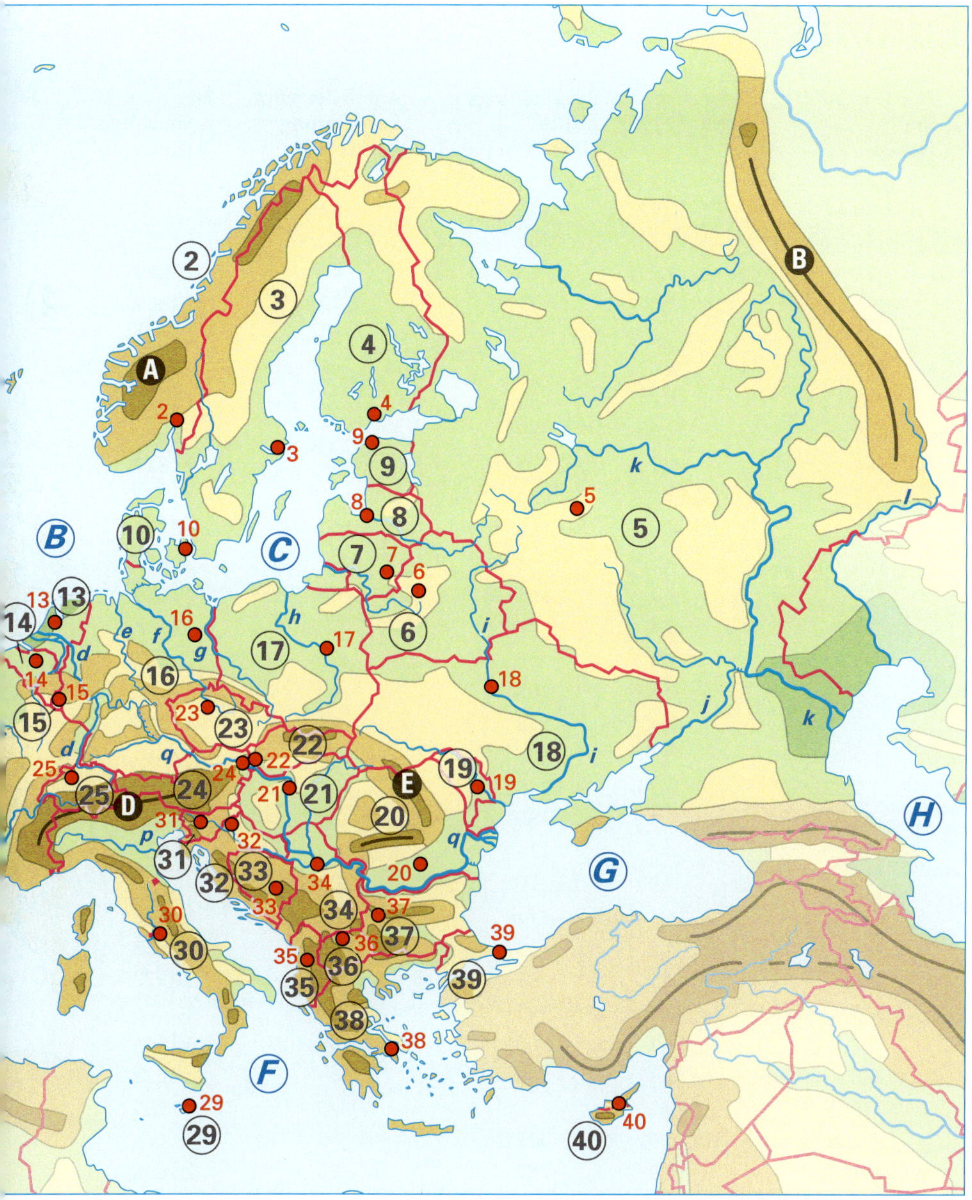

12

Die längsten Flüsse

Wolga	3 531 km
Donau	2 858 km
Ural	2 428 km
Dnipro	2 201 km

Die größten Seen

Ladogasee (Russland)	17 703 km²
Onegasee (Russland)	9 720 km²
Vänersee (Schweden)	5 585 km²

Die größten Inseln

Großbritannien	228 300 km²
Island	103 000 km²
Irland	84 500 km²
Spitzbergen (Norwegen)	39 000 km²
Sizilien (Italien)	25 400 km²
Sardinien (Italien)	23 300 km²
Zypern	9 300 km²
Korsika (Frankreich)	8 700 km²
Kreta (Griechenland)	8 300 km²

Strukturdaten Europas

Staat (Hauptstadt)	Fläche in 1000 km² (2003)	Einwohner in Mio (2003)	Bevölkerungsdichte Einw./km² (2003)	Anteil der städt. Bevölkerung in % (2003)	BIP je Einwohner in Dollar (2003)
Albanien (Tirana)	29	3,2	110	44	4571
Andorra (Andorra la Vella)	0,47	0,07	140	92	k. A.
Belgien (Brüssel)	31	10,3	338	97	28396
Bosnien-Herzegowina (Sarajevo)	51	4,2	81	44	6029
Bulgarien (Sofia)	111	7,9	71	70	7807
Dänemark (Kopenhagen)	43	5,4	124	85	31630
Deutschland (Berlin)	357	82,5	231	88	27609
Estland (Tallinn [Reval])	43	1,3	30	70	13348
Finnland (Helsinki)	305	5,2	17	61	27252
Frankreich (Paris)	544	60,1	111	76	27327
Griechenland (Athen)	132	11,0	83	61	19973
Irland (Dublin)	70	4,0	56	60	36775
Island (Reykjavik)	103	0,29	3	93	30658
Italien (Rom)	301	57,4	191	67	27050
Kroatien (Zagreb)	57	4,4	78	59	11139
Lettland (Riga)	65	2,3	36	66	9981
Liechtenstein (Vaduz)	0,16	0,03	205	22	k. A.
Litauen (Vilnius [Wilna])	65	3,4	53	67	11250
Luxemburg (Luxemburg)	3	0,45	175	92	62844
Malta (Valletta)	0,32	0,39	1248	92	17[1]
Mazedonien (Skopje)	26	2,1	80	60	6762
Moldau (Khisinau)	34	4,3	126	46	1505
Monaco (Monaco-Ville)	0,002	0,03	15370	100	k. A.
Niederlande (Amsterdam/Den	34	16,1	477	66	29412
Norwegen (Oslo)	385	4,5	18	79	37063
Österreich (Wien)	84	8,1	97	66	29972
Polen (Warschau)	313	38,6	123	62	11623
Portugal (Lissabon)	92	10,1	109	55	18444
Rumänien (Bukarest)	238	22,3	94	55	7222
Russische Föderation (Moskau)	17075	143,2	8	73	9195
San Marino (San Marino)	0,06	0,02	311	89	k. A.
Schweden (Stockholm)	411	8,9	22	83	26656
Schweiz (Bern)	41	7,2	174	68	30186
Serbien und Montenegro (Bel-	102	10,5	103	52	k. A.
Slowakei (Bratislava)	49	5,4	110	58	13469
Slowenien (Ljubljana)	20	2,0	98	51	19300
Spanien (Madrid)	505	41,1	81	77	22264
Tschechische Republik (Prag)	79	10,2	130	74	16448
Türkei (Ankara)	784	71,3	92	66	6749
Ukraine (Kiew)	604	48,5	80	67	5472
Ungarn (Budapest)	93	9,9	106	65	14572
Vereinigtes Königreich (London)	244	59,3	243	89	27106
Weißrussland (Minsk)	208	9,9	48	71	6012
Zypern (Nikosia)	9	0,8	87	69	18[2]

k. A. keine Angaben [1]Angaben für 2002 [2]Angaben für 2001 [3]nur Privatautos [4]ohne Nordirland [5]Schätzwert ITU

Quellen: Statistisches Jahrbuch für das Ausland 2003, 2004; World Development Indicators 2004, Worldbank; International Telecommunication Union (ITU); Fischer Weltalmanach 2005; The World Factbook 2003; ILO International Labour Organization; National Soources; Statistisches Bundesamt (Destatis), Bonn

Internetnutzer je 10 000 Einwohner[5]		Personenkraftwagen je 1 000 Einwohner (2002)	Arbeitslose in % (2002)	Erwerbstätige in der Landwirt-	Erwerbstätige in der Industrie in % (2003)	Erwerbstätige in Dienstleistun-
2002	2003					
39	98	k.A.	15,2			
k.A.	k.A.	k.A.	k.A.			
3 283	k.A.	456	8,1	1,7	24,9	73,3
262	k.A.	k.A.	k.A.		k.A.	k.A.
808	2 058	264[2]	13,6	11,1	32,1	56,7
5 128	k.A.	351	5,6	3,3	23,1	73,6
4 362	4 727	541	9,6	2,4	31,4	66,2
3 277	k.A.	295	10,1	6,3	31,2	62,5
5 089	k.A.	422	9,0	5,2	26,6	68,1
3 138	3 656	489	9,4	4,4	24,8	70,7
1 348	1 500	332	9,3		22,0	61,7
2 803	3 130	365	4,6	6,4	27,7	66,0
6 479	6 747	561	3,4	6,2	22,8	71,0
3 524	k.A.	591	8,6	4,7	31,8	63,5
1 804	2 318	280	14,3	16,8	29,7	53,5
1 331	k.A.	266	10,5	14,5	26,8	58,6
k.A.	k.A.	k.A.	k.A.			
1 444	2 136	341	12,7	18,7	27,2	54,0
3 700	3 765	641	3,7	1,3	21,5	77,2
3 030	k.A.	509[2]	8,2	2,7	29,5	67,8
485	k.A.	152[2]	36,7	22,0	33,9	44,1
341	653	k.A.	7,9	43,0	16,0	41,0
k.A.	k.A.	k.A.	k.A.	k.A.	k.A.	k.A.
5 063	5 219	423	3,8	3,7	21,4	74,9
5 026	k.A.	421	4,5	3,7	21,4	74,9
4 147	4 620	494	4,1	5,5	28,7	65,7
2 300	2 325	289	19,2	18,2	28,5	53,3
1 935	k.A.	373	6,3	12,9	32,9	54,2
1 015	1 905	148[2]	6,6	37,7	29,1	33,2
409	k.A.	140	8,7	10,0	31,3	58,7
k.A.	k.A.	k.A.	k.A.	0,4	41,2	58,4
5 731	k.A.	452	5,6	2,6	22,6	74,9
3 510	k.A.	516	4,1	4,2	23,0	72,8
597	787	142[2]	13,8			
1 604	2 559	247	17,1	6,0	38,1	55,8
3 758	k.A.	438	6,5	8,4	36,9	54,8
1 931	2 391	451	11,3	5,6	30,8	63,6
2 563	2 683	357	7,8	4,5	39,9	55,6
728	805	65	9,0	33,9	22,8	43,3
180	k.A.	105[3]	9,1	18,9	29,9	51,2
1 576	2 322	259	5,8	5,4	33,4	61,2
4 231	k.A.	495[4]	5,0	1,3	23,2	75,5
816	k.A.	156	3,1	12,2	34,7	53,1
2 937	3 371	397	4,4	5,2	22,9	71,9

Was bedeutet in %? Ein Beispiel: 10% Erwerbstätige in der Landwirtschaft heißt, dass von jeweils 100 Erwerbstätigen 10 in der Landwirtschaft arbeiten.

TERRALexikon

artgerechte Tierhaltung → Tierhaltung

Bannwald: Wald, der unter besonderem Schutz steht, nicht gerodet und nur eingeschränkt genutzt werden darf. Meist dient er dem Schutz vor Lawinen.

Bergbau: Abbau von Bodenschätzen entweder oberirdisch im Tagebau (z. B. im Braunkohlentagebau) oder unterirdisch im Untertagebau bzw. Tiefbau (z. B. im Steinkohlenbergwerk).

Bevölkerunsgdichte: Die durchschnittliche Zahl der Einwohner eines Gebietes pro Flächeneinheit, meistens pro km².

Bewässerungsfeldbau: Form der landwirtschaftlichen Bodennutzung in Gebieten, die für den Anbau von Nutzpflanzen zu wenig Niederschlag erhalten. Das in trockenen Monaten fehlende Wasser wird Flüssen oder dem Grundwasser entnommen und mithilfe von Bewässerungsanlagen auf die Felder geleitet.

Braunkohlentagebau → Bergbau

Bruttoinlandsprodukt (BIP): Gesamtwert aller produzierten Güter – Waren und Dienstleistungen – innerhalb eines Staates oder Gebietes während eines Zeitraumes, meistens eines Jahres.

Chemische Industrie: Viele Dinge des täglichen Lebens sind Produkte der chemischen Industrie. Am weitesten verbreitet sind die Kunststoffe. Diese entstehen in vielen Schritten, aber nur aus wenigen Rohstoffen, vor allem aus Erdöl.

Delta: Mündungsbereich eines Flusses mit einem Netz von Flussarmen. Aufgrund der großen Mengen an mitgeführten Schwebstoffen und Flussgeröllen wächst das Mündungsgebiet immer weiter in das Meer hinaus. Es bildet sich mit der Zeit ein dreieckförmiger Mündungsbereich, der dem griechischen Buchstaben Δ (=Delta) gleicht.

Dienstleistung: Bereich der Wirtschaft, in dem keine Güter erzeugt, sondern für Menschen bestimmte Leistungen erbracht werden. Dazu gehören z.B. Groß- und Einzelhandel, Transport, Verkehr, Schulen und Universitäten, Verwaltung, Nachrichten- und Unterhaltungswesen (z. B. Rundfunk, Fernsehen), Strom- und Wasserversorgung, sowie Banken, Versicherungen, Hotels, Krankenhäuser, Arzt- und Anwaltspraxen, Frisiersalons usw.

Energieträger: Diese können zum Beispiel Stoffe wie Kohle, Holz, Erdgas oder Erdöl sein, die Energie in sich gespeichert haben. Durch Verbrennen wird Energie in eine andere Energieform, zum Beispiel in Wärme, Strom oder Bewegung, umgewandelt.

Erdbeben: Erschütterungen an der Erdoberfläche, die durch ruckartige Bewegungen von Gesteinsschichten im Erdinneren hervorgerufen werden.

Euroregion (EUREGIO): Region, in der auf der Ebene der Gemeinden und Kreise versucht wird, die Zusammenarbeit mit den Menschen und Behörden im Nachbarland zu organisieren.

Europäische Union (EU): Zusammenschluss von 25 europäischen Staaten zur wirtschaftlichen und politischen Zusammenarbeit. Die EU ging aus der Europäischen Gemeinschaft (EG) hervor. In einigen Mitgliedstaaten gibt es inzwischen auch eine gemeinsame Währung: den Euro.

Export: Ausfuhr wirtschaftlicher Güter.

Faltengebirge: Ein Gebirge, das durch gefaltete Gesteinsschichten gekennzeichnet ist.

Fjell (Fjeld, Fjäll): Wellige bis hügelige Hochflächen in Skandinavien, die durch das Inlandeis geformt wurden und heute meist mit Tundrenvegetation (→ Tundra) bewachsen sind.

Fjord: Meeresarm, der häufig weit in das Festland hineinreicht und durch das Eindringen des Meeres in die vom Inlandeis geformten → Trogtäler entstand.

Fremdenverkehr: Reiseverkehr zum Zwecke der Erholung, Bildung oder sonstiger Urlaubs- und Freizeitgestaltung. Gebiete, die häufig und zahlreich von Fremden aufgesucht werden, nennt man Fremdenverkehrsgebiete.

Golfstrom (Nordatlantikstrom): Meeresströmung, die wärmeres Wasser aus dem Bereich des Golfes von Mexiko über den Atlantik bis an die Küsten West- und Nordeuropas führt. Diese bedingt ein milderes Klima als in anderen Gebieten gleicher Breitenlage.

Güterverkehrszentrum: Ort, an dem der Güterumschlag von einem Verkehrsmittel (z. B. Schiff) auf ein anderes (z. B. Lkw) erfolgt und meist der Verkehrstäger für den Weitertransport wechselt.

Hartlaubgewächs: Immergrüne Pflanze, die sich mit lederartigen, harten, oft kleinen Blättern an die sommerliche Trockenheit, z. B. im Mittelmeerraum, angepasst hat.

Hochgebirge: Gebirgsregion, die eine Höhe von über 2 000 Meter aufweist. Merkmale sind schroffe Formen mit großen Höhenunterschieden, teilweise vergletschert.

Höhenstufen: Die Abfolge unterschiedlicher Vegetation mit zunehmender Höhe. Ursächlich für die Ausbildung der Höhenstufen sind die mit der Höhe abnehmenden Temperaturen und zunehmenden Niederschläge.

Huerta (dt. Garten)**:** Spanische Bezeichnung für die Bewässerungsflächen mit intensivem Anbau von Zitrusfrüchten und verschiedenen Obst- und Gemüsearten in den ostspanischen Küstenebenen.

Import: Einfuhr wirtschaftlicher Güter

Industrie: Wichtiger Bereich der Wirtschaft. In Industriebetrieben werden Halb- und Fertigprodukte in großer Stückzahl hergestellt. Dabei werden möglichst viele Tätigkeiten durch Maschinen ausgeführt. Man braucht deshalb immer weniger Arbeiter.

Industriezweig: Die Zusammenfassung von mehreren Industriebetrieben, die gleiche oder ähnliche Produkte herstellen. Wichtige Industriezweige sind die Eisen- und Stahlindustrie, der Maschinenbau, Nahrungsmittel- und Textilindustrie, → Chemische Industrie, Elektro- und Hightech-Industrie.

Intensivkultur: Bezeichnung für eine mit hohem Kapiteleinsatz (kapitalintensiv) oder Arbeitskräfteeinsatz (arbeitsintensiv) erzeugte Anbaufrucht.

Kohle: Ein → Energieträger, der durch Umwandlung und Zersetzung von z. B. Holz und Torf entstanden ist. Die Umwandlung reicht von Braunkohle über Steinkohle bis hin zu Anthrazitkohle, wobei der Anteil an brennbarem Kohlenstoff ansteigt.

Kontinentalklima → Landklima

Kraftwerk: Anlage zur Erzeugung von elektrischer Energie mithilfe von Turbinen und Generatoren. In Wärmekraftwerken gewinnt man die Energie zum Antrieb der Turbinen durch das Verbrennen von Kohle, Heizöl oder Erdgas. Bei Laufwasserkraftwerken nutzt man die Energie des strömenden Flusswassers, bei Speicherkraftwerken dagegen den großen Höhenunterschied zwischen Stausee und Turbinenhaus, um mit dem herabströmenden Wasser Turbinen anzutreiben. Speicherkraftwerke dienen dazu, Schwankungen des Strombedarfs im Tagesablauf oder innerhalb eines Jahres auszugleichen.

Landklima (Kontinentalklima): Klima, das in größerer Entfernung vom Ozean, im Innern der Kontinente vorherrscht. Weil die ausgleichende Wirkung des Meeres fehlt, kennzeichnet dieses Klima geringe Niederschläge und wärmere Sommer sowie kalte Winter.

Landwirtschaft: Wirtschaftsbereich zur Erzeugung von pflanzlichen und auch tierischen Nahrungsmitteln. Zur Landwirtschaft zählen die Betriebsformen Viehwirtschaft oder → Tierhaltung und Ackerbau, aber auch Gartenbau, Gemüsebau, Obstbau und Weinbau.

Lava: Bei einem Vulkanausbruch tritt das → Magma an die Erdoberfläche und wird dann als Lava bezeichnet.

Magma: Etwa 1 000 °C heiße, glutflüssige Gesteinsschmelze im Erdinnern.

Massentierhaltung → Tierhaltung

Massentourismus: Form des → Fremdenverkehrs, an dem eine große Anzahl von Touristen teilnimmt, z. B. Badeferien am Mittelmeer oder Wintersporturlaub in den Alpen. Massentourismus belastet häufig die Umwelt. Das Gegenteil ist ein sanfter Individualtourismus.

Metropole: Großstadt, die politischer, wirtschaftlicher und gesellschaftlicher Mittelpunkt eines Staates ist und alle anderen Großstädte dieses Staates an Größe und Bedeutung weit überragt.

Mure: Ein Gemisch aus Wasser, Boden und Gesteinsblöcken, das sich im Hochgebirge nach Starkregen oder Schneeschmelzen an Berghängen meist sehr rasch zu Tal bewegt. Häufig verschüttet der Schlammstrom Straßen, Siedlungen, Felder und Wiesen im Tal.

Nadelwaldzone / Nördlicher Nadelwald: → Vegetationszone, in der aufgrund langer, kalter Winter ein artenarmer Nadelwald (Fichten, Tannen, Kiefern, Lärchen) vorherrscht.

Ozeanisches Klima → Landklima

Pass: Übergang über ein Gebirge an einer möglichst niedrig gelegenen Stelle.

Relief: Sammelbegriff für die Oberflächenformen der Erde, der sowohl Hohlformen (z. B. Becken und Täler) als auch Vollformen (Gebirge) umfasst

Rohstoff: Naturstoff, der dem Menschen zur Herstellung von Gebrauchsgütern oder zur Gewinnung von Energie dient. Nach ihrer Herkunft bzw. Entstehung unterscheidet man mineralische (bergbauliche), pflanzliche und tierische Rohstoffe. Mineralische Rohstoffe werden auch Bodenschätze genannt.

Saison: Hauptgeschäfts- oder Hauptreisezeit. In den Fremdenverkehrsgebieten unterscheidet man eine Sommer- und eine Wintersaison.

Schäre: Vom Inlandeis abgeschliffene und überformte Felsinsel vor der Küste Norwegens, Schwedens und Finnlands.

Seeklima (Ozeanisches Klima): Vom Meer beeinflusstes, ausgeglichenes Klima. Im Gegensatz zum → Landklima sind die Merkmale: hohe Niederschläge, die landeinwärts abnehmen, milde Winter, kühle Sommer bei geringen jährlichen und täglichen Temperaturschwankungen.

Speicherkraftwerk → Kraftwerk

Standortfaktor: Bei der Ansiedlung von Betrieben spielen bestimmte Faktoren eine Rolle, die die Ansiedlung entweder begünstigen oder hemmen. Zu diesen Faktoren zählen z. B. die Anbindung an ein leistungsfähiges Verkehrsnetz, das Vorhandensein von qualifizierten (oder auch von billigen) Arbeitskräften, die Nähe zum Absatzmarkt, die günstige Versorgung mit Rohstoffen oder Energie. Sind an einem Ort die wichtigsten Standortfaktoren erfüllt, so spricht man von Standortgunst.

Steppe: Ein Gebiet, dessen Pflanzendecke von Gräsern bestimmt wird und baumarm bis baumfrei ist. Typisch für die Steppe ist die sommerliche Trockenzeit und der geringe Jahresniederschlag von etwa 400–600 mm.

Strukturwandel: Starke Veränderung, die sowohl die Arbeitswelt als auch das Aussehen eines Gebietes oder einer Stadt betrifft.

Tierhaltung: Bei der intensiven Massentierhaltung werden viele Tiere gehalten, die in möglichst kurzer Zeit möglichst viel Gewicht durch Mast erreichen sollen, also durch eine große Menge und besonders zusammengesetztes Futter. Wenn ein festgelegtes Gewicht erreicht ist, werden die Tiere geschlachtet.
Bei der artgerechten Tierhaltung werden die Tiere ihren natürlichen Bedürfnissen gemäß gehalten, haben mehr Platz zur Verfügung, werden nicht gemästet, wachsen daher langsamer und sind weniger krankheitsanfällig.

Tourismus: Bezeichnung für den Urlaubs-Fremdenverkehr. Wer sich mindestens für 24 Stunden als Urlauber in ein anderes Land begibt, zählt statistisch als ein Tourist. Man unterscheidet dabei z. B. → Massentourismus von Individualtourismus oder harten Tourismus von nachhaltigem und sanftem Tourismus.

Transitverkehr: Personen- oder Güterverkehr durch ein Land, das weder Ausgangsort noch Zielort der Fahrt ist. So führt der Verkehr von Deutschland nach Italien durch die Transitländer Österreich, Schweiz oder Frankreich.

Trockenfeldbau: Ackerbau, bei dem der Wasserbedarf der Pflanzen ausschließlich aus den Niederschlägen gedeckt wird und keine künstliche Bewässerung stattfindet.

Trogtal: Ein Tal mit einem V-förmigen Querschnitt, das von Gletschern ausgetieft und U-förmig ausgeweitet wurde.

Tundra: Weitgehend baumlose und artenarme Vegetationszone im Bereich des polaren und subpolaren Klimas.

Vegetationszone: Gürtel der Erde, der durch die Verbreitung einer bestimmten Vegetation gekennzeichnet ist.

Verdichtungsraum: Gebiet, das größer als 100 km² ist und in dem über 150 000 Einwohner bei einer Bevölkerungsdichte von mehr als 1 000 Einwohner/km² leben. Dieses weist viele Industrie- und Gewerbebetriebe, Siedlungs- und Verkehrsanlagen auf engen Raum auf.

Verkehrsknoten: Orte, an denen sich verschiedene Verkehrswege kreuzen.

Verkehrsnetz: Gesamtheit aller Verkehrswege des Straßen-, Schienen- und Flugverkehrs.

Vulkan: Schild- oder kegelförmiger Berg, der durch den Austritt von → Magma und Asche entstanden ist. Beim Ausbruch werden flüssige und feste Materialien an die Erdoberfläche befördert: → Lava, Lavabrocken, Asche, Giftgase, Wasser.

Waldgrenze: Die Grenzzone im Gebirge, bei der ab einer bestimmten Höhe geschlossene Baumbestände aufhören. Ursachen sind vor allem die niedrigen Temperaturen.

Wärmekraftwerk → Kraftwerk

Wasserkraftwerk → Kraftwerk

Wirtschaft: Die Wirtschaft wird in drei große Bereiche oder Sektoren geteilt:
- Erster (primärer) Sektor: → Land-, Forstwirtschaft, Fischerei, → Bergbau;
- Zweiter (Sekundärer) Sektor: produzierendes Gewerbe (→ Industrie und Handwerk)
- Dritter (Tertiärer) Sektor: → Dienstleistungen.

Sachverzeichnis

Alle fett gedruckten Begriffe sind im TERRA-Lexikon erläutert

Klimastationen in Europa

		J	F	M	A	M	J	J	A	S	O	N	D	Jahr
Berlin, 49 m	°C	0	1	4	9	14	17	19	18	15	10	5	1	9
	mm	43	34	37	41	57	76	53	62	46	36	49	53	587
Stuttgart, 373 m	°C	0	1	4	8	13	16	18	17	14	9	4	1	9
	mm	44	42	44	61	82	96	70	79	57	43	55	47	720
Zugspitze, 2960 m	°C	−11	−11	−10	−7	−3	0	2	2	1	−2	−7	−9	−5
(Deutschland)	mm	185	154	186	197	172	185	183	170	115	105	156	183	1191
San Bernadino, 1639 m	°C	−6	−5	−3	1	5	9	11	11	8	4	0	−4	3
(Schweiz)	mm	66	79	106	131	173	178	192	210	176	186	132	95	1734
Lugano, 276 m	°C	3	4	7	11	15	19	20	20	17	12	7	3	11,5
(Schweiz)	mm	57	67	12	15	204	186	181	193	158	181	130	92	1733
Bergen, 45 m	°C	2	1	3	6	10	13	15	15	12	8	6	3	8
(Norwegen)	mm	179	139	109	140	83	136	141	167	228	236	207	203	1958
Kiruna, 505 m	°C	−13	−12	−9	−4	3	8	11	9	4	−3	−8	−12	−2
(Schweden)	mm	19	15	19	26	32	54	70	74	50	41	32	21	453
Helsinki, 45 m	°C	−7	−7	−3	3	10	15	17	15	10	5	0	−4	5
(Finnland)	mm	41	31	34	37	35	44	73	80	73	73	72	58	651
Shannon, 2 m	°C	5	6	7	9	12	14	16	16	14	11	8	6	10
(Irland)	mm	94	67	56	53	61	57	77	79	86	86	96	117	929
Dalwhinnie, 359 m	°C	0	1	3	5	8	11	12	12	10	7	4	2	6
(Großbritannien)	mm	133	97	70	78	69	66	90	85	103	143	125	158	1217
Lissabon, 95 m	°C	11	12	14	15	18	21	23	23	22	19	15	12	17
(Portugal)	mm	79	96	69	67	53	13	5	7	21	81	118	102	679
Madrid, 667 m	°C	6	7	10	12	16	21	24	24	21	15	9	6	14
(Spanien)	mm	46	46	33	54	41	27	13	9	30	45	64	51	459
Palma de Mallorca, 8 m	°C	9	10	11	13	16	21	24	24	22	18	13	11	16
(Spanien)	mm	37	35	36	39	30	14	9	20	50	63	47	44	414
Athen, 107 m	°C	9	10	12	15	20	25	27	27	23	18	15	11	18
(Griechenland)	mm	44	48	42	29	18	10	3	4	12	50	51	66	377
Warschau, 107 m	°C	−3	2	2	8	13	17	18	17	13	8	3	−1	8
(Polen)	mm	22	21	28	32	59	72	67	63	43	38	42	32	519
Budapest, 120 m	°C	−2	2	7	12	17	20	22	21	17	11	5	0	11
(Ungarn)	mm	32	39	35	42	62	69	45	56	39	34	52	40	518
Archangelsk, 13 m	°C	−15	−12	−6	0	7	13	16	13	8	2	−5	−10	1
(Russland)	mm	32	26	27	30	40	54	57	67	60	60	51	41	545
Moskau, 156 m	°C	−9	−8	−2	6	13	17	18	16	11	5	−1	−6	5
(Russland)	mm	45	37	34	40	58	76	92	74	64	58	58	52	688
Kiew, 179 m	°C	−5	−4	1	9	15	18	19	19	14	8	2	−2	8
(Ukraine)	mm	45	46	38	48	52	69	89	67	43	39	50	47	832
Sofia, 550 m	°C	−2	1	5	10	14	18	20	18	16	10	5	1	10
(Bulgarien)	mm	27	33	38	50	73	72	56	52	39	337	47	39	563
Split, 128 m	°C	8	8	10	14	19	23	25	25	21	17	12	9	16
(Kroatien)	mm	79	68	75	66	56	52	28	48	60	78	110	105	825

Bildnachweis

Titelbild: Corbis, Düsseldorf (Hawkes)

Action Press, Hamburg: 185.4; Adam Opel AG, Rüsselsheim: 128.3 unten; aid infodienst, Bonn 37.5; Ajuntamento de Calvia/SPANIEN: 47.12+13; Allover Kleve: 45.5; AP, Frankfurt am Main: 60 unten rechts; ARBED S.A., Luxemburg: (Arbed S.A. und Profil Arbed, Luxemburg): 122.3, 123.7; Argus, Hamburg: 80.1 (Raupach); Australische Botschaft, Bonn: 122.1; Bäsemann, Tromsö: 38.2; BASF AG, Ludwigshafen: 102.2; Bilderberg, Hamburg: 105.6; Bilstein AG, Ennepetal: 129.5 unten; Binanzer, Braunsbach: 90.4; Biochemie GmbH Kundl: 192.3;

Brodengeier, Lichtenberg: 69.3; Bundesverband der Deutschen Binnenschifffahrt, Duisburg: 142.1 (G.v. Haus); CCC/www.c5.net, Pfaffenhofen-Inn: 59.3 (Schwoerer); 155.5 (Horst Haitzinger); Chorley & Handford,Wallington Surrey: 158.3, 159.7; Comet Photoshopping, Zürich: 178.1; Corbis, Düsseldorf :7.4 (Almasy), 44.1 (Klune), 44.2 (Houser), 50.5 (Soumar), 82.1(Rastelli), 160.3 (London Aerial Photo Library); Corel Corporation, Unterschleissheim: 50.4; Corneel Voigt, Essen: 116/117; DaimlerChrysler Aerospace GmbH, Hamburg: 203.3; DaimlerChrysler, Stuttgart: 100.2-5; Das Fotoarchiv, Essen: 45.6 (Mueller), 52./53 (Riedmiller), 91.5 (Mayer), 119.3 (Tack), 143 (Blossey); Das Luftbild-Archiv, Kasseburg: 133.3; Deuringer, Moskau: 162.4, 163.6; DGU, Schwerin :47.14; Duisburger Hafen AG: 143.5; Eckenfelder, Wenigenlupnitz: 96.3; Ehrensperger, Weinsberg: 172.2-5, 185.7, 197.6; Enkelmann, Filderstadt: 170/171; Euregio Maas-Rhein, Maastricht: 208; Euregio Rhein-Waal, Kleve: 208; Euroregion Neisse e.V., Zittau: 208; f1 online digitale Bildagentur, Frankfurt :44.3 (Siepman); Flughafen, Frankfurt: 135 oben links (Rebscher), 138.2+3; FOCUS, Hamburg: 61 unten rechts (Parker); Ford-Werke, Köln: 117.3; Forschungszentrum Karlsruhe, Eggenstein-Leopoldshafen: 129.6; Frank, Dresden: 164.3+4; Fremdenverkehrsverband Serfaus: 180.2, 181.4; Geiger, Landau: 38.1, 176.3, 185.8, 211.4; Geiger, Merzhausen: 77.5, 84.1-3, 84.5, 85.7; Geiger, Sonthofen: 26.3; Gesamtverband des deutschen Steinkohlenbergbaus, Essen: 117.5, 121.3; Getty Images PhotoDisc, Hamburg: 154.5+7, 155, 159.6; Getty Images RF, München: 10.3 (PhotoDisc); Getty Images, München: 50.1 (PhotoDisc); GOM mbH, Braunschweig: 188.1 (http://www.gom.com); Google: Internet / Screenshot: 67.2; Großglockner Hochalpenstraßen AG, Salzburg: 10.2; Guignard, Paris: 156.1 (Phillippe Guignard, Paris); Hafen Hamburg Marketing, Hamburg: 134 unten rechts; Hafen Regensburg, Regensburg: 146, 150.1-3; Hahn, Stuttgart: 10.1; HB Verlag, Ostfildern-Kemnat: 154.8; Huber, Schierling: 158.1+2+5+9; IBA Emscherpark, Gelsenkirchen: 131.3; IFA, Ottobrunn: 20.4 (Nägele); IKEA, Hofheim: 106, 107; images.de digital photo GmbH, Berlin: 45.4 (Kunz, Wolfgang); Janicke, München: 77.3; Jansen, Aachen: 24.3; Jürgens Photo, Berlin: 36.2, 110.1; Kessler-Medien, Saarbrücken: 50.2; Klammet, Ohlstadt: 30.4, 77.2; Klett-Archiv, Stuttgart: 159.8, 184.1; Kommunalgemeinschaft POMERANIA e.V., Löcknitz: 208; KVR, Essen: 127.2, 130.1; Lade, Frankfurt: 123.5 (Bramaz); London Docklands Development Corporation, London: 161.5+6; Lubina, Witten: 129.5 oben; Mago Luftbild, Dortmund: 131.4 (Stadt Dortmund Wirtschaftsförderung); Mauritius, Mittenwald: 88.2 (Lehn), 134/135 (Curtis), 163.5 (Hollweck), 175.3 (Reichart), 184.2; MEV, Augsburg: 7.3h, 50.3, 158.4, 164.2, 192.4; Militz, Waldbröhl: 23.7; Mühr, Karlsruhe: 176.4; NASA,Washington, D.C.:18/19, 152/153 (NASA (http://www.nasa.gov/multimedia/imagegalery/image_feature_35.html)), 168.1; Nokia GmbH, Bochum: 104.2+4; Nokia, Espoo: 104, 117.2; Obermann, Ettlingen: 199.1-4, 211.9; Okapia, Frankfurt: 89.3 (Brehm); Picture Press, Hamburg: 81.4 (Stern/Anders); Picture-Alliance, Frankfurt :7.3c (dpa), 53 (dpa), 55.11 (ZB), 61 unten links (dpa), 62.2 (dpa), 64.2 (dpa), 68.1 (dpa), 70.5 (dpa), 71.10 (dpa), 106 (dpa), 117.4 (dpa), 134 unten links (dpa), 135 oben rechts (dpa); Porsche AG, Stuttgart: 98/99; Rausch, Linsenhofen: 7.3b+e, 10.4, 24.2+4, 26.1, 83.6, 96.2, 121.6; Richter, Villingen-Schwenningen: 189.4; Rother, Schwäbisch Gmünd: 7.3g, 26.2, 48.1, 49, 154.6; Ruhr-Universität, Bochum: 117.1, 129.4 unten; Russische Nachrichtenagentur Nowost, Berlin: 35.4; Schneider, Boudevilliers/NE: 23.5; Schulz, Schwäbisch Gmünd: 23.6; Schwab, Weingarten: 144.2+3; Smielowski, Bochum: 128.1, 128.2 oben, 128.3 oben, 129.4 oben; Stockfood Photo Stock Agency, München: 7.3a (S. u. P. Eising); STUDIO X, Limours: 157.3 (Gamma/P. Aventurier); Sturmhoebel, Hamburg: 86.1; Summer, Hohenpeißenberg 161.7; Superbild, Unterhaching / München: 33.7 (Gräfenhain); Szczepanski, Oberhausen: 60/61; Thomas, Aachen: 31.5, 77.4, 78.1; Thyssen Krupp Stahl AG,Duisburg: 126.1 (Thyssen AG, Duisburg (Archiv)); Transglobe Agency, Hamburg: 21.5 (Merten); Uthoff, Mainz: 77.1; Vario-Press, Bonn: 42.2 (Oed); Waldenburger, Gotha: 24.1;Zibert, München: 194.1, 195.6+7;Zweckverband REGIO PAMINA, Scheibenhardt: 208, 210;

Hinweis: Nicht in allen Fällen war es uns möglich die Rechteinhaber der Abbildungen ausfindig zu machen. Berechtigte Ansprüche werden selbstverständlich im Rahmen der üblichen Vereinbarungen abgegolten.

Grafikernachweis

Butz, Karlsruhe: 4/5, 6, 14, 32.1, 37, 40/41, 66, 107, 140, 182, 186, 190 o., 198

Jäckel, Erfurt: 43.2, 57.2, 73.2, 108.3, 109.4+5, 113.3+4, 143.6, 167.2, 178.2, 192.2

Graupner, Berlin: 115.3, 158/159, 212/213;

Hungreder, Leinfelden-Echterdingen: 8.1, 22.2-4, 26.4, 33.4-6, 36.3, 39.3-5, 46.8, 52.1-3, 53.5-7, 65.6, 69.4, 74.1, 78.3, 79,6, 81.3, 83.3+5, 85.7 unten, 87.3, 90.2, 91.6, 103.4, 108.3, 109.4+5, 111.2+4+5, 121.4+5, 122.2+4, 123.6, 123.8+9, 124.1+2, 125.3-6, 130.2, 131.5, 136.1 141.3,5+6, 146.7, 147.9150.4, 155.10, 157.4, 172.1, 174.1, 179.4+5, 181.6, 185.6, 189.3+5, 190.2+3, 191, 205.6

Schaar, Stuttgart: 14.1, 20.1-3, 25.5-8, 27.6+7, 30.1-3, 34.1+3, 42.1, 46.7, 54.8, 62.1, 63.4+5, 65.571.7, 75.2+3, 80.2, 85.6+8, 88.1, 96.1, 100.1, 102.1, 104.1, 118.1, 120.1+2, 136/137, 138.1, 151.6, 154.1, 160.1, 162.1, 164.1, 169.2-4, 173.6, 174.2, 176.1+2, 177.5, 179.3, 180.1, 185.9, 187.2-4, 188.2, 192.1, 196.2, 197.4+5

Wedde, Waiblingen: Bilderrätsel Seite 17, 38, 58, 74, 97, 114, 133, 151, 168

Zatko, Basel, 204.1

Quellennachweis

62.3: Nach Rhein-Neckar-Zeitung 19./20. Juli 2001, S. 15
86.2: Nach Gabriele Lesser, Schwäbische Zeitung vom 11.11.2003, http://www.SZOn.de; 93.2: Nach: Bayerisches Staatsministerium für Landesentwicklung und Umweltfragen; 142.3: Nach H. Forgber: Vera Ahoi! ADAC-Motorwelt (1993), Heft 11; 163.7: www.moskauonline.de/Transport/Metro